**中国石油和化学工业优秀图书**
**一等奖**

# Introduction to New Energy
# 新能源概论

第2版
Second Edition

王革华 主编　艾德生 副主编

化学工业出版社
·北京·

**图书在版编目（CIP）数据**

新能源概论/王革华主编. —2 版. —北京：化学工业出版社，2011.8（2024.6重印）
ISBN 978-7-122-11798-4

Ⅰ.①新… Ⅱ.①王… Ⅲ.①新能源-高等学校-教材 Ⅳ.①TK01

中国版本图书馆 CIP 数据核字（2011）第 136413 号

责任编辑：赵玉清　　　　文字编辑：颜克俭
责任校对：蒋　宇　　　　装帧设计：尹琳琳

出版发行：化学工业出版社（北京市东城区青年湖南街 13 号　邮政编码 1000　）
印　　装：北京建宏印刷有限公司
787mm×1092mm　1/16　印张 13¼　字数 323 千字　2024 年 6 月北京第 2 版第 12 次印刷

购书咨询：010-64518888　　　　售后服务：010-64518899
网　　址：http://www.cip.com.cn
凡购买本书，如有缺损质量问题，本社销售中心负责调换。

**定　　价：28.00 元**　

# 第二版前言

新能源又称非常规能源，是指传统能源之外的各种能源形式。指刚开始开发利用或正在积极研究、有待推广的能源，如太阳能、地热能、风能、海洋能、生物质能和核聚变能等。当前，随着常规能源资源的日益枯竭以及大量利用化石能源带来的一系列环境问题，人类必须寻找可持续的能源道路，开发利用新能源特别是可再生能源无疑是重要的解决方案。作为相关领域的科学工作者和教育工作者，系统阐释新能源学科是我们义不容辞的责任。

化学工业出版社于 2006 年出版的《新能源概论》，是我们为广大读者系统地介绍有关新能源科学的基本理论、基本技术、新能源经济与政策以及新能源学科和技术的发展趋势而编写的。经过 5 年多的教学实践，也经过这些阶段的科研探索，结合国际上对新能源领域的研究进展，我们重新整理了该书。

鉴于新能源学科的交叉性、实践性，结合教学与科研实践经验，我们在原来的基础上强化了概念和基础应用方面的介绍，力求兼顾科学素质教育的要求，理论上做简单介绍，不求深入研讨，文字叙述上通俗易懂。本书适合于高等院校与新能源领域相关的研究生、大学本科高年级学生作为新能源概论方面的教材，也适合于相关的科研与管理工作者参考。

为求内容的连续性，本书编写组与第一版相同。王革华教授为主编，参加编写的作者均为在清华大学核能与新能源技术研究院从事新能源技术研究与开发的专家学者。具体的写作分工为：第 1、8、9 章由王革华教授执笔；第 2 章由邓长生教授与艾德生副教授执笔；第 3 章由张建安副教授执笔；第 5 章由谢晓峰副教授执笔；第 6 章由周志伟教授执笔，第 7 章由艾德生副教授执笔；第 4 章由原鲲副教授执笔。全书由王革华与艾德生统稿。

化学工业出版社对本书的出版给予了大力的支持，尤其是教育分社的赵玉清老师对本书的出版做了大量工作。清华大学核能与新能源技术研究院的同事尤其是从事新能源领域的理论、技术、管理与政策研究的同事提供了大量的最新研究成果，在此一并致谢。

由于新能源科学涉及面广、发展迅速，本书作者水平有限，书中难免有不当之处，欢迎读者批评指正。

**本书编写组**

**2011 年 6 月于清华大学**

# 第一版前言

能源是国民经济的命脉，也是构成客观世界的三大基础之一。随着常规能源资源的日益枯竭以及大量利用化石能源带来的一系列环境问题，人类必须寻找可持续的能源道路，开发利用新能源无疑是出路之一。新能源的理论研究、技术开发、新能源材料的探索、新能源经济的研究等无疑是当前众多研究热点中的亮点。新能源学科系统正逐步形成，系统阐释该学科是我们义不容辞的责任。

本书编写目的是为广大读者系统地介绍有关新能源科学的基本理论、技术进展、新能源经济与政策。鉴于能源、环境、生命、信息、材料、管理学科是新世纪高等院校科学素质系列教育的重要组成部分，本书以新能源学科的发展为契机，结合了多学科优势，力求兼顾科学素质教育的要求，理论上简单介绍，文字叙述上通俗易懂。本书适合于高等院校与新能源领域相关的研究生、大学本科高年级学生作为新能源概论方面的教材，也适合于相关的科研与管理工作者参考。

本书由王革华担任主编，由艾德生担任副主编，参加编写的作者均为在清华大学核能与新能源技术研究院从事新能源技术研究与开发的专家学者。编写分工为：第 1 章、第 9 章、第 4 章与第 8 章部分由王革华教授执笔；第 2 章由邓长生教授执笔；第 3 章由张建安副教授执笔；第 5 章由谢晓峰副教授执笔；第 6 章由周志伟教授执笔，第 7 章由艾德生副教授执笔；第 4 章、第 8 章部分由原鲲副教授执笔。全书由王革华与艾德生统稿。

化学工业出版社对本书的出版给予了大力的支持，清华大学核能与新能源技术研究院的同事提供了大量的研究成果，在此一并致谢。

由于新能源科学涉及面广、发展迅速，本书作者水平有限，书中错误和不足之处，欢迎读者批评指正。

**编者**

**2006 年 5 月于清华大学**

# 目　录

# 第1章 绪论

人类文明和进步的历史，始终是伴随着能源领域的开拓以及能源转换方式的发展而进行的。能源为人类提供了生存和进化的物质基础，同时人类也在不断同大自然的斗争中开拓新的能源领域，推动着人类文明不断前进。

从结束“茹毛饮血”时代，人类用钻木取火食用熟食、取暖和照明以及炼制锻造青铜器和铁器，人类物质文明掀开了不断飞跃的新篇章，并开始和能源使用密切相关。随着蒸汽机的发明和工业革命的风潮，人类实现了在前一阶段机械能转化成热能的基础上，进一步将热能转化为机械能的理想，而这也意味着人类历史上的又一次重大变革。

随着科技日新月异的发展，发电机的应用实现机械能向电能的转换同时宣告了现代人类物质文明的诞生。而近代原子能的利用，引起了人们对能源高度的关注，标志着人类在能源利用方面突飞猛进的飞跃。

在注重生存环境和生态和谐的今天，我们同样注意到因为能源某些不合理利用导致的一些负面效应，随着哥本哈根会议的召开，短短几天就把气候变化的话题再次摆在全球关注的焦点位置。在当代大能源环境下，人们开始深刻反思并积极探寻新的能源利用方式，也意味着人类文明的从反思自身角度更深层次的进步。

## 1.1 能源的概念及分类

### 1.1.1 能量与能源

什么是能量？从物理学的观点看，能量可以简单地定义为做功的能力。物体对外界做功 $W$，则外界的能量增加 $W$，而物体本身能量则减少 $W$。这就是能量的最重要特征：能量既不能被创造也不能被消灭，它只能从一种形式转变为另一种形式，能量能够以多种形式存在。

那么什么是能源呢？《大英百科全书》对能源的解释为：“能源是一个包括所有燃料、流水、阳光和风的术语，人类用适当的转换手段，给人类自己提供所需的能量。”广义而言，任何物质都可以转化为能量，但是转化的数量及转化的难易程度是不同的。简言之，比较集中而又较易转化的含能物质称为能源。

由于科学技术的进步，人类对物质性质的认识及掌握能量转化方法也在深化，因此并没有一个很确切的能源的定义。但对于工程技术人员而言，在一定的工业发展阶段，能源的定义还是明确的。还有另一类型的能源即物质在宏观运动过程中所转化的能量即所谓能量过程，例如水的势能落差运动产生的水能及空气运动所产生的风能等。因此，能源的定义可描述为：比较集中的含能体或能量过程称为能源。可以直接或经转换提供人类所需的光、热、动力等任何形式能量的载能体资源。这里要注意能源和资源的区别。能源是人类取得能量的来源，包括已开采出来的可使用的自然资源以及经过加工或转换的能量的来源。而尚未开采出来的能量资源只能称为资源。

能量的单位与功的单位一致。常用的单位是卡、焦耳、千瓦时等，和功的单位相同。能源的单位也就是能量的单位。在实际工作中，能源还用煤当量（标准煤）和油当量（标准油）来衡量，1kg 标准煤的发热量为 29.3kJ，1kg 标准油的发热量为 41.8kJ。千克标准煤用符号 kgce 表示，千克标准油用符号 kgoe 表示。也可以用吨标煤（tce）或吨标油（toe）及更大的单位计量能源。表 1-1 中列出了能量单位的换算。

**表 1-1　能量单位的换算**

| 单位 | 千焦 kJ | 千瓦时 kWh | 千卡 kcal | 马力时 hph | 公斤力·米 kgf·m | 英热单位 B.t.u. | 英尺·磅力 ft·lbf |
|---|---|---|---|---|---|---|---|
| kJ | 1 | $2.77778\times10^{-4}$ | $2.38846\times10^{-1}$ | $3.776726\times10^{-4}$ | $1.01927\times10^{2}$ | $9.47817\times10^{-1}$ | $7.37562\times10^{2}$ |
| kWh | 3600 | 1 | 859.846 | 1.359621 | $3.67098\times10^{5}$ | 3412.14 | $2.65522\times10^{6}$ |
| kcal | 4.1868 | $1.163\times10^{-3}$ | 1 | $1.58124\times10^{-3}$ | 426.936 | 3.96832 | 3088.03 |
| hph | $2.647796\times10^{3}$ | $735.499\times10^{-3}$ | 632.415 | 1 | 270000 | 2509.63 | 1952913 |
| kgf·m | $9.80665\times10^{-3}$ | $2.724069\times10^{-6}$ | $2.34228\times10^{-3}$ | $3.703704\times10^{-6}$ | 1 | $9.29487\times10$ | 7.23301 |
| B.t.u. | 1.05506 | $2.93071\times10^{-4}$ | $2.51996\times10^{-1}$ | $3.98466\times10^{-4}$ | $1.075862\times10^{2}$ | 1 | 778.169 |
| ft·lbf | 1.35582 | $3.76616\times10^{-7}$ | $3.23832\times10^{-4}$ | $5.12056\times10^{-7}$ | $1.38255\times10^{-1}$ | $1.28507\times10^{-3}$ | 1 |

我国常用的计量单位是标准煤，各种燃料可按平均发热量热算成标准煤。中国各种燃料折算成标准煤的比率是：原煤为 0.714，石油为 1.429，天然气为 1.33，生物燃料、柴草约 0.6。水电每千瓦时电力，一般都按照当年火力发电的实际耗煤量折算成标准煤。

### 1.1.2　能源的分类

对能源有多种分类方法。以能量根本蕴藏方式，即来源的不同，可将能源分为三大类。

第一类能源是来自地球以外的太阳能。人类现在使用的能量主要来自太阳能，故太阳有“能源之母”的说法。现在，人们除了直接利用太阳辐射能之外，还大量间接地使用太阳能源。例如目前使用最多的煤、石油、天然气等化石资源，就是千百万年前绿色植物在阳光照射下经光合作用形成有机质进而长成的根茎及食用这些植物的动物遗骸，在漫长的地质变迁中所形成的。此外如生物质能、流水能、风能、海洋能、雷电等，也都是由太阳能经过某些方式转换而形成的。

第二类能源是地球自身蕴藏的能量。这里主要指地热能资源以及原子能燃料，还包括地震、火山喷发和温泉等自然呈现出的能量。据估算，地球以地下热水和地热蒸汽形式储存的能量，是煤储能的 1.7 亿倍。原子能是地球内放射性元素衰变辐射的粒子或射线所携带的能量。此外，地球上的核裂变燃料（铀、钍）和核聚变燃料（氘、氚）是原子能的储存体。即使将来每年耗能比现在多 1000 倍，这些核燃料也足够人类用 100 亿年。

第三类能源是地球和其他天体引力相互作用而形成的。这主要指地球和太阳、月球等天体有规律运动而形成的潮汐能。地球是太阳系的八大行星之一。月球是地球的卫星。由于太阳系其他七颗行星或者距地球较远，或者质量相对较小，结果只有太阳和月亮对地球有较大的引力作用，导致地球上出现潮汐现象。海水每日潮起潮落各两次，这是引力对海水做功的结果。潮汐能蕴藏着极大的机械能，潮差常达十几米，非常壮观，是雄厚的发电原动力。

能源还可按相对比较的方法来分类如下。

(1) 按照是否经过加工转换，能源可分为：一次能源与二次能源。在自然界中天然存在的、可直接取得而又不改变其基本形态的能源，称之为一次能源，如煤炭、石油、天然气、风能、地热能等。为了满足生产和生活的需要，有些能源通常需要经过加工以后再加以使用。由一次能源经过加工转换成另一种形态的能源产品叫做二次能源，如电力、煤气、蒸汽及各种石油制品等。大部分一次能源都转换成容易输送、分配和使用的二次能源，以适应消费者的需要。二次能源经过输送和分配，在各种设备中使用，即终端能源。终端能源最后变成有效能。

（2）按照能否反复使用，能源可分为：可再生能源与非再生能源。在自然界中可以不断再生并有规律地得到补充的能源，称为可再生能源。如太阳能和由太阳能转换而成的水力、风能、生物质能等。它们都可以循环再生，不会因长期使用而减少。经过亿万年形成的、短期内无法恢复的能源，称为非再生能源，如煤炭、石油、天然气、核燃料等。它们随着大规模的开采利用，其储量会越来越少，总有一天会枯竭。

（3）按照人们开发和使用的程度，能源可分为：常规能源与新能源。在相当长的历史时期和一定的科学技术水平下，已经被人类长期广泛利用的能源，不但为人们所熟悉，而且也是当前主要能源和应用范围很广的能源，称为常规能源，如煤炭、石油、天然气、水力、电力等。一些虽然属于古老的能源，但只有采用先进方法才能加以利用，或采用新近开发的科学技术才能开发利用的能源；或者有些能源近一二十年来才被人们所重视，新近才开发利用，而且在目前使用的能源中所占的比例很小，但很有发展前途的能源，称它们为新能源，或称替代能源，如太阳能、地热能、潮汐能等。常规能源与新能源是相对而言的，现在的常规能源过去也曾是新能源，今天的新能源将来又成为常规能源。

（4）按照能源性质，能源又可分为燃料能源和非燃料能源。属于燃料能源的有矿物燃料（煤炭、石油、天然气），生物燃料（薪柴、沼气、有机废弃物等），化工燃料（甲醇、酒精、丙烷以及可燃原料铝、镁等），核燃料（铀、钍、氘等）共四类。非燃料能源多数具有机械能，如水能、风能等；有的含有热能，如地热能、海洋热能等；有的含有光能，如太阳能、激光等。

从使用能源时对环境污染的大小，又把无污染或污染小的能源称为清洁能源，如太阳能、水能、氢能等；对环境污染较大的能源称为非清洁能源，如煤炭、油页岩等。石油的污染比煤炭小些，但也产生氧化氮、氧化硫等有害物质，所以，清洁与非清洁能源的划分也是相对比较而言，不是绝对的。能源的分类见表1-2所列。

**表1-2　能源的分类**

| | | | 可再生能源 | 不可再生能源 |
|---|---|---|---|---|
| 一次能源 | 常规能源 | 商品能源 | 水力(大型)<br>核能(增殖堆)<br>地热 | 化石燃料(煤、油、天然气等)<br>核能 |
| | | 传统能源(非商品能源) | 生物质能(薪材秸秆、粪便等)<br>太阳能(自然干燥等)<br>水力(水车等)<br>风力(风车、风帆等)<br>畜力 | |
| | 非常规能源 | 新能源 | 生物质能(燃料作物制沼气、酒精等)<br>太阳能(收集器、光电池等)<br>水力(小水电)<br>风力(风力机等)<br>海洋能<br>地热 | |
| 二次能源 | 电力、煤炭、沼气、汽油、柴油、煤油、重油等油制品、蒸汽、热水、压缩空气、氢能等 | | | |

注：人力计入劳动力，不计入能源。

### 1.1.3 能源的评价

能源的种类很多，各有优缺点，那么如何对能源进行品质评价呢？从目前技术水平来看，主要有以下几类技术指标。

（1）能流密度　即在单位体积或单位面积内从能源获得的功率。新能源如太阳能和风能的能流密度较小，大约 $100W/m^2$ 左右；常规能源和核能的能流密度大。能流密度小是可再生能源的共性。

（2）开发能源所需要的费用和设备价格　对能源的使用，必须对它的开发费用以及使用过程中的设备价格进行评价。太阳能、风能等可再生资源，由大自然提供，不需要能源费用，主要花费是一次性投资，但是目前可再生能源设备的一次性投资仍然比较贵。各类矿物燃料，从勘探、开采，到加工运输等，都需要人力和物力的投资。

（3）能源供应的连续性和储存的可能性　要求能源能够连续供应，而且不用的时候可以存储起来，需要时能立刻发出能量。一般常规能源容易存储，可再生资源如太阳能、风能就很难储存，也很难连续供应。而采用矿物燃料和核燃料，则比较容易做到。

（4）运输费用和损耗　能源需要从产地运输到使用地，但运输本身需要消耗能量，也是需要投资的。太阳能、风能、地热能是难以运输的，石油和天然气就很容易运输。水电站可以将水能转化为电能，通过高压电线运送到使用端，但是其损失和基础建设投资都会比较大，如果是远距离运送，输电损失也会比较大。

（5）对环境的影响　环境污染已经成为影响全球的重大问题。随着能源消费量的增加，污染程度也会增加。一般而言，常规能源对环境污染的程度较为严重，而新能源多数较为洁净、污染较小。

（6）存储量　为了保证能源持久的使用，能源保有量是非常重要的。我国煤炭储量居世界第三位，水力资源居世界第一位。但是这些能源的地理分布会影响运输，开发利用程度高低也是非常重要的。

（7）能源品位　能源品位也就是能源转换为电能的难易程度。较难转化为电能的为低品位能源，较易转化为电能的为高品位能源，也是相对而言的。应合理安排使用不同品位的能源，不能因为一些能源品位低就白白浪费掉。

### 1.1.4 能源的开发利用

（1）煤炭　煤炭是埋在地壳中亿万年以上的树木和其他植物，由于地壳变动等原因，经受一定的压力和温度作用而形成的含碳量很高的可燃物质，又称作原煤。由于各种煤的形成年代不同，碳化程度深浅不同，可将其分类为无烟煤、烟煤、褐煤、泥煤等几种类型，并以其挥发物含量和焦结性为主要依据。烟煤又可以分为贫煤、瘦煤、焦煤、肥煤、漆煤、弱粘煤、不粘煤、长焰煤等。

煤炭既是重要的燃料，又是珍贵的化工原料。20 世纪以来，煤炭主要用于电力生产和在钢铁工业中供炼焦，某些国家蒸汽机车用煤比例也很大。电力工业多用较低品质煤（灰分大于 30%）；蒸汽机车用煤则要求质量较高，灰分需要低于 25%，挥发分含量要求大于 25%，易燃并具有较长的火焰。另外，由煤转化的液体和气体合成燃料，对补充石油和天然气的使用也具有重要意义。

中国煤炭资源丰富，除上海以外其他各省区均有分布，但分布极不均衡。国家“十一五”规划建议中进一步确立了“煤为基础、多元发展”的基本方略，为中国煤炭工业的兴旺发展奠定了基础。

(2) 石油　石油是一种用途极为广泛的宝贵矿藏，是天然的能源物资。对于石油是如何形成的这个问题，科学家一直在争论。目前大部分的科学家都认同的一个理论是：石油是由沉积岩中的有机物质变成的。因为在已经发现的油田中，99%以上都是分布在沉积岩区。另外，人们还发现了现代的海底、湖底的近代沉积物中的有机物正在向石油慢慢转化。

石油同煤相比有很多的优点。首先，它释放的热量比煤大得多。每千克煤燃烧释放的热量为5000kcal，而每千克的石油燃烧释放的热量为10000多千卡。就发热而言，石油大约是煤的2～3倍。石油使用方便，它易燃又不留灰烬，是理想的相对清洁的燃料。石油也是许多化学工业产品如溶剂、化肥、杀虫剂和塑料等的原料。今天88%开采的石油被用做燃料，其他的12%作为化工原料。由于石油是一种不可更新原料，许多人担心石油用尽可能对人类带来的不良后果。

从已探明的石油储量看，世界总储量为1043亿吨。目前世界有七大储油区，第一大储油区是中东地区，第二是拉丁美洲地区，第三是俄罗斯，第四是非洲，第五是北美洲，第六是西欧，第七是东南亚。这七大油区占世界石油总量的95%。

(3) 天然气　天然气是地下岩层中以碳氢化合物为主要成分的气体混合物的总称。天然气是一种重要能源，燃烧时有很高的发热值，对环境的污染也较小，而且还是一种重要的化工原料。天然气的生成过程同石油类似，但比石油更容易生成。天然气主要由甲烷、乙烷、丙烷和丁烷等烃类组成，其中甲烷占80%～90%。天然气有两种不同类型。一是伴生气，由原油中的挥发性组分组成。约有40%的天然气与石油一起伴生，称油气田。它溶解在石油中或是形成石油构造中的气帽，并对石油储藏提供气压。二是非伴生气，与液体油的积聚无关，可能是一些植物体的衍生物。60%的天然气为非伴生气，即气田气，它埋藏更深。

最近十年液化天然气技术有了很大发展，液化后的天然气体积仅为原来体积的1/600。因此可以用冷藏油轮运输，运到使用地后再予以气化。另外，天然气液化后，可为汽车提供方便的污染小的天然气燃料。天然气是较为安全的燃气之一，不易积聚形成爆炸性气体，安全性较高。此外，采用天然气作为能源，可减少煤和石油的用量，因而也可以较大改善环境污染问题。

(4) 水能　水能资源最显著的特点是可再生、无污染。开发水能对江河的综合治理和综合利用具有积极作用，对促进国民经济发展，改善能源消费结构，缓解由于消耗煤炭、石油资源所带来的环境污染有重要意义，因此世界各国都把开发水能放在能源发展战略的优先地位。

世界河流水能资源理论蕴藏量为40.3万亿千瓦时，技术可开发水能资源为14.3万亿千瓦时，约为理论蕴藏量的35.6%；经济可开发水能资源为8.08万亿千瓦时，约为技术可开发的56.22%，为理论蕴藏量的20%。发达国家拥有技术可开发水能资源4.82万亿千瓦时，经济可开发水能资源2.51万亿千瓦时，分别占世界总量的33.5%和31.1%。发展中国家拥有技术可开发水能资源共计9.56万亿千瓦时，经济可开发水能资源5.57万亿千瓦时，分别占世界总量的66.5%和68.9%。可见，世界开发水能资源主要蕴藏量在发展中国家，而且发达国家可开发水能资源到1998年已经开发了60%，而发展中国家到1998年才开发20%，所以今后大规模的水电开发主要集中在发展中国家。

中国水能资源理论蕴藏量、技术可开发和经济可开发水能资源均居世界一位，其次为俄罗斯、巴西和加拿大。但在中国，水能资源也存在分布不均和资源开发程度低的问题。

（5）新能源　人类社会经济的发展需要大量能源的支持。随着常规能源资源的日益枯竭以及由于大量利用矿物能源而产生的一系列环境问题，人类必须寻找可持续的能源道路，开发利用新能源和可再生能源无疑是重要出路之一，下面的章节将详细介绍新能源的利用与前景。

## 1.2　新能源及其在能源供应中的作用

### 1.2.1　新能源的概念

什么是新能源？新能源是相对于常规能源而言的一个概念。以采用新技术和新材料而获得的，在新技术基础上系统地开发利用的能源，如太阳能、风能、海洋能等，就称为新能源。与常规能源相比，新能源生产规模较小，使用范围较窄。

常规能源与新能源的划分是相对的。以核裂变能为例，20 世纪 50 年代初开始把它用来生产电力和作为动力使用时，被认为是一种新能源。到 80 年代世界上不少国家已把它列为常规能源。太阳能和风能被利用的历史比核裂变能要早许多世纪，由于还需要通过系统研究和开发才能提高利用效率、扩大使用范围，所以还是把它们列入新能源。

按 1978 年 12 月 20 日联合国第三十三届大会第 148 号决议，新能源和可再生能源共包括以下 14 种能源：太阳能、地热能、风能、潮汐能、海水温差能、波浪能、木柴、木炭、泥炭、生物质转化、畜力、油页岩、焦油砂以及水能。1981 年 8 月 10～21 日联合国新能源和可再生能源会议之后，各国对这类能源的称谓有所不同，但是共同的认识是，除常规的化石能源和核能之外，其他能源都可称为新能源和可再生能源，主要为太阳能、地热能、风能、海洋能、生物质能、氢能和水能。

由于化石能源燃烧时带来严重的环境污染，且其资源有限，所以从人类长远的能源需求看，新能源和可再生能源将是理想的持久能源，已引起人们的特别关注，许多国家投入了大量研究与开发工作，并列为高新技术的发展范畴。我国是化石能源相对不足的国家，因此能源配置多元化是解决我国能源问题的必由之路，新能源的研究与利用将是多元化中重要途径之一。由不可再生能源逐渐向新能源和可再生能源过渡，是当代能源利用的一个重要特点。

### 1.2.2　新能源在能源供应中的作用

能源是国民经济和社会发展的重要战略物资，但能源活动同样是现实中的重要污染来源。我国是一个人口大国，同时又是一个经济迅速崛起的国家。随着国民经济的日益发展以及加入 WTO 目标的实现，作为一个以煤炭为主的能源消费大国，我国不仅面临着经济增长及环境保护的双重压力，同时能源安全、国际竞争等问题也日益突出。

太阳能、风能、生物质能和水能等新能源和可再生能源由于其清洁、无污染和可持续开发利用等特性，既是未来能源系统的基础，对中国来说又是目前亟须的补充能源。因此在能源、气候、环境问题日益严重的今天，大力发展新能源和可再生能源不仅是适宜、必要的，更是符合国际发展趋势的。

（1）发展新能源和可再生能源是建立可持续能源系统的必然选择　煤炭、石油、天然气等传统能源都是资源有限的化石能源，化石能源的大量开发和利用，是造成大气和其他多种类型环境污染与生态破坏的主要原因之一。如何解决长期的用能问题以及在开发和使用资源的同时保护好人类赖以生存的地球环境及生态系统，已经成为全球关注的问题。从世界共同发展的角度以及人们对保护环境、保护资源的认识进程来看，开发利用清洁的新能源和可再生能源，是可持续发展的必然选择，并越来越得到人们的认同。

人类社会的可持续发展必须以能源的可持续发展为基础。那么，什么是可持续发展的能源系统呢？根据可持续发展的定义和要求，它必须同时满足以下三个条件：一是从资源来说是丰富的、可持续利用的、能够长期支持社会经济发展对于能源的需要的；二是在品质上是清洁的、低排放或零排放的、不会对环境构成威胁的；三是在技术经济上它是人类社会可以接受的、能带来实际经济效益的。总而言之，一个真正意义上的可持续发展的能源系统应是一个有利于改善和保护人类美好生活，并能促进社会、经济和生态环境协调发展的系统。

到目前为止，石油、天然气和煤炭等化石能源系统仍然是世界经济的三大能源支柱。毫无疑问，这些化石能源在社会进步、物质财富生产方面已为人类作出了不可磨灭的贡献；然而，实践证明，这些能源资源同时存在着一些难以克服的缺陷，并且日益显著地威胁着人类社会的发展和安全。首先是资源的有限性。据专家们的研究和分析，几乎得出一致的结论：这些非再生能源资源的耗尽只是时间问题，是不可避免的。表1-3是法国专家20多年前所作出的分析，现在看来他的结论依然是正确的。表1-4则是中国主要能源与世界对比情况。从中可以看出，我国能源形势面临着更严峻的挑战。

**表1-3 世界非再生能源开采年限估计**

| 能源情况种类 | 已探明的储量(PR)和推测出的潜在储量(AR) | 消耗期(公历年) |
|---|---|---|
| 煤 | 900(PR)<br>2700(AR) | 2200年左右 |
| 石油 | 100(PR)<br>36(AR) | 2020年以前 |
| 天然气 | 74(PR)<br>60(AR) | 2040年左右 |
| 铀 | 按热反应堆计<br>60(PR+AR)<br>按增值反应堆计<br>1300(PR)<br>1600(AR) | 按热反应堆计2073年；<br><br>按增值反应堆计2110～2120年 |
| 所有不可再生能源 | 1100(PR)<br>300(AR) | 2200年左右 |

注：资料来源，J. R. Frisch，未来的资源危机，法国，1982年。

**表1-4 2004年中国主要能源与世界的对比**

| 项　目 | 煤炭 | 石油 | 天然气 |
|---|---|---|---|
| 世界总可采储量 | 9842亿吨 | 1434亿吨 | 146.4万亿立方米 |
| 中国可采储量 | 1145亿吨 | 38亿吨 | 1.37万亿立方米 |
| 中国所占比例 | 11.6% | 2.6% | 0.9% |
| 世界储采比 | 218 | 41 | 63 |
| 中国储采比 | 92 | 24 | 58 |
| 中国产量名次 | 1 | 5 | 19 |

注：资料来源，中国能源网，2009。

其次是化石能源对环境的危害性。化石能源特别是煤炭被称为肮脏的能源，从开采、运输到最终的使用都会带来严重的污染。大量研究证明，80%以上的大气污染和95%的温室气体都是由于燃烧化石燃料引起的，同时还会对水体和土壤带来一系列污染。这些污染及其对人体健康的影响是极其严重的，不可小视。表1-5给出了全球生态环境恶化的一些具体表现，令人触目惊心。由于大量使用化石能源以及化学排放，人类正面临着严峻的生态与环境危机。比如温室效应、大气污染、水污染、森林砍伐、固体废弃物污染以及臭氧空洞等。从而迫使人们不得不重新寻求新的、可持续使用而又不危害环境的能源资源。

**表1-5 全球生态环境恶化的具体表现**

| 项 目 | 恶化表现 | 项 目 | 恶化表现 |
|---|---|---|---|
| 土地沙漠化 | 10公顷/分钟 | 二氧化碳排放 | 1500万吨/天 |
| 森林减少 | 21公顷/分钟 | 垃圾产生 | 2700万吨/天 |
| 草地减少 | 25公顷/分钟 | 由于环境污染造成死亡人数 | 10万人/天 |
| 耕地减少 | 40公顷/分钟 | 各种废水、污水排放 | 60000亿吨/年 |
| 物种灭绝 | 2个/小时 | 各种自然灾害造成的损失 | 1200亿美元/年 |
| 土壤流失 | 300万吨/小时 | | |

注：资料来源，张无敌，"生物质能利用"，太阳能，2000年第1期。

新能源和可再生能源的利用符合可持续发展的基本要求，它们具有如下特点。

① 资源丰富，分布广泛，具备替代化石能源的良好条件　以中国为例，仅太阳能、风能、水能和生物质能等资源，在现有科学技术水平下，一年可以获得的资源量即达7330Mtce（表1-6），大约是2000年中国全国能源消费量1300Mtce的5.6倍、煤炭消费量的8.3倍。而且这些资源绝大多数是可再生的、洁净的能源，既可以长期、永续利用，又不会对环境造成污染。尽管从全生命周期的观点来看，新能源在其开发利用过程中因为消耗一定数量的燃料、动力和一定数量的钢材、水泥等物质，而间接排放一些污染物，但排放量相对来说则微不足道。

**表1-6 中国新能源和可再生能源资源可获得量估计**　　单位：Mtce

| 项 目 | 中国 | 备 注 |
|---|---|---|
| 太阳能 | 4800 | 按1%陆地面积、转换效率20%计算 |
| 生物质能 | 700 | 包括农村废弃物和城市有机垃圾等生物质能 |
| 水能 | 130 | 所有可能的坝址（含微水电） |
| 风能 | 1700 | 按海陆风能资源可开发量、2300h、0.36kgce/kWh计 |
| 潮汐能 | | |
| 地热能 | | |
| 总计 | 7330 | |

注：资料来源，张正敏。

新能源和可再生能源资源分布的广泛性，为建立分散型能源提供了十分便利的条件。这一点相对于化石能源来说具有不可比拟的优势。

② 技术逐步趋于成熟，作用日益突出　我国部分可再生能源和新能源利用技术已经取得了长足的发展，并且形成了一定的规模。目前，生物质能、太阳能、风能以及水力发电、地热能等的利用技术已经得到了应用。目前新能源技术主要特征是：能量转换效率不断提高；技术可靠性进一步改善；技术系统日益完善，稳定性和连续性不断提高；产业化不断发展，已涌现出一批商业化技术；规模逐渐增大，成本有进一步走低的趋势。

③ 经济可行性不断改善　应当说目前大多数新能源和可再生能源技术还不是廉价的技

术，如果仅就其能源经济效益而论，目前许多技术都达不到常规能源技术的水平，在经济上缺乏竞争能力；但在某些特定的地区和应用领域已出现不同情况，并表现出一定程度的市场竞争能力，如小水电、地热发电、太阳热水器、地热采暖技术和微型光伏系统等。

上述事实表明，新能源和可再生能源技术不仅应该成为可持续发展能源系统的组成部分，而且在实际上已成为现实能源系统中的一个不可缺少的部分。

(2) 发展新能源和可再生能源对维护我国能源安全意义重大 我国目前处于经济高速发展的时期，尤其是在全面建设小康社会的目标指引下，我国的能源建设任重道远。但是长期以来，我国的能源结构以煤为主，这是造成我国能源效率较低、环境污染严重的重要原因之一。优化能源结构、改善能源布局已成为我国能源发展的重要目标之一。开发利用清洁的新能源和可再生能源无疑是促进我国能源结构多元化的一条重要途径。尤其是在具有丰富可再生资源的地区，可以充分发挥资源优势，如利用西部和东南沿海的风能资源，既可以较显著地改善这些地区的能源结构，还可以缓解经济发展给环境带来的压力。

在优化能源结构过程中，提高优质能源如石油、天然气在能源消费中的比重无疑是十分必要的，但这样做同时也带来了能源安全问题。我国从1993年和1996年分别成为油品和原油的净进口国。2000年我国石油进口依存度达到20%。随着国民经济的持续增长，石油进口量占整体石油需求量中的份额会随之增长，将由2001年的34%增加到2030年的82%。过度依赖石油进口将严重威胁我国的能源安全。今后国际石油市场的不稳定以及油价波动都将会严重影响我国石油的供给，对经济社会造成很大的影响和冲击。石油是战略物质，石油引发的各种争端层出不穷。伊拉克战争、阿富汗战争过后，中东乃至中亚不稳定因素依然存在，世界恐怖主义也威胁着包括俄罗斯、印度尼西亚、拉美等石油储量丰富的国家。天然气在中国有着广阔的发展前景，但2000年进口依存度也达到6%，2010年达到12.8%。在进口依存度逐渐增加的情况下，我国能源供应的稳定性不可能不受到国际风云变幻的影响。

可再生能源属于本地资源，其开发和利用过程都在国内开展，不会受到外界因素的影响；新能源和可再生能源通过一定的工艺技术，不仅可转换为电力，还可以直接或间接地转换为液体燃料，如乙醇燃料、生物柴油和氢燃料等，可为各种移动设备提供能源。因此开发国内丰富的可再生能源，建立多元化的能源结构，不仅可以满足经济增长对能源的需求，而且有利于丰富能源供应、提高能源供应安全。

(3) 发展新能源和可再生能源是减少温室气体排放的一个重要手段 随着哥本哈根会议的召开，温室气体的减排再一次引起全球的重视。我国也对2020年的远景规划制定了一系列目标计划。发展可再生能源有巨大的效益，其中重要一点就是可再生能源的开发利用很少或几乎不会产生对大气环境有危害的气体，这对减少二氧化碳等温室气体的排放是十分有利的。

以风电和水电为例，它们的全生命周期碳排放强度仅为6g/kWh和20g/kWh，远远低于燃煤发电的强度275g/kWh。在“京都议定书”对发达国家作出减排的严格要求下，欧盟国家已经将可再生能源的开发利用作为温室气体减排的重要措施，他们计划到2020年风力发电装机要占整个欧盟发电装机的15%以上，到2050年可再生能源技术提供的能源要在整个能源构成中占据50%的比例，足见其对新能源和可再生能源在减排问题上所起作用的重视。

温室气体减排是全球环境保护和可持续发展的一个主题。我国作为一个经济快速发展的大国，努力降低化石能源在能源消费结构中的比重，尽量减少温室气体的排放，树立良好的国家形象是必要的。水电、核电、新能源和可再生能源是最能有效减少温室气体排放的技术手段，其中新能源和可再生能源又是国际公认的对环境没有破坏的清洁能源。因此，从减少温室气体排放、承担减缓气候变化的国际义务出发，应加大可再生能源的开发利用步伐。

### 1.2.3 新能源的未来

国际应用系统分析研究所（IIASA）和世界能源理事会（WEC）经过历时五年的研究，于1998年发表了《全球能源前景》（Global Energy Perspectives）报告。报告根据对未来社会、经济和技术发展趋势的分析，研究提出了21世纪全球能源发展战略方向。为了实现经济不断增长，还要为新增加的60亿～80亿人提供能够承受的、可靠的能源服务，到2100年，能源的需求将是目前消费量的2.3～4.9倍。报告对21世纪能源发展提出了3种方案6个情景（World Energy Assessment—energy and the challenge of sustainability, UNDP, 2000, p337-352）。

在所有3个方案中，方案C与可持续发展的目标最为一致。方案包括2个情景（图1-1），充分考虑了生态环境因素，实现发展中国家的高速增长，朝着富裕和“绿色”方向发展。它们都假定采用碳税和能源税来促进新能源和可再生能源的发展和终端能源效率的提

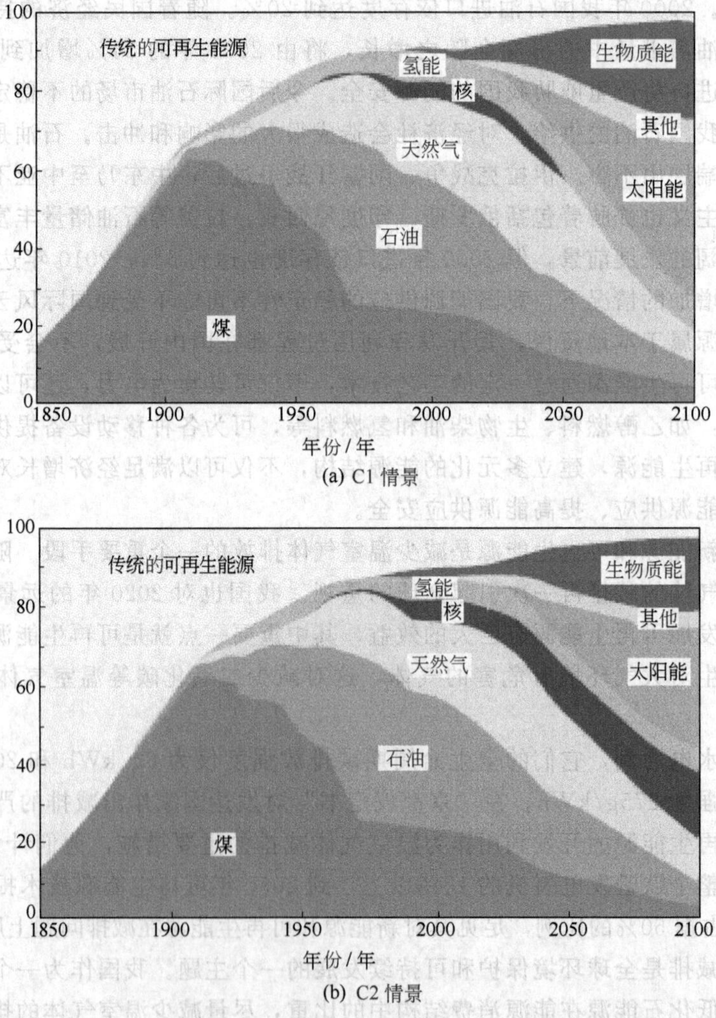


(a) C1 情景



(b) C2 情景

图 1-1 未来能源系统构成

高。在 C1 情景中要减少一次能源中煤炭和石油的比例，同时大幅度提高太阳能和生物质能的比例［图 1-1(a)］。在 C2 情景中，考虑到与核电相关的问题如成本、安全性、核废料核武器扩散等能得到适当解决的话，核能将起很大作用［图 1-1(b)］。

国际能源署（IEA）对 2000～2030 年国际电力的需求进行了研究，研究表明，来自可再生能源的发电总量年平均增长速度将最快。IEA 的研究认为，在未来 30 年内非水利的可再生能源发电将比其他任何燃料的发电都要增长得快，年增长速度近 6%，在 2000～2030 年间其总发电量将增加 5 倍，到 2030 年，它将提供世界总电力的 4.4%，其中生物质能将占其中的 80%

2007 年，我国太阳能产业规模已位居世界第一，是全球太阳能热水器生产量和使用量最大的国家和重要的太阳能光伏电池生产国。到 2008 年底，中国新能源占能源生产总量比重超过 9%，全国累计风电装机容量跃过 1300 万千瓦大关、达到 1324.22 万千瓦，风力发电能力排名世界第四，同时，近年来生物质能、核能、地热能、氢能、海洋能等发展潜力巨大的新能源得到了较大发展。随着政府财政的大力支持和《可再生能源法》等一些政策的出台，新能源将在我国的能源发展道路上扮演越来越重要的角色。

## 1.3 新能源技术的发展

### 1.3.1 太阳能

科学家们公认，太阳能是未来人类最合适、最安全、最绿色、最理想的替代能源。资料显示：太阳每分钟射向地球的能量相当于人类一年所耗用的能量（$8\times10^{13}$ kW/s）。相当于 500 多万吨煤燃烧时放出的热量；一年就有相当于 170 万亿吨煤的热量，现在全世界一年消耗的能量还不及它的万分之一。但是，到达地球表面的太阳能只有千分之一二被植物吸收并转变成化学能贮存起来，其余绝大部分都转换成热，散发到宇宙空间去了。太阳能作为一种新能源，与常规能源相比有着不可比拟的优点：比如太阳能供应的持续性、太阳能分布的广泛性以及太阳能的清洁无污染性。

目前太阳能的主要利用方式有以下几种。

① 光-热转换 太阳能集热器以空气或液体为传热介质吸热，为减少集热器的热损失，可以采用抽真空或其他透光隔热材料。太阳能建筑分主动式和被动式两种。前者与常规能源采暖相同。后者是利用建筑本身吸收储存能量。光热转换是目前应用较为普遍的一种方法。

② 光-电转换 太阳能电池类型很多，如单晶硅多晶硅、非晶硅、硫化镉、砷化锌电池。非晶硅薄膜很可能成为太阳能电池的主体，缺点主要是光电转换低，工艺还不成熟。目前太阳能利用转化率约为 10%～12%。据此推算，到 2020 年全世界能源消费总量大约需要 25 万亿升原油，如果用太阳能替代，只需要约 97 万平方公里的一块太阳能的“光板”就可实现。“宇宙发电计划”在理论上是完全可行的。

③ 光-化转换 光照半导体和电解液界面使水电离直接产生氢的电池，即光化学电池。

**专栏 1-1 太阳能发电技术**

太阳能发电可大致分为热发电和光伏发电两种。

❶ 太阳能热发电 太阳能热发电因其具有成本效益而受到关注。到 2004 年底，全世界太阳能热发电已经完成的装机容量约为 396MW，在建的项目约 436MW。国际能

源署预测2003～2010年7年间，全球新增太阳能热发电站的装机容量可达到2250MW，比目前现有的装机容量增加约6倍。IEA预测，太阳能热发电在2020年将达到全球电力市场的10%～12%，发电成本将达到0.05～0.06欧元/kWh。世界上第一个实现太阳能发电的太阳能电站，是法国奥约特太阳能发电站，其发电功率只有64kW，但为后来的太阳能电站的研究与设计奠定了基础。我国目前建成1座70 kW的太阳能热发电示范电站。

太阳能热发电的关键技术在于聚焦系统的开发，除了槽式线聚焦系统，还有用定日镜聚光的塔式系统以及采用旋转抛物面聚光镜的点聚焦——斯特林系统。线聚焦系统和点聚焦系统都取得过举世瞩目的成果，特别是麦道公司研制的点聚焦——斯特林系统曾经创下了转换效率接近30%的记录。最近15年以来，对于线聚焦系统，在提高部件性能和可靠性、降低部件造价、降低运行维护费用等方面都取得了长足的进展。另外，塔式系统的实验装备经过重要的改造，已成为近年来发展的重点。

❷ 太阳能光伏发电　2004年世界光伏发电累计装机容量超过4000MW，发电成本25～50美分/kWh，2010年光伏累计装机容量达到15GW。我国2004年累计装机容量超过60MW。主要是与建筑结合的并网系统、无电地区应用的离网型系统和大型（1MW以上）并网光伏系统。

并网发电是最大的光伏产品应用领域，2001年并网发电占总光伏市场应用的50.4%。大型并网光伏发电技术发展趋势是电站容量向5MW乃至10MW以上发展；发展模块化并网光伏电站技术。目前，世界上已有数十座大型光伏电站，其中德国建成14座，最大5MW。美国有世界容量最大的光伏并网电站，容量为6.5MWp。我国2004年建成了1MW的并网光伏电站，但关键设备基本依赖进口。同时随着光伏技术的发展，我国光伏电池制造业也取得了长足的发展。2007年我国已经毫无疑问地成为世界第一大光伏电池生产国，在世界前16位光伏电池生产企业中，中国有6家名列其中。

### 1.3.2　风能

地球表面大量空气流动所产生的动能。由于地面各处受太阳辐照后气温变化不同和空气中水蒸气的含量不同，因而引起各地气压的差异，在水平方向高压空气向低压地区流动，即形成了风。风能资源决定于风能密度和可利用的风能年累积小时数。风能的利用主要是风力发电和风力提水。

截至2008年12月底，全球的总装机容量已经超过了1.2亿千瓦，2008年，全球风电增长速度为28.8%，新增装机容量达到2700万千瓦，同比增长36%。欧洲、北美和亚洲仍然是世界风电发展的三大主要市场，2008年三大区域新增装机分别是：887.7万千瓦、888.1万千瓦和858.9万千瓦，占世界风电装机总容量的90%以上。从国别来看，美国超过德国，跃居全球风电装机首位，同时也成为第二个风电装机容量超过2000万千瓦的风电大国。

经过几十年的发展，在风能资源良好地点，风力发电已可与普通发电方式竞争。全球装机容量每翻一番，风力发电成本下降12%～18%。风力发电的平均成本从1980年的46美分/kWh下降到目前的3～5美分/kWh（风能资源良好地点）。2010年，岸上风力发电成本将低于天然气成本，近海风力发电成本将下降25%。随着成本下降，在风速低的地区安装风电机组也是经济的，这极大地增加了全球风电的潜力。过去10年期间，全球风电装机容量的年平均增长率约为30%。2003年全球新增风电装机容量约为8250MW，总风电装机容量约为40290MW。

风电技术发展的核心是风力发电机组，世界风电机组的发展趋势如下。

(1) 单机容量大型化　商品化的风电机组单机容量不断突破人们的预测，从20世纪70年代的认为最大55kW到80年代的150kW，90年代初期的300kW和后期的600kW、750kW。目前1.5MW级以上的风电机组已成为市场上的主力机型。目前装机最多的德国，1998年安装的风电机组的单机平均容量是783kW，而2002年达到1395kW。而丹麦2002年安装的风电机组的单机平均容量也达到1000kW。从当前世界趋势来看，发展大容量的风力机是提高发电量、降低发电成本的重要手段。

(2) 大型风电机组研发和新型机组　延续600kW级风电机组3叶片、上风向、主动对风、带齿轮箱或不带齿轮箱的设计概念，扩大容量至兆瓦以上仍是技术发展的一个方向。如BONUS公司的1MW和1.3MW，NORDEX公司的1MW和1.3MW，NEGMICON公司的1MW和1.5MW。

变桨距在几乎所有的兆瓦级风电机组中被采用，是技术发展的一个重要方向。随着电力电子技术的发展和成本下降，变速风电机组在新设计的风电机组中占主导地位。如NORDEX公司在其2.5MW的风电机组中改为了变速恒频方案。VESTAS、DEWIND、ENERCON、TACKE等公司在其兆瓦级风电机组中都采用变速恒频、变桨距方案。

(3) 海上风电机组 目前，运行中的风电机组主要是在陆地上，但近海风电新市场正在形成中，主要在欧洲。近海风力资源巨大，海上风速较高并较一致。海上风电机组的开发，容量为兆瓦级以上。美国通用电气公司开发出海上的3.6MW风机，2004年实现商业化。丹麦的世界最大海上风电示范工程的规模为16万千瓦，单机容量为2MW。

我国离网型风电机组的生产能力、保有量和年产量都居世界第一，主要为解决边远地区生活用电发挥重要作用，但对总电量的贡献甚小。而在大型风机方面，我国目前已经掌握了600kW定桨距风电机组的技术，实现了批量生产；750kW风力发电机组已有多台投入运行，国产化率达到64%；自主研制开发的变桨距600kW风力发电机组，已有多台投入运行，国产化率达到80%以上；1000kW风力机叶片国内已完成设计并开始生产。我国第1台国产1.2MW直驱式永磁风力发电机已经开始运行，目前内蒙古辉腾锡勒已经有2MW的风电机组运行。

### 1.3.3 生物质能

生物质定义为所有的土地和水生植物以及所有有机废物的总和，它在工业革命之前几乎满足了人类的所有能源需求。生物质能为任何由生物的生长和代谢所产生的物质（如动物、植物、微生物及其排泄代谢物）中所蕴涵的能量。

生物质能主要有三种不同的来源：城市和工业废物、农作物残余物以及能源作物。可以种植多种不同类型的生物质，以快速生产能量。用来作为能源的农作物包括：甘蔗、玉米、甜菜、谷物、海藻以及其他一些农作物。一种农作物是否适合作为能源作物，主要由几个因素所决定。好的能源作物，其单位面积土地上干物质的产量应该非常高，高产量可以减少对土地的需求，并且降低从生物质生产能源的成本。类似地，从生物质农作物所生产的能量，必须要大于种植农作物所需要的能量。

将生物质转化为能量的技术有许多种。这包括厌氧消化、造粒、直接燃烧和共同燃烧、热解、气化和乙醇生产。生物质可以直接燃烧作为烹饪的热源，也可以燃烧发电，还可以转化为酒精或用于产生沼气。中国有1000多万座家用沼气池，印度有10万座，朝鲜有5万座。巴西是世界上由生物质生产乙醇最多的国家。糖的低价和石油的高价，促使巴西使用大量的甘蔗作为能源。乙醇占巴西汽车燃料的50%。

科学家们一致认为，可持续性利用生物燃料不大会造成大气中二氧化碳的净增加。一些科学家甚至声称，可持续性利用生物质会导致大气中二氧化碳的净减少。这是基于这样的假设，生物燃料释放出来的二氧化碳又马上被光合作用所吸收。不断增加使用生物质燃料替代化石燃料，将会有助于降低由大气中二氧化碳浓度增加引起的全球变暖的可能性。

直接用作燃料的有农作物的秸秆、薪柴等；间接作为燃料的有农林废弃物、动物粪便、垃圾及藻类等，它们通过微生物作用生成沼气，或采用热解法制造液体和气体燃料，也可制造生物炭。生物质能是世界上最为广泛的可再生能源。据估计，每年地球上仅通过光合作用生成的生物质总量就达1440亿～1800亿吨（干重），其能量约相当于20世纪90年代初全世界总能耗的3～8倍。但是尚未被人们合理利用，多半直接当薪柴使用，效率低，影响生态环境。现代生物质能的利用是通过生物质的厌氧发酵制取甲烷，用热解法生成燃料气、生物油和生物炭，用生物质制造乙醇和甲醇燃料以及利用生物工程技术培育能源植物，发展能源农场。

**专栏1-2　生物质发电技术**

生物质发电技术主要包括直接燃烧后用蒸汽进行发电和生物质气化发电两种。

❶ 生物质直接燃烧发电　生物质直接燃烧发电的技术已基本成熟，它已进入推广应用阶段，如美国大部分生物质采用这种方法利用，10年来已建成生物质燃烧发电站约6000MW，处理的生物质大部分是农业废弃物或木材厂、纸厂的森林废弃物。这种技术单位投资较高，大规模应用下效率也较高，但它要求生物质集中，达到一定的资源供给量，只适于现代化大农场或大型加工厂的废弃物处理，对生物质较分散的发展中国家不是很合适，因为考虑到生物质大规模收集或运输，将使成本提高，从环境效益的角度考虑，生物质直接燃烧与煤燃烧相似，会放出一定的氮氧化物，但其他有害气体比燃煤要少得多。总之，生物质直接燃烧技术已经发展到较高水平，形成了工业化的技术，降低投资和运行成本是其未来的发展方向。

❷ 物质气化发电　生物质气化发电是更洁净的利用方式，它几乎不排放任何有害气体，小规模的生物质气化发电已进入商业示范阶段，它比较合适于生物质的分散利用，投资较少，发电成本也低，比较合适于发展中国家应用。大规模的生物质气化发电一般采用煤气化联合循环发电（IGCC）技术，适合于大规模开发利用生物质资源，发电效率也较高，是今后生物质工业化应用的主要方式。目前已进入工业示范阶段，美国、英国和芬兰等国家都在建设6～60MW的示范工程。但由于投资高，技术尚未成熟，在发达国家也未进入实质性的应用阶段。

### 1.3.4 地热能

地球内部蕴藏的能量是一种巨大的能源。离地球表面5000m深，15℃以上的岩石和液体的总含热量据推算约为 14.5×$10^{25}$J，约相当于4948万亿吨标准煤的热量。地热来源主要是地球内部长寿命放射性同位素热核反应产生的热能。中国一般把高于150℃的称为高温地热，主要用于发电。低于此温度的叫中低温地热，通常直接用于采暖、工农业加温、水产养殖及医疗和洗浴等。截止1990年底，世界地热资源开发利用于发电的总装机容量为588万千瓦，地热水的中低温直接利用约相当于1137万千瓦。

地热能的开发利用已有较长的时间，地热发电、地热制冷及热泵技术都已比较成熟。在发电方面，国外地热单机容量最高已达60MW，采用双循环技术可以利用100℃左右的热水发电。我国单机容量最高为10MW，与国外有较大差距。另外，发电技术目前还有单级闪蒸法发电系统、两级闪蒸法发电系统、全流法发电系统、单级双流地热发电系统、两级双流地热发电系统和闪蒸与双流两级串联发电系统等。我国适合于发电的高温地热资源不多，总装机容量为30MW左右，其中西藏羊八井、那曲、郎久三个地热电站规模较大。

**专栏1-3 地热利用技术**

❶ 地热供暖技术 地热能的直接利用，尤其是中低温地热能的开发利用，已经引起世界各国的关注，其中热泵技术的应用，使低温地热水的利用成为可能。所谓热泵，就是根据卡诺循环原理，利用某种工质，从低焓值的地热水中吸收热量，经过压缩转化成高焓值的能量并传导给人们能够利用的介质。这样，在热泵的一端制热，另一端制冷，使其分别加以利用，能十分有效地提高地热资源的品位，是一种新颖且有效的地热能利用方式。

❷ 地热发电 地热发电是地热利用的最重要方式。高温地热流体应首先应用于发电。地热发电和火力发电的原理是一样的，都是利用蒸汽的热能在汽轮机中转变为机械能，然后带动发电机发电。所不同的是，地热发电不像火力发电那样要装备庞大的锅炉，也不需要消耗燃料，它所用的能源就是地热能。地热发电的过程，就是把地下热能首先转变为机械能，然后再把机械能转变为电能的过程。要利用地下热能，首先需要有“载热体”把地下的热能带到地面上来。目前能够被地热电站利用的载热体，主要是地下的天然蒸汽和热水。

### 1.3.5 海洋能

海洋能是指依附于海水作用和蕴藏在海水中的能量。主要产生于太阳的辐射以及月球和太阳的引力。如海洋温差能、潮汐能、波浪能、海流能和盐度差能等。据1981年联合国教科文组织估计，全世界海洋能资源的理论可再生总量为766亿千瓦，其中可开发利用的资源约64亿千瓦。海洋能的潜在能量很大，比较陆上风能和水能较为稳定。海洋能的利用方式主要是发电，包括潮汐发电、海流发电、波浪发电、海洋温差发电等。最新的海洋能概念是发展海洋生物的养殖，建立海洋能源农场，旨在最大限度地开发海洋能资源。

**专栏1-4 海洋能发电技术**

海洋能主要为潮汐能、波浪能、潮流能、海水温差能和海水盐差能。温差能和盐差能应用技术近期进展不大。目前在各种海洋能的开发利用方面，多数还处于实验阶段。

❶ 潮汐发电 潮汐能利用的主要方式。其关键技术主要包括低水头、大流量、变

工况水轮机组设计制造；电站的运行控制；电站与海洋环境的相互作用，包括电站对环境的影响和海洋环境对电站的影响，特别是泥沙冲淤问题；电站的系统优化，协调发电量、间断发电以及设备造价和可靠性等之间的关系；电站设备在海水中的防腐等。现有的潮汐电站全部是在20世纪90年代以前建成的。近20多年间，潮汐能利用的主要进展是一些国家对其沿海有潮汐能开发价值、可作为潮汐电站站址的区域进行了潮汐能开发的可行性研究，但由于各方面的原因，这些开发计划几乎都没有予以实施，没有一座新的潮汐电站建成。目前我国共有八座潮汐电站建成运行，容量$5.4\times10^8$kWh，最大的是20世纪80年代建成的浙江江厦电站，装机容量3.2MW。我国有不少海湾河口可以建立潮汐电站，其中最引人注目的有杭州湾潮汐电站方案，计划装机容量450万千瓦，年发电量180亿千瓦时以上。

❷ 波浪发电　波浪能利用的主要方式。关键技术主要包括：波浪能的稳定发电技术和独立运行技术；波能装置的波浪载荷及在海洋环境中的生存技术；波能装置建造与施工中的海洋工程技术；不规则波浪中的波能装置的设计与运行优化；波浪的聚集与相位控制技术；往复流动中的透平研究等。波浪能是海洋能利用研究中近期研究得最多、政府投资项目最多和最重视的海洋能源，出现了一些新型的波能装置和新技术、建造了一些新的示范和商业波浪电站。在波能装置研究方面，振荡水柱、摆式和聚波水库式装置仍占据重要地位。新出现的装置包括英国的海蛇（Pelamis）装置、丹麦的“Wave Plane”和“Wave Dragon”装置、中国的振荡浮子装置、这些装置都进行了不同比例尺的物理模型实验。

在新技术方面，中国在振荡浮子式波浪能系统的稳定输出、效率提高、独立运行和保护技术方面取得了突破性进展；澳大利亚的Energetech研制了一种新型的双向透平，据报道该透平比Wells透平的效率要高得多，并计划用于振荡水柱波浪电站。这些技术有些已在实验室成功地实现了模型试验。

❸ 潮流发电　潮流能的主要利用方式，其原理和风力发电相似。海流发电的关键技术问题包括透平设计、锚泊技术、安装维护、电力输送、防腐、海洋环境中的载荷与安全性能等。世界上从事潮流能开发的主要有美国、英国、加拿大、日本、意大利和中国等。潮流能研究目前还处于研发的早期阶段，20世纪90年代以前，仅有一些千瓦级的潮流能示范电站问世。90年代以后，欧共体和中国开始建造几十千瓦到百千瓦级潮流能示范应用电站。潮流能利用技术近期最大的研究进展是中国哈尔滨工程大学研制在浙江舟山群岛研建的75kW潮流能示范电站，是目前世界上规模最大的潮流能电站。

## ◎思考题

1. 能源是如何分类的，新能源的概念是什么？举例说明几种新能源及利用。
2. 什么是能源品位？低品位能源能否加以利用？
3. 发展新能源的意义何在？你认为未来新能源发展前景如何？

## 参考文献

[1] 王革华等编著. 能源与可持续发展. 北京：化学工业出版社，2005.

[2] 张正敏. 可再生能源发展战略与政策研究. 《中国国家综合能源战略和政策研究》项目报告之八. http://www.gvbchina.org.cn/xiangmu/xiazaiwenzhang/guojianengyuan.doc.
[3] 张正敏. 中国风力发电经济激励政策研究. 北京：中国环境科学出版社，2003.
[4] UNDP. World Energy Assessment：Energy and the Challenge of Sustainability，New York，2000.
[5] Edward S. Cassedy. 可持续能源的前景. 段雷，黄永梅译. 北京：清华大学出版社，2002.
[6] 李方正等编著. 新能源. 北京：化学工业出版社，2008.
[7] 左然等编著. 可再生能源概论. 北京：机械工业出版社，2007.
[8] 苏亚欣等编著. 新能源与可再生能源概论. 北京：化学工业出版社，2006.

# 第 2 章 太阳能

## 2.1 太阳能资源与太阳辐射

太阳是地球上能源的根本。通俗地讲，离地球约 1.5 亿公里的太阳就是一个火球。太阳从质量组成而言，主要是由地球上最轻的元素氢组成，占 78.7%；此外，氦占 19.8%，剩余的 1.8%由种类繁多的金属和其他元素组成。太阳直径 139 万公里，总质量约 $1.99\times10^{27}$t，因此太阳的平均密度为 $1.4g/cm^3$。

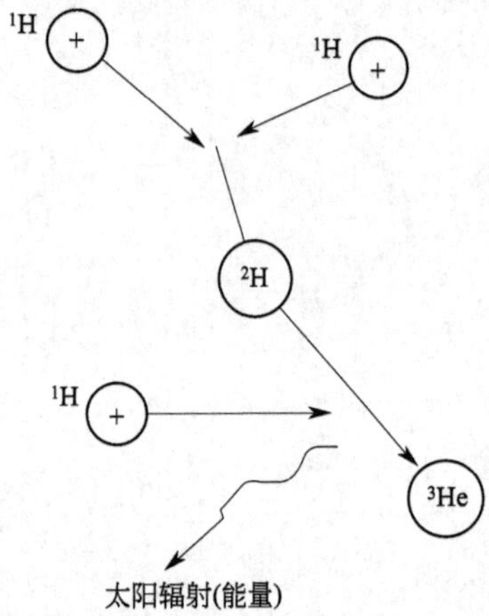

图 2-1 太阳核心的聚变反应过程

太阳结构上由大气和内部两大部分组成，太阳大气自里向外分为光球、色球和日冕三个层次；内部向外则分为对流层、中介层和核心层三个层次。在太阳核心部分，氦占到 65%，而氢则下降到 35%。太阳内部温度高达 150 万度，压力有 3400 多个标准大气压，物质在这个条件下呈等离子体状态。太阳核心和太阳大气之间存在很大的压力和温度梯度，由于太阳核心强大的重力吸引，使得太阳外层能紧密和核心连在一起。

太阳的能量通过太阳核心在高温高压下的核聚变反应产生。如图 2-1 所示，核聚变过程是通过四个氢原子合成为一个氦原子核（α 粒子）：

四个氢原子核质量与一个氦核的质量差为：

$$4\times1.672\times10^{-24}-6.644\times10^{-24}=0.044\times10^{-24}\ \text{(g)}$$

按照爱因斯坦定律，$E=mc^2$，上述质量亏损转化成能量为 $6.3\times10^{11}$J。每秒钟从太阳表面辐射出的能量约 $3.8\times10^{23}$kJ。据估计，以目前的核聚变反应速度（每秒产生约 4 百万吨氦），太阳核心的核聚变还可以持续 40 亿年。

太阳向宇宙以电磁波的形式辐射能量，电磁波波长从小于 0.1nm 的宇宙射线到波长为几十千米的无限电波。太阳辐射主要的能量集中在 0.2～100μm 的从紫外到红外的范围，而波长在 0.3～2.6μm 范围的辐射占太阳能的 95%以上。科学家通过检测太阳辐射能谱分布，按照黑体辐射，分析得出太阳表面的温度大约有 6000℃。

我们居住的地球直径是 12720km，如图 2-2 所示，它围绕太阳转动（公转），每圈约 365 天多一点；地球自身也自转，24h 一圈。从地球上看太阳，太阳圆盘存在 0.5°的张角。地球自转轴指向北极星，它和公转平面法线之间存在一个 23.5°的夹角。正是由于这个夹角的存在，地球上同一个地方才会存在一天中离太阳距离的变化，特别是太阳光线穿越大气层距离的变化，给我们带来四季的气候变化，如此周而复始。令人惊奇的是，由于地球自转轴相对于公转轴的倾斜角，在地球极地夏天接收的太阳辐射要高于赤道地区，而在热带地区却没有明显的四季之分，在极地地区夏天和冬天存在长时间的日照或者极短的日照极端情况。

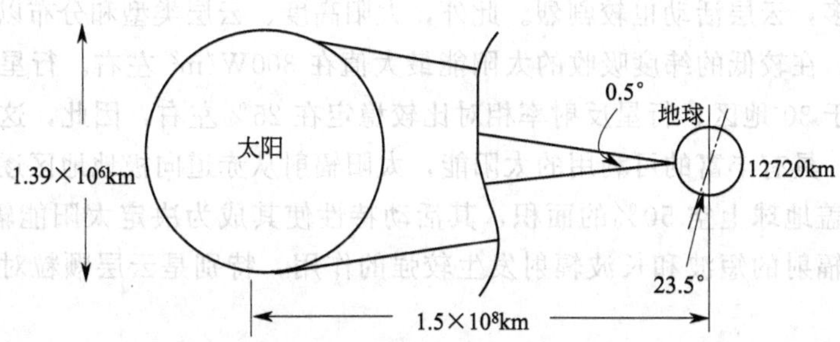


图 2-2 地球和太阳之间的位置关系

太阳辐射穿越太阳和地球之间的空间，到达地球大气层，经大气衰减后照射到地球表面。这个过程太阳辐射能会有两个阶段的衰减，首先，在传播经过大约 1.5 亿公里的路程中，按照距离的平方的倒数关系衰减；其次，再经过大气层的衰减。在经过第一个阶段衰减后到达地球大气层顶部时的能量基本上是一个常数，即人们通常说的太阳常数 $I_{SC}$。太阳常数是：当地球与太阳间的距离处于两者之间的平均距离，即 $1.495\times10^8$km 时，大气层外侧，即大气上界单位面积单位时间内垂至于太阳光方向上接收的太阳所有波段的辐射能之和。由于大气顶部太阳辐射涵盖了很宽的波长范围，这个数值的准确检测是很复杂的，目前世界普遍采用的值是美国国家航空航天局和美国材料试验学会（NASA/ASTM）的检测给出的值：1.940cal/(cm$^2$ · min)，或 1353W/m$^2$。太阳常数随季节日-地距离有所变化，但变化不大，只有约 3.4%，对于太阳能利用系统的设计不构成较大的影响。到达地球大气外层的太阳年总能量为 $1.5\times10^{15}$MWh。

覆盖地球的大气层主要由氮气（78%）和氧气（21.9%）组成，还有其他的气体包括 $CO_2$、$H_2O$、惰性气体等组成。大气中还含有尘埃。但是，大气是一个成分、密度或者压力和温度都随大气高度变化的介质。不同的高度大气的化学组成不同，温度也不同。由于人类生产和生活的影响，现在地球大气成分和工业革命以前相比，已经发生了很大的变化。其中 $CO_2$ 浓度从工业革命前的 280ppm 升高到目前的 370ppm（$\times10^{-6}$）左右，甲烷气（$CH_4$）则从 700ppb（$\times10^{-9}$）增加到 1700ppb，此外，氧化亚氮的含量也从 270ppb 上升到 310ppb。特别是大气中以前不存在的卤素碳化物，在 1950 年之后也明显增加。这些气体造成温室效应，使地球大气温度上升。

太阳光穿过这些层的时候会通过吸收、散射等衰减，不同的大气组分会对太阳光不同的波段产生衰减。太阳辐射中的带电粒子被电离层吸收，臭氧会强烈吸收在紫外附近的光，在可见光和红外光部分，水分子和二氧化碳会形成较多的吸收。

当太阳光电磁波撞击大气中的颗粒时，部分太阳光的能量被颗粒散射向所有的方向，形成散射辐射。自然界中所有大小的颗粒都能散射太阳光辐射。如果颗粒是球形的，且其大小远小于入射光波长时，散射过程称为瑞雷（Rayleigh）散射，这种散射是各向均匀的。如果颗粒大小和入射波长相近，则称为米也（Mie）散射，这种散射形成的散射辐射在入射光线前进方向能量大于向后方向的散射辐射。

到达地球表面的部分太阳辐射被反射进入大气，然后回到太空中。这部分称为行星反射率，即反射/散射的太阳辐射与进入大气层入射太阳辐射之比。而被大气吸收的太阳辐射在大气对流层中气候变化中起决定性作用。目前，行星反射率平均值在大约 30%，极大值和极小值分别出现在一月和七月。在地球南北半球反射率的差异主要受天空云层和地面影响，北半球雪覆盖较多，云层活动也较剧烈。此外，太阳高度、云层类型和分布以及地表反射率也影响行星反射率。在较低的纬度吸收的太阳能最大值在 300W/m² 左右。行星反射率随着纬度下降。在纬度低于 30°地区，行星反射率相对比较稳定在 25%左右，因此，这些地区地面接收的太阳辐射较高，具有丰富的可利用的太阳能，太阳辐射从赤道向极地地区逐渐降低。

通常云层覆盖地球上空 50%的面积，其活动特性使其成为决定太阳能辐射的关键因素。云层颗粒和太阳辐射的短波和长波辐射发生较强的作用，特别是云层颗粒对可见光具有高的散射效率。

地表反射率虽然不同于行星反射率，但也是行星反射率的重要组成部分。决定太阳辐射反射的地表特征主要包括：①地表类型；②太阳高度和地表相对于太阳的几何关系；③太阳光谱分布和光谱反射。

直接辐射是地面接收到的来自太阳且中间不受任何干扰的辐射，这种辐射能经物体遮挡后形成明显的影子。

散射辐射则是太阳辐射经空气中的水蒸气、二氧化碳、尘埃、气溶胶和云等散射的辐射。它没有方向性，即散射辐射射向各个方向，这种辐射经过物体遮挡不形成明显的影子。因此，很明显，散射辐射与直接辐射的强度大小和地点、季节，地面海拔高度以及时间相关。在晴朗的天气下，散射辐射占总辐射的 10%～20%；但在多云天气，散射辐射可以高达 100%。

总体而言，散射辐射在全年总辐射中的比例在赤道附近低于极地附近和极地地区。而一天中散射辐射占总辐射的比例也可能有较大的变化。

综合上述因素，如果以进入大气的太阳辐射作为 100 单位的话，30%以短波形式被反射回太空，47%被大气、地球表面和海洋吸收，只有大约 23%参与地球上的水文循环。

正是由于大气层结构的复杂性，很难用一个简单的模型来描述整个大气对太阳光的衰减。因此，人们需要采用简化的模型来对大气衰减进行定量的描述。人们提出了均质大气概念——虚拟大气中各处的空气密度相同，成分也与实际大气相同，均质大气单位面积上的垂直气轴内包含的空气质量与实际大气的完全一样，这样，对日射的衰减可以利用均质大气来进行，即利用日光经过大气的长度来计算到达地面的日射强度。这个大气长度以实际大气质量对应的均质大气的厚度来代替。大气光学质量 $m$ 就是用来计算日射经过大气长度的一个物理量：以太阳位于天顶时光线从大气上界至某一水平面的距离为单位，去度量太阳位于其他位置时从大气上界至该水平面的单位数，并设定标准大气压和 0℃时海平面上太阳垂直入射时的 $m=1$，两者之商即是所谓的大气光学质量，或大气质量：

$$m=\frac{1}{\sin h} \tag{2-1}$$

式中，$h$ 为太阳高度角，即测量地点太阳射线与地面间的夹角。

太阳电磁辐射经过地球大气层衰减，到达地球表面。这时的能量才是地球表面接收的太阳辐射。大气层通过对日射的吸收和散射降低太阳到达地面的能量。由于 X 射线（波长＜1nm）和从极短紫外线（1～200nm）到中紫外线（200～315nm）的短波光受到超高层大气中的分子和臭氧的散射和吸收，太阳辐射到达地面的最短波长为 300nm。

太阳总辐射强度受到以下因素的影响：观测地点的纬度、太阳高度、海拔高度、云量、混浊度等气象条件以及周围环境对太阳光的反射条件等。因此，具体地点接受的太阳辐射量和辐射光谱需要进行实地检测得到。

太阳辐射测量包括全辐射、直接辐射和散射辐射的测量。对于太阳能利用，主要需要测定的是太阳辐射的直射强度和总辐射强度。直射强度是指与太阳光垂直的表面上单位面积单位时间内所接收到的太阳辐射能。总辐射强度是指水平面上单位面积单位时间内所接收到的来自整个半球形天空的太阳辐射能。测量直射强度的仪器称为太阳直射仪；测量总辐射强度的仪器称为太阳总辐射仪。太阳辐射仪按照测量的基本原理，可以分为卡计型、热电型、光电型以及机械型，分别利用太阳辐射转换成热能、电能或者热能和电能的结合以及热能和机械能的结合，这些转换的能量形式是可以以不同程度的准确度测定的。通过测量所转换的热能、电能和机械能，可以反推出太阳辐射强度。测量太阳直射强度的仪器主要有所谓埃式补偿式直射仪和银盘直射仪。太阳总辐射测量仪主要有莫尔-戈齐斯基太阳总辐射仪和埃普雷太阳总辐射仪。

## 2.2 中国的太阳能资源

我国地面接收的太阳能资源非常丰富，辐射总量为 3340～8400MJ/($m^2$·a)，平均值为 5852kJ/($m^2$·a)。主要分布在我国的西北、华北以及云南中部和西南部、广东东南部、福建东南部、海南岛东部和台湾西南部等地区。太阳能高值中心（青藏高原）和低值中心（四川盆地）都处在北纬 22°～35°这个条带中。我国接收太阳辐射分为 4 个等级，分别是：Ⅰ，非常丰富地区＞6700MJ/$m^2$；Ⅱ，丰富地区 5400～6700MJ/$m^2$；Ⅲ，较丰富地区 4200～5400MJ/$m^2$ 和Ⅳ，较差地区＜4200MJ/$m^2$。也有分为 5 个等级的，见表 2-1 所列。一～三类地区全年日照时数大于 2000h，太阳能总辐射量超过 5016MJ/($m^2$·a)。这三类地区占我国总面积 2/3 以上。四、五类地区也有可开发利用的太阳能。和地球上其他能源，特别是传统的化石能源相比，太阳能的特点是它覆盖面广、无害性、相对于传统化石能源资源可以说是取之不尽、用之不竭，总量非常大。但是，它的缺点是能量密度较低（约 1kW/$m^2$）、分散、受地理位置和气候影响，存在随机性，而且只有白天有。但是，随着化石资源的不断枯竭，人们大量使用化石资源带来的环境污染等，给我们开发利用太阳能资源带来了机会，当然，基于上述分析，如何实现经济大规模地利用太阳能依然是一项挑战。

**表 2-1　中国年太阳辐射总量分类**

| 类别 | 全年日照数/h | 太阳能总辐射量/MJ | 地　区 |
|---|---|---|---|
| 一 | 3200～3300 | 6680～8400 | 宁夏北部、甘肃北部、新疆南部、青海西部、西藏西部 |
| 二 | 3000～3200 | 5852～6680 | 河北西北部、山西西部、内蒙古南部、宁夏南部、甘肃中部、青海东部、西藏东南部、新疆南部 |
| 三 | 2200～3000 | 5016～5852 | 山东、河南、河北东南部、山西南部、新疆南部、吉林、辽宁、云南、陕西北部、甘肃东南部、广东南部、福建南部、江苏北部、安徽北部、台湾西南部 |
| 四 | 1400～2200 | 4190～5016 | 湖南、湖北、广西、江西、浙江、福建北部、广东北部、陕西南部、江苏南部、安徽南部、黑龙江和台湾东北部 |
| 五 | 1000～1400 | 3344～4190 | 四川、贵州 |

## 2.3 太阳能-热利用

### 2.3.1 基本原理

太阳能热利用就是利用太阳集热器将太阳光辐射转化成流体中的热能，并将加热流体输送出去利用。按照太阳集热器的集热方式包括非平板型和聚光型集热器。前者所用的热吸收面积基本上等于太阳光线照射的面积，后者则是将较大面积的太阳辐射聚集到较小的吸收面积上。辐射的透过、吸收、和反射是利用的基本原理。

当太阳辐射 $A_c I$ 投射到物体表面时，其中一部分 $Q_\alpha$ 进入表面后被材料吸收，一部分 $Q_\rho$ 被表面反射，其余部分 $Q_\tau$ 则透过材料：

$$Q=Q_\alpha+Q_\rho+Q_\tau \tag{2-2}$$

或：

$$1=Q_\alpha/Q+Q_\rho/Q+Q_\tau/Q \tag{2-3}$$

其中上述三项分别为材料对辐射能的吸收率 $\alpha$、反射率 $\rho$ 和透过率 $\tau$。对于黑体，辐射被完全吸收 $\alpha=1$，白体则完全反射 $\rho=1$，全透明体 $\tau=1$。实际常用的工程材料大部分介于半透明和不透明之间，不透明体如金属材料透过率为 0。这些参数和太阳光的入射波长 $\lambda$ 相关。

材料对以入射角度 $i_1$ 投射到材料表面的辐射，其一次反射率由菲聂耳定律给出：

$$\rho_\lambda=\frac{I_{\rho\lambda}}{I_\lambda}=0.5\times\left[\frac{\sin^2(i_2-i_1)}{\sin^2(i_2+i_1)}+\frac{\tan^2(i_2-i_1)}{\tan^2(i_2+i_1)}\right] \tag{2-4}$$

式中，$i_2$ 为折射角。

太阳能热利用的材料，根据用途的不同，要求的对太阳辐射的吸收、反射和透过性能也不同，以达到系统的最佳利用性能。太阳能集热器的关键部分是热吸收材料。对于热吸收材料，要求吸收尽可能多的太阳辐射；而对于覆盖材料，则要求尽量对可见光透明，对红外反射率高。而系统的最优性能的获得除了考虑材料对太阳辐射的选择性吸收、透过以外，系统结构的设计的优化，以获得对热量的最佳管理也是同等重要的。对于太阳能集热器的讨论离开了具体的集热器结构是没有意义的。因此，下面将根据采用的典型的太阳能集热器结构展开相关的介绍。

### 2.3.2 平板型集热器

典型的平板型集热器结构如图 2-3 所示。它主要由集热板、隔热层、盖板和外壳组成。集热板的作用是吸收阳光，并把它转化成热能通过流管传递给集热介质。它也是一种热交换器。它的关键部件是平板吸热部件。平板吸热部件要求对阳光吸收率高、热辐射率低；结构设计合理，以最高效率将吸收的太阳热传递给集热介质；要求具有长期的耐候性和耐热性能。此外，还要求加工工艺简单、材料成本低廉等。

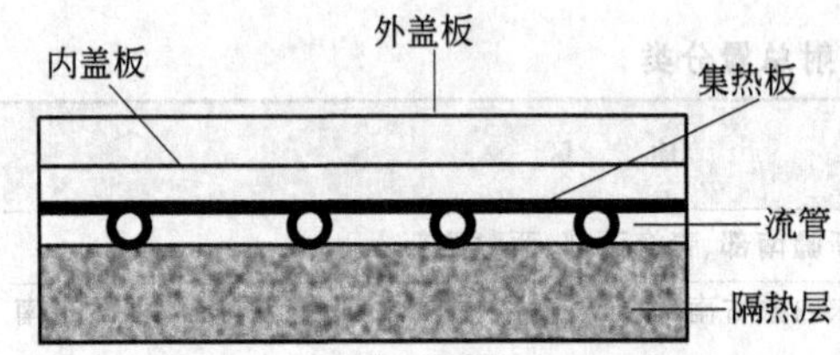

图 2-3 典型平板型集热器结构示意

隔热层的作用是降低热损失、提高集热效率。要求材料具有较好的绝热性能，较低的热导率。由于集热器接收太阳照射闷晒时集热板温度可达 200℃，因此要求隔热层材料能够承受的温度也必须高于这个温度。可用作隔热层的材料包括玻璃纤维、石棉以及硬质泡沫塑料等。

集热板吸热层一般采用涂层材料。涂层材料分为选择性吸收涂层和非选择性吸收涂层。选择性吸收涂层具有尽量高的光谱吸收系数 $\alpha$ 和低的热辐射率。非选择性吸收涂层的热辐射率也较高。从集热器的发展趋势看来，为了提高集热器的效率，提高温度是一个重要途径，因此利用选择性吸收材料是一个发展方向。对于高温平板集热器，则必须采用选择性吸收表面。比如在真空集热器中，就利用选择性吸收涂层。由于选择性吸收涂层材料较贵，理论上虽然热辐射与向上辐射热损失呈线性关系，但是，这只是在温度较高时才显得明显。因此，对于性能要求不高的集热器，一般采用非选择性涂层。非选择性吸收涂层可以在集热板表面喷涂或涂刷一层无光黑板漆得到。这种黑漆涂层对阳光的吸收率一般在 0.95～0.98，热辐射率 0.9～0.95。黑色颜料，包括有机或无机黑色颜料都可以用来制备集热器非选择性吸热涂层。无机的如铜、铬、铁和锰的复合氧化物，结合有机黏合剂和溶剂，配制后即可喷涂或涂刷得到黑漆涂层。非选择性吸收涂层利用金属氧化物材料的半导体性质，如 CuO、Cr-$Cr_2O_3$ 涂层，吸收能量大于其禁带宽度的太阳光。

吸热涂层的表面性质也很重要。一般粗糙、多孔的表面有利于较高的吸收。涂层的厚度也要恰当。如果太厚，由于涂层本身的热导率低，造成所谓的自绝热，吸收的热不能有效地传递给传热介质（如水）带走利用，而是通过对流或者辐射损失了。实际上，研究表明，适当降低涂层厚度能够降低涂层的热辐射率。

透明盖板的作用是为了和集热板之间形成一定高度的空气夹层，一方面减少集热板通过与环境的对流、向环境的辐射造成的热损失，另一方面，保护集热板和其他部件不受环境的侵袭；此外，还要求盖板透明，即对阳光透过率高，但又要求吸收率和反射率低，特别是对集热板的热辐射透过率低。透明盖板作为集热器和其他部件的保护材料，要求具有抗拒风、积雪、冰雹、沙石等外力和热应力等的较高的力学强度；对雨水不透过；耐环境腐蚀。透明盖板材料一般采用含铁量低的苏打钢化玻璃或者透明塑料，如聚碳酸酯、聚甲基丙烯酸酯等。相比而言，玻璃不需要支撑材料，通常在红外吸收较小，耐候性远好于塑料。但玻璃的抗冲击性较塑料差，折射率较高，造成反射损失较大。也有在玻璃上沉积抗反射涂层的材料。

外壳的作用是为了保护集热板和隔热层不受外界环境的影响，同时作为各个部件集成的骨架。要求具有较好的力学强度、良好的水密封性、耐候性和耐腐蚀性。外壳材料包括框架和底板。框架材料可采用铝型材或木材。底板则一般采用镀锌薄钢板。

按照传热介质的不同，平板型集热器可以分为液体加热太阳能集热器和气体加热太阳能集热器。液体和气体加热太阳能集热器的主要区别在于吸热板材料和结构的不同以及与吸热板接触的导流管设计结构的差异。在设计集热器时需要考虑的关键参数是如何获得有效的传热、合理的压降、减少结垢；降低液体介质传输路径的腐蚀、维修、增加其耐用性，降低成本。

提高集热器效率的一个途径就是将盖板和吸热板之间抽真空，以有效地抑制热传导。为了达到这个效果，需要真空度低于 $10^{-4}$ mmHg。平板玻璃盖板是承受不起这个真空度的，而且采用平板结构也是很难维持这个真空的。所以，人们采用抽真空的管式设计。

### 2.3.3 聚光型集热器

聚光型太阳能集热器就是利用对太阳光线的反射将较大面积的太阳辐射聚集到较小面积的吸热层上，以提高对太阳能的接收。由于太阳相对于地面观测点有一个 32′的角度，即太阳张角，对太阳的聚集会形成一个太阳像，而非一个点。聚光型太阳能集热器的关键部件是聚光镜，它的作用就是在吸热层上形成太阳像。

表征聚光镜的重要参数是聚光比。有两个物理意义上的聚光比：几何聚光比或面积聚光比和通量聚光比。面积聚光比 $C_a$ 定义如下：

$$C_a = \frac{A_A}{A_R} \tag{2-5}$$

式中，$A_A$ 和 $A_R$ 分别是聚光器开口面积和吸热层吸热面积。

通量聚光比是开口处的太阳光辐射与吸收层接收到的太阳辐射。

对于太阳能热利用，面积聚光比较常用。理论上将，从热力学分析可以得知，对于理想的聚光器，最大聚光比受接收半角 $\theta_c$ 限制。

对于二维聚光器：

$$C_{max} = \frac{1}{\sin\theta_c} \tag{2-6}$$

对于三维聚光器：

$$C_{max} = \frac{1}{\sin^2\theta_c} \tag{2-7}$$

由于太阳张角为 $32'(\theta_c = 16')$，因此对于二维聚光器最大聚光比 $C_{max} \approx 200$，对于三维聚光器 $C_{max} \approx 40000$。实际上，设计问题、镜面缺陷、对太阳的跟踪误差以及镜面集尘等造成接受角远大于太阳张角，使聚光比大大降低。此外，由于大气对太阳光的散射，造成相当大一部分太阳光线来自太阳盘以外的角度，不能被有效聚集。

具体聚光系统的选择是系统光学和热性能的折中。吸热层面积应该要求尽量大，以接收最大量的太阳辐射，但是，由于聚光集热器吸热层温度较高，热按照温度的 4 次方辐射损失，因此又希望吸热层面积尽量小，以减少热损失。聚光比也控制吸热层的操作温度。可以推导出，对于非选择性吸热层，最高温度是 1600K。因此，为了降低热辐射损失，采用真空管集热器是一个好的选择。

聚光器的类型可以按照对入射太阳光的聚集方式分为反射式和折射式。反射式聚光器通过一系列反射镜片将太阳辐射汇聚到热吸收面，而折射式则是将入射太阳光通过特殊的透镜汇聚到吸收面。反射式聚光器的典型代表是抛物线形聚光器，折射式主要是非聂耳式透镜。此外，还有将透射与反射结合的聚光方式。聚光集热器的聚光器部分可以设置太阳跟踪系统，调整其方向来获取最大的太阳辐射，也可以调整吸收器的位置，达到系统最优化集热效果。对于较大型的太阳集热系统，聚光器可能较大，这样，调整小得多的吸收器则容易一些。

对于聚光集热器，材料的选择主要考虑以下几点：①反射面的反射率；②盖板材料的透过率；③吸热层的吸收率和反射率。作为反射面材料，由于表面的粗糙和起伏，没有一种材料能做到镜面的全反射。铝的总反射率为 85%～90%，银的总反射率在 90%左右，可以作为最好的反射表面用于太阳能集热器。当然，如前所述，反射率随入射波长变化，因此一般需要对标准太阳光入射波长积分才能得到一个统一的反射率。作为表面镜，铝表面可以通过自氧化而获得保护层；银的保护要困难些。作为盖板材料，和平板型集热器类似，需要含铁低、透明的材料，玻璃是最好的选择。聚丙烯酸酯是制备非聂耳棱镜的恰当的材料。作为聚光集热器的吸热层，铬黑（$CrO_x$）以其吸收率约 0.95、反射率不大于 0.1，作为选择性涂层，是较好的选择。

### 2.3.4 集热器的性能

#### 2.3.4.1 平板型集热器的性能

集热器通过吸收太阳辐射，除了一部分被传热介质带出，成为有用能量外，一部分通过集热器材料向环境辐射等损失，还有一部分贮存在集热器内。评价平板集热器性能的基本参数主要是有用能量收益和效率。

有用能量收益是单位时间内集热器通过传热介质传出的热量：

$$Q_u = A_c G c_p (T_{f,o} - T_{f,i}) = A_c [I_t \tau\alpha - U_L (T_p - T_a)] \tag{2-8}$$

式中，$A_c$ 为集热器采光面积；$G$ 为集热器单位面积的介质质量流量；$c_p$ 为传热介质的定压比热容；$T_{f,o}$和 $T_{f,i}$分别为集热器出入口传热介质的温度；$I_t$ 为集热器接收的太阳辐射能；$U_L$ 为集热器总热损失系数；$T_p$ 和 $T_a$ 分别为吸热层上表面温度和环境温度。

集热器热损失主要包括底部、边缘热损失和顶部热损失。底部和边缘热损失通过保温层和外壳以热传导方式传至外部环境。顶部通过吸热板和盖板玻璃之间对流和热辐射以及反射损失。

集热效率是衡量集热器性能的一个重要参数。它是集热器有用能量收益与投射到集热器上太阳能量之比。由于太阳投射到集热器的能量随时间变化，因此有瞬时效率和平均效率之说。瞬时效率是集热器在一天中某一瞬间的性能：

$$\eta = \frac{Q_u}{A_c I} \tag{2-9}$$

平均效率，作为更重要的衡量集热器性能的参量，是一段时间，如一天或更长时间内集热器效率的平均值。一般测量 15～20min 时间段的太阳辐射能，对应有用能量，可以得出平均集热效率：

$$\bar{\eta} = \frac{\sum Q_{u,i} I_i}{A_c \sum I_i} \tag{2-10}$$

**2.3.4.2　聚光集热器的性能**

和平板型集热器类似，聚光型集热器的热性能主要以集热器效率和有用热能表征。聚光型集热器效率有以下两个定义。

(1) 基于集热器开口入射太阳辐射的效率：

$$\eta = \frac{q_{out}}{I} \tag{2-11}$$

$q_{out}$是传热介质带出的有用热量（$=q_{abs} - q_{loss}$）。由于集热器开口接收的太阳辐射和测量太阳辐射的仪器开口的不同，聚光型集热器接收的太阳辐射在测量的太阳全辐射 $I$ 和直射辐射 $I_b$ 之间。如前面介绍，直接辐射受天气情况影响较大。因此，人们规定，对于跟踪太阳聚光型集热器，应采用直接辐射（$\eta_b$），对固定聚光集热器，则采用全辐射（$\eta$），但如果这类聚光集热器可以调整倾斜度，则要用直接辐射。因此，需要标出测量的效率是基于全辐射还是直接辐射。

(2) 基于吸热面上的入射太阳辐射的效率，即聚光集热器光学效率：

$$\eta_o = \frac{q_{abs}}{I_{in}} \tag{2-12}$$

它和基于集热器开口入射太阳辐射的效率的关系是：

$$\eta_b = \gamma_b \eta_o - \frac{q_{loss}}{I_b} \tag{2-13}$$

$$\gamma_b = \frac{I_{in}}{I_b}$$

结合集热器热损失因素 $U$：

$$U=\frac{q_{\text{loss}}}{\Delta T} \tag{2-14}$$

$$\Delta T = T_{\text{p}} - T_{\text{a}}$$

$T_{\text{p}}$ 和 $T_{\text{a}}$ 分别是吸热器平均温度和环境温度。集热效率可用式(2-15)表示：

$$\eta=\frac{\gamma_{\text{b}}\eta_{\text{o}}-U\Delta T}{I_{\text{b}}} \tag{2-15}$$

此外，还有以传热流体介质平均温度以及流体入口温度表征的集热器效率等。

聚光型集热器的热损失的途径主要是热辐射、对流和传导。对于非选择性吸热层，在较高温度下，辐射是热损失的主要途径。采用选择性涂层可以将辐射损失降低一个数量级。由于需要较小面积的吸热涂层，因此选择性涂层成本不会太高。通过吸热层周围的空气以对流和传导的方式也是不可忽略的，因此，采用真空吸热器结合选择性吸热涂层，如真空管是热利用上较好的方法。

## 2.3.5 太阳能热利用系统

太阳能热利用系统主要包括太阳能热水装置、太阳能干燥装置和太阳能采暖和制冷系统。太阳能热水装置是目前应用最广的太阳能热利用系统。

### 2.3.5.1 太阳能热水装置

太阳能热水装置系统主要由集热箱、贮水箱和提供冷水和热水的管道组成。按照水流动方式，又可以分为循环式、直流式和整体式。循环式太阳热水系统按水循环动力分为自然循环和强制循环两类（图 2-4）。自然循环是利用集热器与贮水箱中水温的温差形成系统的热虹吸压头，使水在系统中循环，将集热器的有用收益传输至水箱得到贮存。强制式循环系统则是依靠水泵使水在集热器与贮水箱之间循环。在系统中设置控制装置，以集热器出口与水箱间的温差来控制水泵的运转。止回阀是为了防止夜间系统发生倒流造成热损失。

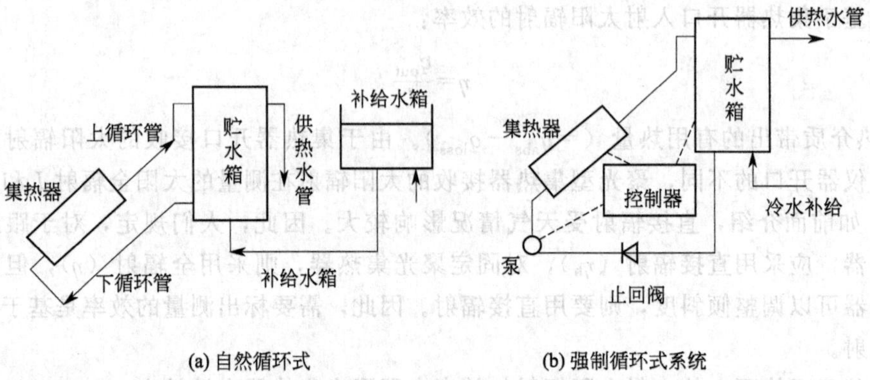


图 2-4　循环式太阳热水系统

直流式系统包括平板集热器、贮热水箱、补给水箱和连接管道组成的开放式热虹吸系统。和自然式循环系统不同的是补给冷水直接进入集热器。补给水箱的水位和集热器出口热水管的最高位置一致。如果在集热器出口设置温度控制器，可以控制出口热水温度以满足使用要求。整体式太阳热水装置的特点是集集热器和贮水箱为一体。整体式热水器结构简单，价格低廉，适合家用。

### 2.3.5.2 太阳能采暖和太阳能制冷

利用太阳能集热器在冬季采暖是太阳能热利用的一种重要形式。太阳能暖房系统利用太阳能作房间冬天暖房之用，在许多寒冷地区已使用多年。因寒带地区冬季气温甚低，室内必须有暖气设备，为了节省大量化石能源的消耗，应该设法应用太阳辐射热。大多数太阳能暖房使用热水系统，也有使用热空气系统。太阳能暖房系统是由太阳能收集器、热储存装置、辅助能源系统及室内暖房风扇系统所组成。将太阳辐射通过热传导，经收集器内的工作流体将热能储存，再供热至房间内。辅助热源则可安置在储热装置内、直接装设在房间内或装设于储存装置及房间之间等不同设计。当然也可不用储热装置而直接将热能用到暖房的直接式暖房设计，或者将太阳能直接用于热电或光电方式发电，再加热房间，或透过冷暖房的热装置方式供作暖房使用。最常用的暖房系统为太阳能热水装置，其将热水通至储热装置之中(固体、液体或相变化的储热系统)，然后利用风扇将室内或室外空气驱动至此储热装置中吸热，再把此热空气传送至室内；或利用另一种液体流至储热装置中吸热，当热流体流至室内，再利用风扇吹送被加热空气至室内，而达到暖房效果。太阳能集热器一般采用温度较低的平板型集热器。

太阳能暖房系统又可分为被动式太阳能供暖系统和主动式太阳能供暖系统。前者根据当地气候条件，通过建筑设计和采用材料如墙壁、屋顶的热工性能，不添置附加设备，使房屋尽可能多地吸收和贮存热量，达到采暖的目的。主动式太阳能供暖系统则需要采用太阳能集热器，配置蓄热箱、管道、风机及泵等设备收集、贮存和输配太阳能，且系统中各个部分可控制，从而达到控制室内温度的目的。被动式太阳能供暖较简单，造价低廉。

采用不同的传热介质如水、防冻液或空气时，系统配制有所不同。采用防冻液需要在集热器和蓄热水箱间采用液-液热交换器；采用热风采暖，则需要水-空气式热交换器。如果单纯靠太阳能集热器不能满足供热需求时，则需要增加辅助热源。实际上，供暖系统只需要在冬季使用，如果设计成全年都有效，则是浪费。因此，采用太阳能集热解决部分供暖，借助于辅助热源，以满足寒冷季节的供暖需求是比较经济的选择。

太阳能制冷是太阳能集热器收集的热的一种利用形式。因此，不同的太阳能制冷系统的主要区别在于制冷循环的不同。有的利用太阳能集热器加热水产生水蒸气，驱动汽轮机对外做功制冷；有的利用集热器产生的热水通过热交换加热产生高压水蒸气，参与制冷循环；有的利用太阳能集热来加热蒸发浓缩吸收液，如 LiBr-$H_2O$ 或者 $NH_3$-$H_2O$。因此，人们又将太阳能制冷系统分为三类：压缩式制冷系统、蒸汽喷射式制冷系统和吸收式制冷系统。太阳能制冷系统比较复杂，一般包括集热器、热交换系统和制冷系统。整个制冷系统的效率受这些子系统效率的影响，因此一般不会很高。

#### 2.3.5.3 太阳炉

太阳炉实际上是太阳聚光器的一种特殊应用。它是利用太阳聚光器对太阳聚光，产生高温，并用来加热熔化材料，进行材料科学研究的一种方式。一般采用抛物线形太阳聚光器，对于不同几何形状（平面、圆柱、球形）的被加热式样（相当于太阳热吸收器），可达到的温度和温度分布有所不同。

太阳炉分为直接入射型和定日镜型。直接入射型是将聚光器直接朝向太阳，定日镜型则是借助于可转动的反射镜或者定日镜将太阳光反射到固定的聚光器上。

太阳炉可以达到的温度受聚光比的控制。抛物线形太阳聚光器的聚光比受其开口宽度 $D$ 和焦距 $f$，即口径比 $n(=D/f)$ 决定。开口大小 $D$ 决定了反射的总太阳辐射能的多少，$D$ 和口径比 $n$ 决定了太阳成像的尺寸和强度。当 $D$ 固定时，$n$ 越大，抛物面镜越深。对于平面试样，采用 $n=2\sim3$，对于圆柱行或球形试样，取 $n>4$ 较好。太阳炉输出功率可以达到几十甚至上千千瓦，获得的高温可达3000～4000℃。用太阳炉加热熔化材料具有清洁无污染的优点。当然，比起一般的高温炉，造价要高。

#### 2.3.5.4 太阳热动力

太阳热动力系统是利用太阳能热能驱动汽轮机、斯特林发动机或者螺杆膨胀机等发电。原理上讲，它和普通的热电厂的不同在于太阳能热发电系统有太阳集热系统、蓄热系统和热交换系统。太阳集热系统可以是平板型集热器，也可以是聚光型集热器。它们得到的传热工质温度不同。传热工质可以是水、空气或者有机液体、无机盐、碱和金属钠。它们分别适用于不同的温度范围。传热工质通过温度变化、相变化（蒸发/冷凝）等过程来实现太阳热能到电能的转化。

## 2.4 太阳光伏

### 2.4.1 太阳光伏基本原理

太阳电池能量转换的基础是由半导体材料组成的pn结的光生伏特效应（图2-5）。当能量为$h\nu$的光子照射到禁带宽度为$E_g$的半导体材料上时，产生电子-空穴对，并受由掺杂的半导体材料组成的pn结电场的吸引，电子流入n区，空穴流入p区。如果将外电路短路，则在外电路中就有与入射光通量成正比的光电流通过。

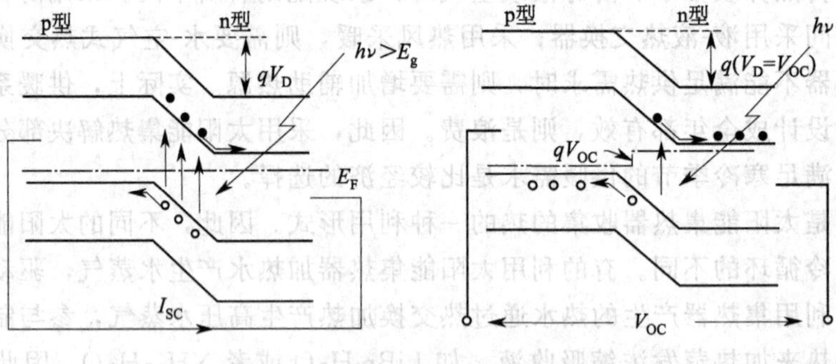


图2-5 半导体pn结及其光生伏特效应

为了得到光生电流，要求半导体材料具有合适的禁带宽度。当入射光子能量大于半导体材料的禁带宽度时，才能产生光电子，而大于禁带宽度的光子的能量部分（$h\nu-E_g$）以热的形式损失。目前用于太阳电池的半导体材料主要是晶体硅，包括单晶硅和多晶硅。非晶硅薄膜和化合物半导体太阳电池材料，包括Ⅲ-Ⅴ族化合物，如GaAs、Ⅱ-Ⅵ族化合物如CdS/CdTe等电池系列（表2-2）。这些材料中，单晶硅和多晶硅太阳电池的用量最大。

**表2-2 主要半导体材料的禁带宽度$E_g$**

| 材料 | $E_g$/eV | 材料 | $E_g$/eV |
| --- | --- | --- | --- |
| Si | 1.1 | InP | 1.2 |
| Ge | 0.7 | CdTe | 1.4 |
| GaAs | 1.4 | CdS | 2.6 |
| Cu(InGa)Se | 1.04 | | |

太阳电池的基本结构如图2-6所示。它由p掺杂和n掺杂的半导体材料组成电池核心，在n区表面沉积有减反射层。p掺杂是在半导体基体材料中掺杂提供空穴的元素，如B、

Al、Ga、In；而 n 掺杂则是掺杂提供价电子的元素，如 Sb、As 或 P。减反射层的作用是降低电池表面对太阳光的反射，提高电池对光的吸收。光生电流由表面电极和背电极引出。

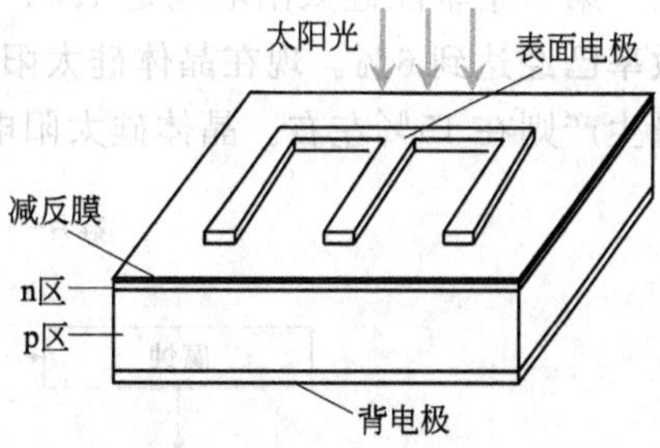

图 2-6　太阳电池基本结构

描述太阳电池的特征参数包括：光谱相应、电池开路电压 $V_{oc}$、短路电流 $I_{sc}$ 以及光-电转换效率。

太阳电池在入射光中每一种波长的光能作用下所收集到的光电流，与对应于入射到电池表面的该波长的光子数之比，叫做太阳电池的光谱相应，也称为光谱灵敏度。它和电池的结构、材料性能、结深、表面光学特性等因素有关，也受环境温度、电池厚度和辐射损伤影响。

开路电压是指当太阳光照射下外电路电阻为无穷大时测得的电池输出电压；短路电流指外电路负载电阻为 0 时太阳电池的输出电压。太阳电池输出电流和电压随着外电路负载的变化而变化。

在太阳电池等效电路中，除了恒流二极管 $I_{ph}$ 外，还有串联电阻 $R_s$ 和并联电阻 $R_{sh}$。串联电阻主要来源于表面薄层电阻，即载流子经表面层向栅电极和引出电极流动时的电阻。并联电阻则是漏电流引起的电阻。如果在理想情况下，没有上述电阻，则电池的电流-电压特性为：

$$I_d = I_0 \exp\left(\frac{qV_d}{nkT} - 1\right) \tag{2-16}$$

式中，$I_d$ 和 $V_d$ 分别为二极管电流和电压；$I_0$ 为无光照下二极管饱和电流；$q$ 为电子电荷；$n$ 为导带电子浓度。在考虑了上述电阻影响后，电池输出特性则变成式(2-17) 的关系：

$$I = I_{ph} - I_0 \exp\left[\frac{q(V+R_s I)}{nKT} - 1\right] - \frac{V+R_s I}{R_{sh}} \tag{2-17}$$

转换效率是在外电路中连接最佳负载电阻 $R$ 时，得到的最大能量转换效率。在最佳外电路电阻下，电池输出电流、电压对应电池最大输出功率 $P_{max} = I_{max} V_{max}$。电池的填充因子 $FF$ 为：

$$FF = \frac{P_{max}}{V_{OC} I_{SC}} \tag{2-18}$$

因此，太阳电池的光电转换效率为：

$$\eta = \frac{P_{max}}{P_{in}} = FF \times \frac{V_{OC} I_{SC}}{P_{in}} \tag{2-19}$$

式中，$P_{in}$ 为入射太阳光能量。

### 2.4.2　太阳电池的制造

太阳电池主要包括硅太阳电池，带状晶体硅太阳电池、硅薄膜太阳电池、Ⅲ-Ⅴ族化合物半导体太阳电池、Ⅱ-Ⅵ族半导体化合物太阳电池以及其他太阳电池，如无机太阳电池、有机太阳电池和光化学太阳电池。即使是晶体硅太阳电池，也有不同的结构，对应的太阳电池的制造方法也有所不同。因目前实际应用的太阳电池主要是晶体硅，包括单晶硅和多晶硅，所以这里给予介绍。由于太阳电池的研究目标之一是降低成本，因此，采用薄膜太阳电池是太阳电池发展的一个方向。在这一节里将简单介绍薄膜太阳电池。

第一个单晶硅太阳电池是1954年由查宾在美国贝尔实验室研制出的。当时的光电转换效率已经达到6%。现在晶体硅太阳电池的转换效率实验室水平达到约25%，工业规模大批量生产则在15%左右。晶体硅太阳电池的典型的制造工艺如图2-7所示。

图2-7　晶体硅太阳电池的制造工艺

硅片作为太阳电池的基本材料，要求由具有较高纯度的单晶硅材料通过切割得到，并且要考虑它的导电类型、电阻率、晶向以及缺陷等。一般采用p型掺杂、厚度在200～400$\mu$m的硅片。

对切割的硅片需要进行预处理，即腐蚀、清洗，一般采用浓硫酸初步清洗，然后再经酸或者碱溶液腐蚀，最后用高纯去离子水清洗。

清洗后的硅片需要经过扩散制成pn结。扩散在控制气氛的高温扩散炉内进行。经扩散得到的硅片需要在保护正面扩散层下经腐蚀除去背面的扩散层。

之后就是通过真空蒸镀上下电极，一般是先蒸镀一层厚度为30～100$\mu$m的Al，然后再蒸镀一层厚度约2～5$\mu$m的Ag膜。采用具有一定形状的金属掩膜可以得到具有栅线状的上电极，以获得最大光吸收面积。还要在电极表面钎焊一层锡-铝-银合金焊料以便电池后续组装。

下一步是经过腐蚀去掉扩散过程中和钎焊过程中硅片四周表面的扩散层和黏附上的金属，以利于去除电池局部短路问题。

在制备了上下电极之后，接着在上电极表面通过真空蒸镀一层减反膜，一般是二氧化硅或二氧化钛。

薄膜太阳电池种类主要包括晶体硅薄膜太阳电池、非晶硅薄膜、Cu(InGa)Se薄膜、CdTe薄膜太阳电池等。虽然这些太阳电池的关键材料都是半导体薄膜，但不同半导体材料薄膜电池结构却各有特色，因此，电池的制造工艺和技术各不相同。对它们的研究和规模化应用也分别处于不同的发展水平。但是，归结起来，薄膜太阳电池的制备都广泛采用薄膜制备技术，包括物理气相沉积，如蒸发、化学气相沉积、CVD。液相沉积技术也有利用和研究。这里简要介绍非晶硅薄膜太阳电池。

关于非晶硅的报道早在20世纪60年代后期就已经出现了，利用非晶硅制备太阳电池的第一篇文章是在1976年出现的，仅仅5年以后就有非晶硅太阳电池产品问世。但是，经过了相当长的时间人们才对非晶硅材料的基本性质有了比较清晰的认识。和晶体硅不同，非晶硅为准直接带隙结构的材料，它的光吸收系数较大，且其带宽不是晶体硅的1.12eV，而是随着Si∶H合金成分在1.4～2.0eV之间连续可调，利用1$\mu$m厚度的非晶硅材料就可以实现较高的光电转换。因此，人们对这类太阳电池寄予了很高的期望。但是，这种电池的较低的效率和电池使用初期的光致效率下降问题长期阻碍了其广泛应用。经过对性能恶化机理的理解，并部分解决这个问题以后，非晶硅太阳电池才逐步进入能源市场。实际上，非晶硅太阳电池具有低成本、能量返回期短、可实现大面积自动化生产、高温性能好、弱光响应好，使得充电效率高以及短波响应优于晶体硅太阳电池等优点，近年来又逐渐重新受到人们的重视。除了广泛用于电子器件，在大规模低成本发电站、与建筑相配合，建造太阳能房、太阳能照明光源以及在弱光下使用等领域具有越来越重要的前景。特别是非晶硅太阳电池的视觉效果使其很适合用做建筑外表。目前，稳定的电池效率已经达到 13%，组建效率在 6%～8%。

非晶硅太阳电池是以玻璃、不锈钢及特种塑料为衬底的薄膜太阳电池，结构如图 2-8 所示。为减少串联电阻，通常用激光器将 TCO 膜、非晶硅膜和铝电极膜分别切割成条状。国际上采用的标准条宽约 1cm，称为一个子电池，用内部连接的方式将各子电池串联起来，因此集成型电池的输出电流为每个子电池的电流，总输出电压为各个子电池的串联电压。在实际应用中，可根据电流、电压的需要选择电池的结构和面积，制成非晶硅太阳电池。由于非晶硅材料质量较晶体硅差，特别是非晶硅中较低的载流子迁移性，在电池结构设计上和晶体硅电池有所不同。第一是为了光生载流子的收集，载流子要在电场存在的区域产生。采用在 p 和 n 层之间增加一个弱掺杂的 i 层，这些区域间的功函差造成较高的电场可以覆盖较大的体积。第二个不同就是为了解决非晶硅中较低的载流子迁移性，在电池表面涂覆一层导电层，提供沿电池表面的横向电流通道。通常在太阳电池接收太阳入射面采用透明 $SnO_2$ 涂层。

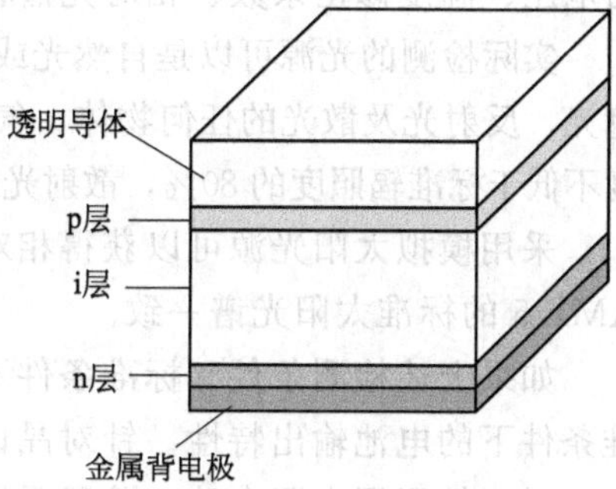

图 2-8 非晶硅太阳电池结构

非晶硅沉积技术主要是基于硅烷作为前驱体气体的化学气相沉积，一般使用等离子体辅助化学气相沉积。在低温下 $SiH_4$ 的预分解是必需的过程。通常沉积温度在 500℃以下，否则氢不能引入薄膜中。实际上材料的稳定性是受氢含量决定，而对沉积工艺的依赖性在其次。质量最好的材料是通过利用氢稀释 $SiH_4$ 沉积得到的，在稀释到<90%$SiH_4$ 时，非晶硅可以转化为微晶硅。把硅烷（$SiH_4$）等原料气体导入真空度保持在 10～1000Pa 的反应室中，由于射频电场的作用，产生辉光放电，原料气体被分解，在玻璃或者不锈钢等衬底上形成非晶硅薄膜材料。此时如果原料气体中混入硼烷（$B_2H_6$）即能生成 p 型非晶硅，混入磷烷（$PH_3$）即能生成 n 型非晶硅。仅仅用变换原料气体的方法就可生成 pin 结，做成电池。为了得到重复性好、性能良好的太阳电池，避免反应室内壁和电极上残存的杂质掺入到电池中，一般都利用隔离的连续等离子反应制造装置，即 p，i，n 各层分别在专用的反应室内沉积。在柔性基底上沉积制备非晶硅太阳电池似乎是一个诱人的用途，但将这些电池联结为一体似乎是一件比较困难的事情。典型的基底大小在 0.5～1$m^2$，稳定的大面积组件效率一般在 6%～8%。现在人们认为很难再提高 a-Si∶H 的质量了，对非晶硅太阳电池的质量的提高主要是在电池的设计上。

### 2.4.3 太阳能电池检测

太阳电池的检测包括电池输出电流-电压特性和电池光谱响应测试。太阳电池输出特性检测首先需要一个太阳光源。由于地面接收的太阳光谱和强度受地理位置、气候条件以及时间等许多因素的影响，因此很难得到完全重复一致的太阳光源。这样，对于地面使用的太阳电池，首先需要规定一个普遍接受并可行的标准太阳光谱。这个光谱具体如下：总太阳辐射，包括直射和散射，相应于 AM1.5，在与地面成 37°的倾斜面上辐照度为 1000W/$m^2$，地面的反射率为 0.2，气相条件为：大气中水含量：1.42cm；大其中臭氧含量：0.34cm；混浊度：0.27（太阳光波长 0.5$\mu$m 处）。

标准太阳光谱的确认需要利用标准太阳电池。由于不同的太阳电池的光谱相应不同，因此，标准太阳电池需要采用和待检测的太阳电池产品相同类型的电池。标准太阳电池一般按照标准规定的结构和尺寸，由专门机构和单位生产，并提供相应的参数，如标准条件下的开路电压、温度修正系数、相对光谱相应和填充因子等。

实际检测的光源可以是自然光或者模拟太阳光。室外自然光下测定要求测试周围空旷、无遮光、反射光及散光的任何物体，气候和阳光条件要求天气晴朗，太阳周围无云；阳光总辐照度不低于标准辐照度的 80%，散射光的比例不大于总辐射的 25%。还有其他诸如安装的要求等。

采用模拟太阳光源可以获得相对较为稳定、符合标准太阳光谱的光源。模拟太阳光要和 AM1.5 的标准太阳光谱一致。

如果上述检测条件和标准条件不一致，可以利用标准太阳电池，通过适当的换算得出标准条件下的电池输出特性。针对晶体硅太阳电池，这些换算主要是温度的校正。

对于航天用太阳电池，除了采用 AM0 作为标准太阳光谱以外，还要考虑太阳电池在太空中受宇宙射线辐射的影响等因素。

### 2.4.4 太阳电池发电系统

太阳电池发电系统根据应用不同而有所不同，但如图 2-9 所示，主要包括：太阳电池组件、蓄电池、控制器和负载。控制器用于太阳电池对蓄电池的充放电控制。它能防止对蓄电池组的过充、过放电。为了避免在阴雨天和晚上太阳电池不发电时或出现短路故障时，蓄电池组向太阳电池组放电，还需要防反冲二极管。它串联在太阳电池方阵电路中，起到太阳电池-蓄电池单项导通作用。

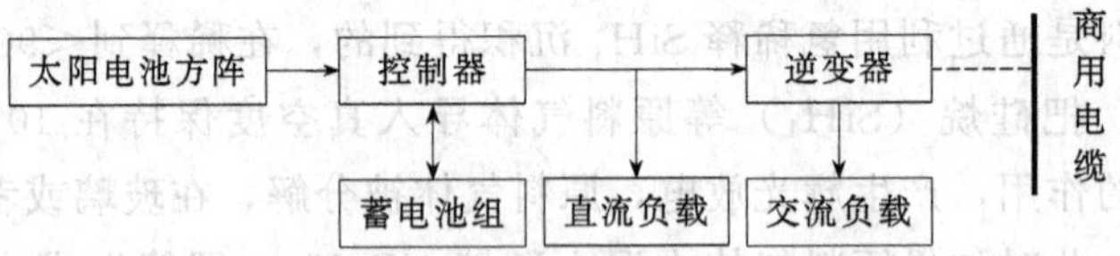


图 2-9 太阳电池发电系统示意图

蓄电池组是用来贮存太阳电池组件接受光照时发出的电能并向负载供电。

逆变器是把太阳电池发出的直流电转换成交流电的一种设备。

根据太阳电池发电系统应用的不同，可分为独立发电系统和并网发电系统。前者是向独立的不和其他电力系统发生任何关系的闭合系统提供电能，如远离电网的地区和设备；后者则和其他并网发电系统一样，将太阳能发电向整个电力系统供电。因此，上述系统中的各个组成部分会有所不同。如直接向直流负载供电，则可以省去逆变器。对于联网供电，需要和高压商用电网连接界面，包括联网控制。

对于太阳电池发电系统，需要进行发电检测，主要是蓄电池电压和充、放电流。检测设备可以集成到控制器上。

## 2.5 太阳能其他应用

除了上述太阳能热利用和太阳能发电，还有其他许多利用太阳能的途径和方式。实际上，地球上的主要自然现象如风、海水潮汐等都或多或少与太阳能有关，这里不打算把风能、潮汐能等的利用也归结到太阳能。主要简单介绍以下几个方面的应用。

(1) 太阳池　太阳池是利用对太阳辐射的吸收储能的一种方式。太阳池一般是深度约1m的盐水水池。水池的底部是黑色。池中的盐水从表面到池底浓度逐渐升高。太阳辐射进入太阳池表面的部分沿池的深度被盐水吸收，剩余部分透过盐水，被黑色的池底吸收。通过维持水池中盐浓度随深度的逐渐增大而使得盐水密度的逐渐升高，池底部吸热造成的膨胀不会带来严重的水的扰动，从而可以大大地降低热在水池中的对流损失，由于水的热导率较低，这时可以把水看作绝热层，这样，池底的热量就会逐渐积蓄，造成池底温度的升高，可达90℃以上。再通过热交换器，可以将池底热能导出利用。

由于盐浓度梯度的存在，盐会在池中由下向上扩散。但这个过程是很缓慢的。研究表明，如果池深1m，底部盐浓度达到饱和，则底部和顶部盐浓度差减少到初始值的一半，大约需要1年的时间。可以采用定期向池底部注入浓缩盐水，用清水清洗池表面以维持盐池的浓度梯度。

太阳池的池水可以利用海水，经浓缩可以得到不同盐浓度的盐水，产生的热能又可以用来制盐。太阳池也可以用来建筑供热，有的提出发电等。总体而言，太阳池可能是一种利用太阳能提供中小规模热能的简便、经济的方式。

(2) 海水淡化　利用太阳能海水淡化是利用太阳能蒸发海水中的水，并凝结得到淡水。海水淡化的基本原理如图2-10所示，太阳光通过透明盖板照射到装有海水的池中，池底是黑色吸热层，底部有绝热层。黑色吸热层吸收太阳辐射后升温，并加热海水产生水蒸气，产生的水蒸气凝结聚集在透明盖板的内侧，并顺着盖板朝下流动进入集水沟。淡水通过集水沟引出。

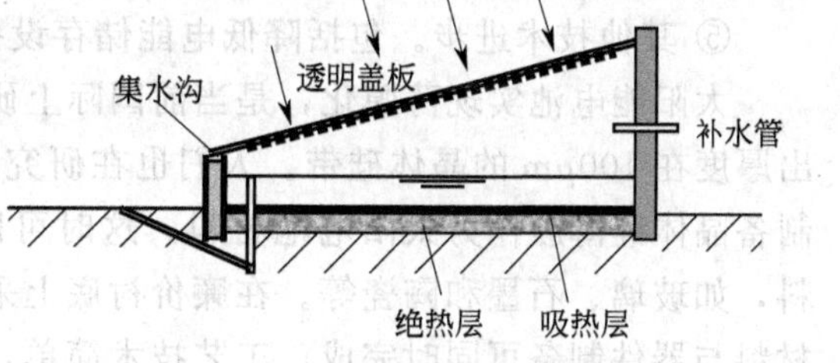

图 2-10　太阳能海水淡化原理

太阳能蒸馏海水淡化的系统以直接盆式(池式)蒸馏系统基本原理基础上，人们还发展了一些其他的太阳能蒸馏海水淡化的系统，如多级蒸馏系统等。

## 2.6 太阳能利用的发展趋势

(1) 太阳能热利用的发展趋势　建筑节能是太阳能利用的一个重要发展方向。欧美发达国家纷纷建造综合利用太阳能示范建筑。试验表明，太阳能建筑节能率大约75%左右。是最有发展前景的一个领域。如何实现最大地节能，需要对建筑所用材料和太阳能利用材料进行开发研究，对建筑-太阳能利用系统进行优化设计。

太阳能热动力利用方面，为了使其能够和化石燃料竞争，降低成本是必要的。通过改善动力循环的热力学性能是有望达到这个目的。利用氨-水混合物作为工质的新型热力学循环是一个很有前景的途径。采用多组分工质由于组分沸腾温度的不同，可以更好地和不同的热源匹配，提高热源的利用效果。此外，在氨-水工质的基础上，还提出了动力-制冷结合的循环。这种循环利用高浓度的氨蒸气驱动透平，在比水蒸气低得多的温度下膨胀而不凝结，从而得到制冷。氨蒸气通过吸收凝结。这个循环非常适合于低品位的热能如太阳能的利用，并能够获得高的热利用效率。

第二个重要方向就是太阳能热发电。如何对目前几类热发电系统进行优化，降低发电成本是实现热发电应用的关键。

（2）太阳能光伏技术发展趋势　在太阳电池技术的研究方面，降低成本是目前和将来相当长时间的首要任务。世界主要太阳电池生产国都在努力，在晶体硅太阳电池技术方面进行一系列的研究。

① 围绕提高晶体硅，特别是单晶硅电池的转换效率，继续开发新技术。限制单晶硅太阳电池转换效率的主要技术障碍有：电池表面栅线遮光影响；表面光反射损失；光传导损失；内部复合损失；表面复合损失。针对这些问题，近年来开发了许多新技术，主要有：单双层减反射膜；激光刻槽埋藏栅线技术；绒面技术；背点接触电极克服表面栅线遮光问题；高效背反射器技术；光吸收技术。如澳大利亚新南威尔士大学采用刻槽技术及特殊的钝化技术，已经实现单晶硅电池转换效率达到24.7%。

② 降低晶体硅材料用量。晶体硅电池材料占到总生产成本的大约40%。从两方面着手降低晶体硅材料的用量：电池薄膜化，德国将单晶硅电池切割到40$\mu$m厚，其转换效率可高达20%；由于切割带来的晶体硅材料损耗占50%，因此人们开发各种切割技术以降低材料损耗。

③ 优化电池组件的设计，提高电池组件的效率。利用转化效率较低的单电池，组装出电池组件效率较高的电池模块。

④ 使电池组件的使用寿命能达到30年。

⑤ 其他技术进步。包括降低电能储存设备成本、简化和标准化电池系统的安装等。

太阳能电池实现薄膜化，是当前国际上研发的主要方向之一。如采用直接从硅熔体中拉出厚度在100$\mu$m的晶体硅带。人们也在研究利用液相或气相沉积，如化学气相沉积的方法制备晶体硅薄膜作为太阳电池材料。这时可以采用成本较低的冶金硅或者其他廉价基体材料，如玻璃、石墨和陶瓷等。在廉价衬底上采用低温制备技术沉积半导体薄膜的光伏器件，材料与器件制备可同时完成，工艺技术简单，便于大面积连续化生产；制备能耗低，可以缩短回收期。在不用晶体硅作为基底材料的衬底上气相沉积得到的多晶硅转换效率也达到12%以上。

除了晶体硅薄膜电池以外，其他薄膜电池材料的研究也在取得进展。目前已实现产业化和正在实现产业化的有非晶硅薄膜和多晶化合物半导体薄膜电池（碲化镉、硒铟铜）。非晶硅薄膜主要采用化学气相沉积制备。在提高单纯非晶硅太阳电池的转化效率的研究进展不大，目前的技术水平是低于8%。因此人们研究利用叠层技术以提高非晶硅电池效率，如a-Si/a-GeSi/a-SiGe叠层电池实验室最高效率达到15.6%。非晶硅/多晶硅叠层电池（HIT）也是一种效率很高的叠层电池。Sanyo开发出效率达20.7%的a-Si/c-Si电池。CIGS电池研究方面人们试图利用其他材料如稀土元素替代资源稀少的In。在CdTe化合物半导体薄膜电池研究方面，虽然CdTe稳定、无害，但Cd和Te分别是有毒的，人们正试图研究部分替代材料。其他化合物半导体材料的研究也取得了令人瞩目的成就。据报道，美国国家可再生能源实验室和光谱试验室在锗衬底上生长出GaInP/GaAs/Ge三节电池涂层，结合金属连接和抗反射涂层，通过对标准1.5AM太阳光谱聚光，获得47倍太阳光强度，从而得到创纪录的32.3%的光电转换效率。据估计，薄膜电池的生产成本可以随其生产规模的扩大而降低，一旦技术上有重大突破，其成本可以降到1美元/$W_p$以下。上述关于薄膜电池的技术研究还没有完全列出所有主要研究现状和趋势。

值得一提的是，染料敏化太阳电池（DSC）最近取得较大进展。大面积（100cm$^2$）DSC

转换效率已达到 6%。这类电池所用主要材料为导电玻璃和 $TiO_2$，来源比较丰富，电池制备工艺也比较简单，具有较大的潜在价格优势。但是这类电池的转换效率还有待进一步提高，电池运行的稳定性还需要进一步经受考验。

(3) 其他　一个制得关注的太阳能利用就是光催化去污。传统的采用活性炭吸附只是将污染物从一种介质转移到另一种介质，而利用太阳光催化去除空气特别是室内空气污染和水中的重金属离子和有机污染物则是有效地将污染物转化成无害的物质。比如采用 $TiO_2$ 作为光催化剂，可以实现地下水水质恢复、工业污水净化、饮用水的消毒、土壤去污以及医疗污染物的消毒等。虽然这方面的研究很多，前景也很好，但是迄今还没有工程方面的广泛应用。

在太阳能的利用方面，人们也提出了一些大胆的具有前瞻性的思路。这些思路和设想能否实现还是未知数，但是，这种创新思想确实值得学习。如，采用纳米天线技术实现太阳能的转换。目前的光伏技术是基于光的量子特性和半导体材料。通过半导体材料实现光电转换根本上受限于材料的禁带宽度。有人提出利用太阳光的波动性质的革命性的思路。美国罗伯特．贝里教授提出，采用宽带整流天线技术，有可能实现太阳光-直流电的转化。整流天线技术不受半导体材料的禁带宽度限制。理论上，为了实现光电转换，要求整流天线大小和太阳光辐射的波长差不多，即亚微米范围。整流天线技术的理论基础是太阳辐射是电磁波，即它是从太阳向地球传播的谐振电场和磁场。利用天线进行微波范围的信号（能量）传播已经是发展成熟的技术。实际上，实验研究证明，利用天线技术可以实现在微波范围（2.4GHz）的波-电转换，效率高达 90%。但是，迄今还没有实现在太阳光能量集中的紫外-可见-红外区的这种波-电转换。总体来看，目前这还只是一种概念的设想，还存在着许多理论问题没有解决，包括是否能够在太阳辐射能集中的波段实现这种转换，目前还不清楚。可能要求大量的人力和财力的长期投入研究才能够得到答案。因此风险也很大。在实践上实现这种转换方面，肯定还有许多挑战，其中包括整流天线需要在纳米尺度，带来加工技术，如连接、质量控制以及大批量的制造等的困难；在材料方面，什么材料最适合于太阳辐射波段的波-电转化？有可能是介电材料，如有机材料或者陶瓷材料。在整流技术方面，和天线性质方面都需要进行设计优化，以获得最高的转化效率。

另一个设想就是通过光的收集和传输实现太阳能的利用。目前的各种太阳能的利用形式，如电和热能需要贮存。这提高了能源利用的成本。此外，太阳能在世界不同地区分布不均，造成对太阳能的开发利用的不均匀。解决这种不均匀的办法就是能量的有效传输。如果能够实现太阳能的有效传输，那么各国对传统化石能源的需求就会大大减少。目前最先进的太阳能收集和传输的技术是利用光纤材料。直接以光的形式通过聚光型收集器收集太阳能，通过一系列的光学系统，在传输中不会带来能量的损失。这种太阳能可以直接用于解决照明问题，也可以转换成热能或者电能，甚至用于制氢。如果这样的太阳光传输网络系统建立起来，世界太阳能少的国家可以获得清洁的太阳能。

## ◎ 思考题

1. 分析地面接收的太阳辐射的影响因素。
2. 分析平板式集热器和抛物线形集热器的热量平衡。
3. 从技术和经济性两个方面比较晶体硅太阳电池和非晶硅太阳电池。
4. 综述太阳能技术的发展趋势。

## 参 考 文 献


[1] William C Dickinson，Paul N. Cheremisinoff. Solar Energy Technology Handbook. Marcel Dekker，Inc. Butterworth，1980.

[2] 郭廷玮，刘鉴民，M. Daguenet. 太阳能的利用. 北京：科学技术文献出版社，1987.

[3] Yin Zhiqiang. Development of solar thermal systems in China. Solar Energy Materials & Solar Cells 2005，86：427-442.

[4] 李安定. 太阳能光伏发电系统工程. 北京：北京工业大学出版社，2001.

[5] 岑幻霞. 太阳能热利用. 北京：清华大学出版社，1996.

[6] 张鹤飞主编. 太阳能热利用原理与计算机模拟. 第2版. 西安：西北工业大学出版社，2004.

[7] A. A. 赛义夫编. 太阳能工程. 徐任学，刘鉴民等译，王补宣校. 北京：科学出版社，1984.

[8] [日] 高桥清，浜川圭弘，後川昭雄编著. 太阳光发电. 田小平，李忠馥，魏铁林译，全英淑，陈德新，李靖校，北京：新时代出版社，1979.

[9] 赵玉文. 21世纪我国太阳能利用发展趋势. 中国电力，2000，33（9），73-77.

[10] Adolf Goetzberger，Christopher Hebling，Hans-Werner Schock. Photovoltaic materials，history，status and outlook. Materials Science and Engineering 2003，R 40：1-46.

[11] 邓长生. 如何促进我国太阳电池技术的发展. 中国科技成果，2005，13，14-17.

[12] Goswami D Y，Vijayaraghavan S，Lu S，Tamm G，New and emerging developments in solar energy. Solar Energy 2004，76：33-43.

[13] Zekai Şen. Solar energy in progress and future research trends. Progress in Energy and Combustion Science 2004，30：367-416.

[14] 马胜红，许洪华. 光伏发电纵横谈. 太阳能，2004（1）：3-5.

# 第3章 生物质能源

## 3.1 概述

### 3.1.1 生物质

生物质直接或间接来自于植物。广义地讲，生物质是一切直接或间接利用绿色植物进行光合作用而形成的有机物质，它包括世界上所有的动物、植物和微生物以及由这些生物产生的排泄物和代谢物。狭义地说，生物质是指来源于草本植物、树木和农作物等的有机物质。地球上生物质资源相当丰富，世界上生物质资源不仅数量庞大，而且种类繁多、形态多样。按原料的化学性质主要分为糖类、淀粉和木质纤维素物质。按原料来划分，主要包括以下几类：农业生产废弃物，主要为作物秸秆等；薪柴、枝杈柴和柴草；农林加工废弃物，如木屑、谷壳、果壳等；人畜粪便和生活有机垃圾等；工业有机废弃物，有机废水和废渣；能源植物，包括作为能源用途的农作物、林木和水生植物等。

### 3.1.2 生物质能

生物质能是太阳能以化学能形式蕴藏在生物质中的一种能量形式，它直接或间接地来源于植物的光合作用，是以生物质为载体的能量。生物质能具有以下特点：生物质利用过程中二氧化碳的零排放特性；生物质是一种清洁的低碳燃料，其含硫和含氮都较低，同时灰分含量也很小，燃烧后 $SO_x$、$NO_x$ 和灰尘排放量比化石燃料小得多，是一种清洁的燃料；生物质资源分布广，产量大，转化方式多种多样；生物质单位质量热值较低，而且一般生物质中水分含量大而影响了生物质的燃烧和热裂解特性；生物质的分布比较分散，收集运输和预处理的成本较高；可再生性好。

### 3.1.3 生物质的组成与结构

生物质作为有机燃料，是多种复杂的高分子有机化合物组成的复合体，主要含有纤维素、半纤维素、木质素、淀粉、蛋白质、脂质等。

纤维素是由许多*β*-*D*-葡萄糖基通过1-4苷键连接起来的线型高分子化合物，其分子式为$(C_6H_{10}O_5)_n$（$n$ 为聚合度），天然纤维素的平均聚合度很高，一般从几千到几十万。它是白色物质，不溶于水，无还原性，水解一般需要浓酸或稀酸在加压下进行，水解可得纤维四糖、纤维三糖、纤维二糖，最终产物是*D*-葡萄糖。

半纤维素是由多糖单元组成的一类多糖，其主链上由木聚糖、半乳聚糖或甘露糖组成，在其支链上带有阿拉伯糖或半乳糖。大量存在于植物的木质化部分，如秸秆、种皮、坚果壳及玉米穗等，其含量依植物种类、部位和老幼程度而有所不同，半纤维素前驱物是糖核苷酸。

木质素是植物界中仅次于纤维素的最丰富的有机高聚物。它广泛分布于具有维管束的羊齿植物以上的高等植物中，是裸子植物和被子植物所特有的化学成分。木质素是一类由苯丙烷单元通过醚键和碳碳键连接的复杂的无定形高聚物，它和半纤维素一起作为细胞间质填充在细胞壁的微细纤维之间，加固木化组织的细胞壁，也存在于细胞间层，把相邻的细胞黏结在一起。通过生物合成的大量研究工作及示踪碳$^{14}C$进行的试验，证明木质素的先体是松柏醇、芥子醇和对香豆醇。

淀粉是D-葡萄糖分子的聚合而成的化合物，通式为（$C_6H_{10}O_5$）$_n$，它在细胞中以颗粒状态存在，通常为白色颗粒状粉末，按其结构可分为胶淀粉和糖淀粉，胶淀粉又称淀粉精，在淀粉颗粒外围，约占淀粉的80%，为支链淀粉，由一千个以上的*D*-葡萄糖以$\alpha$-1,4键连接，并带有$\alpha$-1,6键连接的支链，相对分子质量5万～10万，在热水中膨胀成黏胶状。糖淀粉又称淀粉糖，位于淀粉粒的中央，约占淀粉的20%，糖淀粉为直链淀粉，由约300个*D*-葡萄糖以$\alpha$-1,4键连接而成，相对分子质量为1万～5万，可溶于热水。

蛋白质是构成细胞质的重要物质，约占细胞总干重的60%以上，蛋白质是由多种氨基酸组成，相对分子质量很大，由五千到百万以上，氨基酸主要由C、H和O三种元素组成，另外还有N和S。构成蛋白质的氨基酸有20多种，细胞中的储存蛋白质以多种形式存在于细胞壁中成固体状态，生理活性较稳定，可以分为结晶的和无定形的。

脂类是不溶于水而溶于非极性溶剂的一大类有机化合物。脂类主要化学元素是C、H和O，有的脂类还含有P和N。脂类分为中性脂肪、磷脂、类固醇和萜类等。油脂是细胞中含能量最高而体积最小的储藏物质，在常温下为液态的称为油、固态的称为脂。植物种子会储存脂肪于子叶或胚乳中以供自身使用，是植物油的主要来源。

### 3.1.4 生物质转化利用技术

生物质的转化利用途径主要包括物理转化、化学转化、生物转化等，可以转化为二次能源，分别为热能或电力、固体燃料、液体燃料和气体燃料等。

生物质的物理转化是指生物质的固化，将生物质粉碎至一定的平均粒径，不添加粘接剂，在高压条件下，挤压成一定形状。物理转化解决了生物质能形状各异、堆积密度小且较松散、运输和贮存使用不方便问题，提高了生物质的使用效率。

生物质化学转化主要包括直接燃烧、液化、气化、热解、酯交换等。

利用生物质原料生产热能的传统办法是直接燃烧。燃烧过程中产生的能量可被用来产生电能或供热。芬兰1970年开始开发流化床锅炉技术。现在这项技术已经成熟，并成为燃烧供热电工艺的基本技术。欧美一些国家基本都使用热电联产技术来解决燃烧物质原料用于单一供电或供热在经济上不合算的问题。

生物质的热解是在无氧条件下加热或在缺氧条件下不完全燃烧，最终转化成高能量密度的气体、液体和固体产物。由于液体产品容易运输和贮存，国际上近来很重视这类技术。最近国外又开发了快速热解技术，液化油产率以干物质计，可得70%以上，该法是一种很有开发前景的生物质应用技术。

生物质的气化是以氧气（空气、富氧或纯氧）、水蒸气或氢气作为气化剂，在高温下通过热化学反应将生物质的可燃部分转化为可燃气（主要为一氧化碳、氢气和甲烷以及富氢化合物的混合物，还含有少量的二氧化碳和氮气）。通过气化，原先的固体生物质能被转化为更便于使用的气体燃料，可用来供热、加热水蒸气或直接供给燃气机以产生电能，并且能量转换效率比固态生物质的直接燃烧有较大的提高。

生物质的液化是一个在高温高压条件下进行的热化学过程，其目的在于将生物质转化成高热值的液体产物。生物质液化的实质即是将固态大分子有机聚合物转化为液态小分子有机物质，根据化学加工过程的不同技术路线，液化又可以分为直接液化和间接液化。直接液化通常是把固体生物质在高压和一定温度下与氢气发生加成反应（加氢）。间接液化是指将生物质气化得到的合成气（$CO+H_2$），经催化合成为液体燃料（甲醇或二甲醚等）。

生物柴油是将动植物油脂与甲醇或乙醇等低碳醇在催化剂或者超临界甲醇状态下进行酯交换反应生成的脂肪酸甲酯（生物柴油），并获得副产物甘油。生物柴油可以单独使用以替代柴油，又可以一定的比例与柴油混合使用。除了为公共交通车、卡车等内燃机车提供替代燃料外，又可为海洋运输业、采矿业、发电厂等具有非移动式内燃机行业提供燃料。

生物质的生物转化是利用生物化学过程将生物质原料转变为气态和液态燃料的过程，通常分为发酵生产乙醇工艺和厌氧消化技术。

乙醇发酵工艺依据原料不同分为两类：一类是富含糖类作物发酵转化为乙醇，另一类是以含纤维素的生物质原料做经酸解或酶水解转化为可发酵糖，再经发酵生产乙醇。厌氧消化技术是指富含碳水化合物、蛋白质和脂肪的生物质在厌氧条件下，依靠厌氧微生物的协同作用转化成甲烷、二氧化碳、氢及其他产物的过程。一般最后的产物含有 50%～80%的甲烷，热值可高达 $20MJ/m^3$，是一种优良的气体燃料。

我国具有大规模开发包括生物质能在内的可再生能源的资源条件和技术潜力，可以为未来社会和经济发展开辟新的能源保障途径。根据我国社会经济发展趋势、能源供需形势、国内外发展背景、可再生能源资源和技术条件，我们可以对未来几十年我国可再生能源开发利用前景做出初步判断：2020 年前，可再生能源还不能起到替代作用，但可以起到一定的补充作用。2030 年左右，尽管化石能源仍可能是能源的主体，但可再生能源已经开始发挥明显的替代作用。2040 年以后，伴随着化石能源资源的不断减少，可再生能源利用比例将不断提高，将有望发挥主体能源的作用。

## 3.2　生物质燃烧

### 3.2.1　生物质燃烧及特点

生物质的直接燃烧是最简单的热化学转化工艺。生物质在空气中燃烧是利用不同的过程设备将贮存在生物质中的化学能转化为热能、机械能或电能。生物质燃烧产生的热气体温度大约在 800～1000℃。由于生物质燃料特性与化石燃料不同，从而导致了生物质在燃烧过程中的燃烧机理、反应速度以及燃烧产物的成分与化石燃料相比也都存在较大差别，表现出不同于化石燃料的燃烧特性。主要体现为以下几点。

（1）含碳量较少，含固定碳少　生物质燃料中含碳量最高的也仅 50%左右，相当于生成年代较少的褐煤的含碳量，特别是固定碳的含量明显地比煤炭少，因此，生物质燃料不抗烧，热值较低。

（2）含氢量稍多，挥发分明显较多　生物质燃料中的碳多数和氢结合成低分子的碳氢化合物，在一定温度下经热分解而析出挥发物，所以生物质燃料易被引燃，燃烧初期析出量较大，在空气和温度不足的情况下易产生镶黑边的火焰，在使用生物质为燃料的设备设计中必须注意到这一点。

（3）含氧量多　生物质燃料含氧量明显地多于煤炭，它使得生物质燃料热值低，但易于引燃，在燃烧时可相对地减少供给空气量。

(4) 密度小　生物质燃料的密度明显地较煤炭低，质地比较疏松，特别是农作物秸秆和粪类，这使得生物质燃料易于燃烧和燃尽，灰烬中残留的碳量较燃用煤炭者少。

(5) 含硫量低　生物质燃料含硫量大多少于0.20%，燃烧时不必设置气体脱硫装置，不仅降低了成本，而且有利于保护环境。

生物质燃料的燃烧过程是燃料和空气间的传热、传质过程。燃烧不仅需要燃料，而且必须有足够温度的热量供给和适当的空气供应。

### 3.2.2　生物质燃烧原理

生物质燃料的燃烧过程是燃料和空气间的传热、传质过程。燃烧除去燃料存在外，必须有足够温度的热量供给和适当的空气供应。生物质中可燃部分主要是纤维素、半纤维素、木质素。燃烧时纤维素和半纤维素首先释放出挥发分物质，木质素最后转变为碳。生物质直接燃烧反应是一个复杂的物理、化学过程，是发生在碳化表面和氧化剂（氧气）之间的气固两相反应。

生物质燃料燃烧机理属于静态渗透式扩散燃烧。第一，生物质燃料表面可燃挥发物燃烧，进行可燃气体和氧气的放热化学反应，形成火焰；第二，除了生物质燃料表面部分可燃挥发物燃烧外，成型燃料表层部分的碳处于过渡燃烧区，形成较长火焰；第三，生物质燃料表面仍有较少的挥发分燃烧，更主要的是燃烧向成型燃料更深层渗透。焦炭的扩散燃烧，燃烧产物$CO_2$、CO及其他气体向外扩散，行进中CO不断与$O_2$结合成$CO_2$，成型燃料表层生成薄灰壳，外层包围着火焰；第四，生物质燃料进一步向更深层发展，在层内主要进行碳燃烧（即$C+O_2 \longrightarrow CO$），在球表面进行一氧化碳的燃烧（即$CO+O_2 \longrightarrow CO_2$），形成比较厚的灰壳，由于生物质的燃尽和热膨胀，灰层中呈现微孔组织或空隙通道甚至裂缝，较少的短火焰包围着成型块；第五，燃尽壳不断加厚，可燃物基本燃尽，在没有强烈干扰的情况下，形成整体的灰球，灰球表面几乎看不出火焰，灰球会变暗红色，至此完成了生物质燃料的整个燃烧过程。

### 3.2.3　生物质燃烧技术

(1) 生物质直接燃烧　生物质的直接燃烧技术即将生物质如木材直接送入燃烧室内燃烧，燃烧产生的能量主要用于发电或集中供热。利用生物质直接燃烧，只需对原料进行简单的处理，可减少项目投资，同时，燃烧产生的灰可用做肥料。英国Fibrowatt电站的三台额定负荷为12.7MW、13.5MW和38.5MW的锅炉，每年直接燃用750000t的家禽粪，发电量足够100000个家庭使用，并且禽粪经燃烧后质量减轻10%，便于运输，作为一种肥料在全英及中东及远东地区销售。但直接燃烧生物质特别是木材，产生的颗粒排放物对人体的健康有影响。此外，由于生物质中含有大量的水分（有时高达60%～70%），在燃烧过程中大量的热量以汽化潜热的形式被烟气带走排入大气，燃烧效率相当低，浪费了大量的能量。

生物质直接燃烧技术的研究开发，主要着重于专用燃烧设备的设计和生物质成型物的应用，目前，在世界上有许多直接燃烧生物质燃料的锅炉和其他燃烧装置，主要分布在林木产区、木材工业区和造纸工业区。随着全球性大气污染的进一步加剧，减少$CO_2$等有害气体净排放量已成为世界各国解决能源与环境问题的焦点。由于生物质成型燃料燃烧$CO_2$的净排放量基本为0，$NO_x$排放量仅为燃煤的1/5，$SO_2$的排放量仅为燃煤的1/10，因此生物质成型燃料直接燃用是世界范围内进行生物质高效、洁净化利用的一个有效途径。日本在20世纪50年代，研制出棒状燃料成型机及相关的燃烧设备；美国在1976年开发了生物质颗粒及成型燃烧设备；西欧一些国家在 20 世纪 70 年代已有了冲压式成型机、颗粒成型机及配套的燃烧设备；亚洲一些国家在 20 世纪 80 年代已建了不少生物质固化、碳化专业生产厂，并研制出相关的燃烧设备。日本、美国及欧洲一些国家生物质成型燃料燃烧设备已经定型，并形成了产业化，在加热、供暖、干燥、发电等领域已推广应用。

我国从 20 世纪 80 年代引进开发了螺旋推进式秸秆成型机，近几年形成了一定的生产规模，在国内都已形成了产业化。但国产成型加工设备在引进及设计制造过程中，都不同程度地存在着技术及工艺方面的问题，这就有待于去深入研究探索、试验、开发。尽管生物质成型设备还存在着一定的问题，但生物质成型燃料有许多独特优点：便于储存、运输、使用方便、卫生、燃烧效率高、是清洁能源、有利于环保。因此，生物质成型燃料在我国一些地区已进行批量生产，并形成研究、生产、开发的良好势头，在我国未来的能源消耗中，生物质成型燃料将占有越来越大的份额。

(2) 生物质和煤的混合燃烧　对于生物质来说，近期有前景的应用是现有电厂利用木材或农作物的残余物与煤的混合燃烧。利用此技术，除了显而易见的废物利用的好处外，另一个益处是燃煤电厂可降低 $NO_x$ 的排放。因为木材的含氮量比煤少，并且木材中的水分使燃烧过程冷却，减少了 $NO_x$ 的热形成。在煤中混入生物质如木材，会对炉内燃烧的稳定和给料及制粉系统有一定的影响。许多电厂的运行经验证明，在煤中混入少量木材（1%～8%）没有任何运行问题；当木材的混入量上升至 15%时，需对燃烧器和给料系统进行一定程度的改造。

目前生物质气化燃烧的主要技术有生物质与煤的混合燃烧和生物质的 IGCC 技术。

生物质和煤的混合燃烧是在生物质汽化的早期开发中所走的商业化道路。生物质在 CFB 等气化装置中气化，产生的低热值气和气中所携带的可燃颗粒被送入锅炉炉膛中燃烧。由于允许生物气中含有固体颗粒（部分气化），使生物质在气化装置中驻留时间缩短，这样减小了气化装置的尺寸，同时，不需要生物气的净化设备，因为离开 CFB 的可燃颗粒在锅炉炉膛内有足够的时间完全燃烧，这样，简单的气化技术和体积较小的气化装置降低了设备的投资和运行费用。

对于完全利用生物质燃料的电站来说，高效而清洁的燃烧技术应首推气化联合循环（IGCC)。IGCC 最初作为一种先进的煤清洁燃烧技术，在 90 年代已部分进入商业化使用。虽然生物质的特殊性质决定了其与煤有着不同的技术发展道路，但却可采用与煤相似的 IGCC 技术，并且由于煤 IGCC 技术的广泛发展，对于燃气轮机来说，燃用低热值的生物气已没有太大的技术困难。

(3) 生物质的气化燃烧　生物质燃料要广泛、经济地应用于动力电厂，那么其应用技术必须能在中等规模的电站提供较高的热效率和相对低的投资费用，生物质气化技术使人们向这一目标迈进。生物质气化是在高温条件下，利用部分氧化法，使有机物转化成可燃气体的过程。产生的气体可直接作为燃料，用于发动机、锅炉、民用等。研究的用途是利用气化发电和合成甲醇以及产生蒸气。与煤气化不同，生物质气化不需要苛刻的温度和压力条件，这主要由于生物质有较高的反应能力。目前，被广泛使用的生物质气化装置是常压循环流化床（ACFB）和增压循环流化床（PCFB）。

流化床燃烧技术是一种成熟的技术，在矿物燃料的清洁燃烧领域早已进入商业化使用。利用循环流化床（CFB）作为生物质气化装置的优点在于以下几点。

① 流化床对气化原料有足够的适应性，不仅能处理各种生物质燃料、树皮、锯末、木

材废料等，还可以气化废物衍生燃料（RDF）和废旧轮胎等。

② 生物质燃料不需碾磨，不需预先的干燥处理，水分高达60%～70%。

③ 生物质可燃颗粒和床料经旋风筒的分离作用，从回料管返回流化床底部。这样可回收部分热量，提高生物质的热转换效率。

（4）其他燃烧

① 层燃　在层燃方式中，生物质平铺在炉排上形成一定厚度的燃料层，进行干燥、干馏、燃烧及还原过程。层燃过程分为：灰渣层、氧化层、还原层、干馏层、干燥层、新燃料层。

氧化层区域：通过炉排和灰渣层的空气被预热后和炽热的木炭相遇，发生剧烈的氧化反应，$O_2$ 被迅速消耗，生成了 $CO_2$ 和 CO，温度逐渐升高到最大值。

还原层区域：在氧化层以上 $O_2$ 基本消耗完毕，烟气中的 $CO_2$ 和木炭相遇，$CO_2+C \longrightarrow 2CO$，烟气中 $CO_2$ 逐渐减少，CO不断增加。由于是吸热反应，温度将逐渐下降。

温度在还原层上部逐渐降低，还原反应也逐渐停止。再向上则分别为干馏、干燥和新燃料层。生物质投入炉中形成新燃料层，然后加热干燥，析出挥发分，形成木炭。

层燃烧技术的种类较多，其中包括固定床、移动炉排、旋转炉排、振动炉排和下饲式等，可适于含水率较高、颗粒尺寸变化较大及灰分含量较高的生物质，具有较低投资和操作成本。

② 流化床燃烧　流化床是基于气固流态化的一项技术，其适应范围广，能够使用一般燃烧方式无法燃烧的石煤等劣质燃料、含水率较高的生物质及混合燃料等，此外，流化床燃烧技术可以降低尾气中氮与硫的氧化物等有害气体含量，保护环境，是一种清洁燃烧技术。燃料在流化床中的运动形式与在层燃炉和煤粉炉中的运动形式有着明显的区别，流化床的下部装有称为布风板的孔板，空气从布风板下面的风室向上送入，布风板的上方堆有一定粒度分布的固体燃料层，为燃烧的主要空间。流化床一般采用石英砂为惰性介质，依据气固两相流理论，当流化床中存在两种密度或粒径不同的颗粒时，床中颗粒会出现分层流化，两种颗粒沿床高形成一定相对浓度的分布。占份额较小的燃料颗粒粒径大而轻，在床层表面附近浓度很大，在底部的浓度接近于零。在较低的风速下，较大的燃料颗粒也能进行良好的流化，而不会沉积在床层底部。料层的温度一般控制在800～900℃之间，属于低温燃烧。

③ 悬浮燃烧　煤粉燃烧技术是大型锅炉的唯一燃烧方式，具有高效率、燃烧完全等优点，已成为标准的燃烧系统，生物质悬浮燃烧技术与此类似。在该系统中，对生物质需要进行预处理，要求颗粒尺寸小于2mm，含水率不超过15%。先粉碎生物质至细粉，再与空气混合后一起切向喷入燃烧室内形成涡流，呈悬浮燃烧状态，这样可增加滞留时间。悬浮燃烧系统可在较低的过剩空气下运行，可减少 $NO_x$ 的生成。

### 3.2.4 生物质燃烧直接热发电

生物质转化为电力主要有直接燃烧后用蒸汽进行发电和生物质气化发电两种。生物质直接燃烧发电的技术已进入推广应用阶段，从环境效益的角度考虑，生物质气化发电是更洁净的利用方式，它几乎不排放任何有害气体，小规模的生物质气化发电比较适合生物质的分散利用，投资较少，发电成本也低，适于发展中国家应用。大规模的生物质气化发电一般采用生物质联合循环发电（IGCC）技术，适合于大规模开发利用生物质资源，能源效率高，是今后生物质工业化应用的主要方式；目前已进入工业示范阶段。

直接燃烧发电的过程是生物质与过量空气在锅炉中燃烧，产生的热烟气和锅炉的热交换部件换热，产生出的高温高压蒸汽在蒸汽轮机中膨胀做功发出电能。从20世纪90年代起，丹麦、奥地利等欧洲国家开始对生物质能发电技术进行开发和研究。经过多年的努力，已研制出用于木屑、秸秆、谷壳等发电的锅炉。丹麦在生物质直燃发电方面成绩显著，1988年丹麦建设了第一座秸秆生物质发电厂，目前，丹麦已建立了130家秸秆发电厂，使生物质成为了丹麦重要的能源。2002年，丹麦能源消费量约2800万吨标煤，其中可再生能源为350万吨标准煤，占能源消费的12%，在可再生能源中生物质所占比例为81%，近10年来，丹麦新建设的热电联产项目都是以生物质为燃料，同时，还将过去许多燃煤供热厂改为了燃烧生物质的热电联产项目。奥地利成功地推行了建立燃烧木材剩余物的区域供电站的计划，生物质能在总能耗中的比例由原来的3%增到目前的25%，已拥有装机容量为1～2MWe的区域供热站90座。瑞典也正在实施利用生物质进行热电联产的计划，使生物质能在转换为高品位电能的同时满足供热的需求，以大大提高其转换效率。德国和意大利对生物质固体颗粒技术和直燃发电也非常重视，在生物质热电联产应用方面也很普遍。如德国2002年能源消费总量约5亿吨标准煤，其中可再生能源1500万吨标准煤，约占能源消费总量的3%。在可再生能源消费中生物质能占68.5%，主要为区域热电联产和生物液体燃料。意大利2002年能源消费总量约为2.5亿吨标准煤，其中可再生能源约1300万吨标准煤，占能源消费总量的5%。在可再生能源消费中生物质能占24%，主要是固体废弃物发电和生物液体燃料。

生物质汽化的发电技术有以下3种方法：带有气体透平的生物质加压气化、带有透平或者是引擎的常压生物质气化、带有Rankine循环的传统生物质燃烧系统。传统的生物质气化联合发电技术（BIGCC）包括生物质气化、气体净化、燃气轮机发电及蒸汽轮机发电。目前欧美一些国家正开展这方面研究，如美国的Battelle（63MW）和夏威夷（6MW）项目、英国（8MW）、瑞典（加压生物质气化发电4MW）、芬兰（6MW）以及欧盟建设3个7～12MW生物质气化发电IGCC示范项目。美国在利用生物质能发电方面处于世界领先地位。美国建立的Battelle生物质气化发电示范工程代表了生物质能利用的世界先进水平，可生产中热值气体。这种大型生物质气化循环发电系统包括原料预处理、循环流化床气化、催化裂解净化、燃气轮机发电、蒸汽轮机发电等设备，适合于大规模处理农林废弃物。

我国在20世纪60年代就开始了生物质气化发电的研究，研制出样机并进行了初步推广，后因经济条件限制和收益不高等原因停止了这方面的研究工作。近年来，随着乡镇企业的发展和人民生活水平的提高，一些缺电、少电的地方迫切需要电能，其次是由于环境问题，丢弃或焚烧农业废弃物将造成环境污染，生物质气化发电可以有效地利用农业废弃物，所以，以农业废弃物为原料的生物质气化发电逐渐得到人们的重视。目前，我国的生物质发电技术的最大装机容量与国外相比，还有很大差距。在现有条件下利用现有技术，研究开发经济上可行、效率较高的生物质气化发电系统是我国今后能否有效利用生物质的关键。

### 3.2.5　生物质与煤的混合燃烧

生物质与煤混合燃烧是一种综合利用生物质能和煤炭资源，并同时降低污染排放的新型燃烧方式。我国生物质能占一次能源总量的33%，是仅次于煤的第二大能源。同时，我国又是一个燃煤污染排放很严重的发展中国家，因此发展生物质与煤混烧这种既能减轻污染又能利用再生能源的廉价技术是非常适合我国国情的。在大型燃煤电厂，将生物质与矿物燃料混合燃烧，不仅为生物质与矿物燃料的优化提供了机会，同时许多现存设备不需要太大的改动，使整个投资费用降低。

生物质和煤混合燃烧过程主要包括水分蒸发、前期生物质及挥发分的燃烧和后期煤的燃烧等。单一生物质燃烧主要集中于燃烧前期；单一煤燃烧主要集中于燃烧后期。在生物质与煤混烧的情况下，燃烧过程明显地分成两个燃烧阶段，随着煤的混合比重加大，燃烧过程逐渐集中于燃烧后期。生物质的挥发分初析温度要远低于煤的挥发分初析温度，使得着火燃烧提前。在煤中掺入生物质后，可以改善煤的着火性能。在煤和生物质混烧时，最大燃烧速率有前移的趋势，同时可以获得更好的燃尽特性。生物质的发热量低，在燃烧的过程中放热比较均匀，单一煤燃烧放热几乎全部集中于燃烧后期。在煤中加入生物质后，可以改善燃烧放热的分布状况，对于燃烧前期的放热有增进作用，可以提高生物质的利用率。

煤与生物质混合燃烧时，其着火温度降低，对着火燃烧有利。生物质与煤混合燃烧使得煤的着火点降低是由于生物质的挥发分含量大，而且释放温度低，从而有利于煤的着火。生物质的着火点低于煤的着火点，从而对煤有预先加热促进煤中的挥发分释放的作用，这也有利于煤的着火。不同的生物质与不同种类的煤混合燃烧时，燃烧特性各有不同。对褐煤和烟煤而言，加入生物质对提高其燃烧速率有利，这主要是与生物质的高挥发分和低着火点以及其燃烧后形成的灰分对煤的燃烧有一定的催化作用有关。生物质与煤混合燃烧时，煤的燃尽温度都有所降低，这说明生物质的加入有利于煤的完全燃烧，提高煤的利用率。这主要是由于生物质的加入使得煤的着火点提前，燃烧温度区间拉长，从而使得煤的燃尽特性变好。

目前，生物质燃烧技术研究主要集中在高效燃烧、热电联产、过程控制、烟气净化、减少排放量与提高效率等技术领域。在热电联产领域，出现了热、电、冷联产，以热电厂为热源，采用溴化锂吸收式制冷技术提供冷水进行空调制冷，可以节省空调制冷的用电量；热、电、气联产则是以循环流化床分离出来的800～900℃的灰分作为干馏炉中的热源，用干馏炉中的新燃料析出挥发分生产干馏气。流化床技术仍然是生物质高效燃烧技术的主要研究方向，特别像我国生物质资源丰富的国家，开发研究高效的燃烧炉、提高使用热效率，就显得尤为重要。

## 3.3 生物质气化

### 3.3.1 生物质气化及其特点

生物质气化是以生物质为原料，以氧气（空气、富氧或纯氧）、水蒸气或氢气等作为气化剂（或称为气化介质），在高温条件下通过热化学反应将生物质中可以燃烧的部分转化为可燃气的过程。生物质气化时产生的气体，主要有效成分为 $CO$、$H_2$、$CH_4$、$CO_2$ 等。生物质气化有如下的特点：①材料来源广泛；②可规模化生产；③通过改变生物质原料的形态来提高能量转化效率，获得高品位能源，改变传统方式利用率低的状况，同时还可进行工业性生产气体或液体燃料，直接供用户使用；④具有废物利用、减少污染、使用方便等优点；⑤可实现生物质燃烧的碳循环，推动可持续发展。

### 3.3.2 生物质气化原理

生物质气化过程，包括生物质炭与氧的氧化反应，碳与二氧化碳、水等的还原反应和生物质的热分解反应，它可以分为四个区域。

(1) 干燥层　生物质进入气化器顶部，被加热至200～300℃，原料中水分首先蒸发，产物为干原料和水蒸气。

（2）热解层　生物质向下移动进入热解层，挥发分从生物质中大量析出，在500～600℃时基本完成，只剩下木炭。

（3）氧化层　热解的剩余物木炭与被引入的空气发生反应，并释放出大量的热以支持其他区域进行反应。该层反应速率较快，温度达1000～1200℃，挥发分参与燃烧后进一步降解。主要反应为：$C+O_2 = CO_2$，$2C+O_2 = 2CO$，$2CO+O_2 = 2CO_2$，$2H_2+O_2 = 2H_2O$。

（4）还原层　还原层中没有氧气存在，氧化层中的燃烧产物及水蒸气与还原层中的木炭发生还原反应，生成$H_2$和CO等。这些气体和挥发分形成了可燃气体，完成了固体生物质向气体燃料转化的过程。因为还原反应为吸热反应，所以还原层的温度降低到700～900℃，所需的能量由氧化层提供，反应速率较慢，还原层的高度超过氧化层。主要反应为：$C+CO_2 = 2CO$，$C+H_2O = CO+H_2$，$C+2H_2 = CH_4$。

在以上反应中，氧化反应和还原反应是生物质气化的主要反应，而且只有氧化反应是放热反应，释放出的热量为生物质干燥、热解和还原等吸热过程提供热量。

### 3.3.3　生物质气化工艺

在生物质气化过程中，原料在限量供应的空气或氧气及高温条件下，被转化成燃料气。

气化过程可分为三个阶段：首先物料被干燥失去水分，然后热解形成小分子热解产物（气态）、焦油及焦炭，最后生物质热解产物在高温下进一步生成气态烃类产物、氢气等可燃物质，固体碳则通过一系列氧化还原反应生成CO。气化介质可用空气，也可用纯氧。在流化床反应器中通常用水蒸气作载气。

生物质气化主要分以下几种。

（1）空气气化　以空气作为气化介质的生物质气化是所有气化技术中最简单的一种，根据气流和加入生物质的流向不同，可以分为上吸式（气流与固体物质逆流）、下吸式（气流与固体物质顺流）及流化床等不同型式。空气气化一般在常压和700～1000℃下进行，由于空气中氮气的存在，使产生的燃料气体热值较低，仅在1300～1750kcal/m$^3$左右。

（2）氧气气化　与空气气化比较，用氧气作为生物质的气化介质，由于产生的气体不被氮气稀释，故能产生中等热值的气体，其热值是2600～4350kcal/m$^3$。该工艺也比较成熟，但氧气气化成本较高。

（3）蒸汽气化　用蒸汽作为气化剂，并采用适当的催化剂，可获得高含量的甲烷与合成甲醇的气体以及较少量的焦油和水溶性有机物。

（4）干馏气化　属于热解的一种特例，是指在缺氧或少量供氧的情况下，生物质进行干馏的过程。主要产物醋酸、甲醇、木焦油、木炭和可燃气等。可燃气主要成分$CO_2$、CO、$CH_4$、$C_2H_4$、$H_2$等。

（5）蒸汽-空气气化　主要用来克服空气气化产物热值低的缺点。蒸汽-空气气化比单独使用空气或蒸汽为气化剂时要优越。因为减少了空气的供给量，并生成更多的氢气和碳氢化合物，提高了燃气热值。

（6）氢气气化　以氢气作为气化剂，主要反应是氢气与固定碳及水蒸气生成甲烷的过程，此反应可燃气的热值为22.3～26MJ/m$^3$，属于高热值燃气。但是反应的条件极为严格，需要在高温下进行，所以一般不采用这种方式。

以上前4种气化方法较为常用，比较而言，空气-水蒸气气化结合了空气气化设备简单、操作维护简便以及水蒸气气化气中 $H_2$ 含量高的优点，用较低的运行成本得到高含量的 $H_2$ 和 CO 气体，空气-水蒸气气化产生的可燃气热值高，运行和生产成本较低，适合于其他化学品的合成。

生物质气化影响因素如下。

（1）原料　在气化过程中，生物质物料的水分、灰分、颗粒大小、料层结构等都对气化过程有着显著影响，原料反应性的好坏，是决定气化过程可燃气体产率与品质的重要因素。

（2）温度　温度是影响气化性能的最主要参数，温度对气体成分、热值及产率、气体中焦油的含量有着重要的影响。

（3）压力　在同样的生产能力下，压力提高，气化炉容积减小，后续工段的设备也随之减小尺寸，净化效果好。流化床目前都从常压向高压方向发展，但压力的增加也增加了对设备及其维护的要求。

（4）升温速率　升温速率显著影响气化过程中的热解反应，不同的升温速率导致不同的热解产物和产量。按升温速率快慢可分为慢速热解、快速热解及闪速热解等。流化床气化过程中的热解属于快速热解，升温速率为 500～1000℃/s，此时热解产物中焦油含量较多。

（5）催化剂　催化剂性能直接影响着燃气组成与焦油含量。催化剂既强化气化反应的进行，又促进产品气中焦油的裂解，生成更多小分子气体组分，提升产气率和热值。在气化过程中用金属氧化物和碳酸盐催化剂，能有效提高气化产气率和可燃组分浓度。

### 3.3.4　生物质气化发电技术

生物质气化发电技术是把生物质转化为可燃气，再利用可燃气推动燃气发电设备进行发电。它既能解决生物质难于燃用而且分布分散的缺点，又可以充分发挥燃气发电技术设备紧凑而且污染少的优点，所以气化发电是生物能最有效最洁净的利用方法之一。

生物质气化发电相对燃烧发电是更洁净的利用方式，它几乎不排放任何有害气体，小规模的生物质气化发电已进入商业示范阶段，它比较合适于生物质的分散利用，投资较少，发电成本也低，比较适合于发展中国家应用。

气化发电过程包括 3 个方面：一是生物质气化；二是气体净化；三是燃气发电。生物质气化发电技术具有 3 个方面的特点：一是技术有充分的灵活性，二是具有较好的洁净性，三是经济性。生物质气化发电系统从发电规模可分为小规模、中等规模和大规模三种。小规模生物质气化发电系统适合于生物质的分散利用，具有投资小和发电成本低等特点，已经进入商业化示范阶段。大规模生物质气化发电系统适合于生物质的大规模利用，发电效率高，已进入示范和研究阶段，是今后生物质气化发电主要发展方向。生物质气化发电技术按燃气发电方式可分为内燃机发电系统、燃气轮机发电系统和燃气-蒸汽联合循环发电系统。图 3-1 为生物质整体气化联合循环（BIGCC）工艺，是大规模生物质气化发电系统重点研究方向。整体气化联合循环由空分制氧、气化炉、燃气净化、燃气轮机、余热回收和汽轮机等组成。瑞典 VARNAMO BIGCC 电厂是世界上首家以生物质为原料的整体气化联合循环发电厂，电厂装机容量为 6MW，供热容量为 9MW，发电效率为 32%。美国、英国、芬兰等国家都投建了 B/IGCC 示范项目，但 B/IGCC 技术尚未完全成熟，投资和运行成本都很高，目前其主要应用还只停留在示范和研究的阶段。

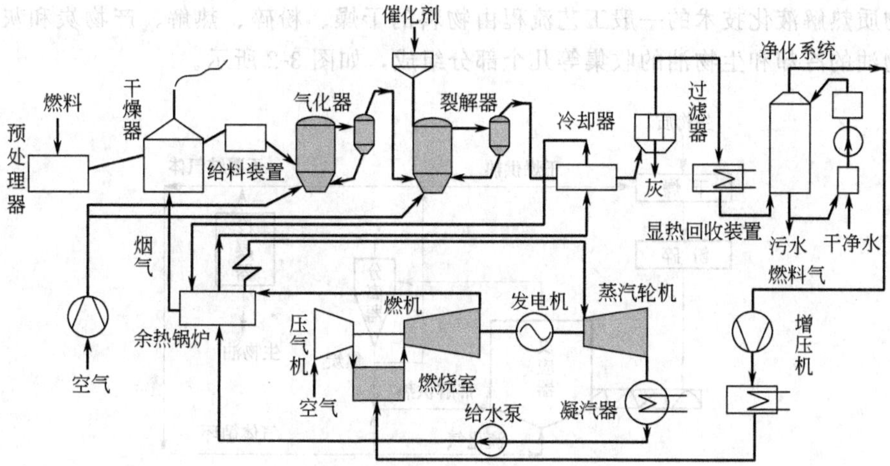


图 3-1　整体气化联合循环工艺流程

## 3.4　生物质热解技术

### 3.4.1　生物质热解及其特点

生物质热解指生物质在无空气等氧化气氛情形下发生的不完全热降解生成炭、可冷凝液体和气体产物的过程，可得到炭、液体和气体产物。根据反应温度和加热速率的不同，将生物质热解工艺可分成慢速、常规、快速热解。慢速热解主要用来生成木炭，低温和长期的慢速热解使得炭产量最大可达 30%，约占 50%的总能量；中等温度及中等反应速率的常规热解可制成相同比例的气体、液体和固体产品；快速热解是在传统热解基础上发展起来的一种技术，相对于传统热解，它采用超高加热速率、超短产物停留时间及适中的热解温度，使生物质中的有机高聚物分子在隔绝空气的条件下迅速断裂为短链分子，使焦炭和产物气降到最低限度，从而最大限度获得液体产品。

### 3.4.2　生物质热解原理

在生物质热解反应过程中，会发生一系列的化学变化和物理变化，前者包括一系列复杂的化学反应；后者包括热量传递。从反应进程来分析生物质的热解过程大致可分为 3 个阶段。

(1) 预热解阶段　温度上升至 120～200℃时，即使加热很长时间，原料重量也只有少量减少，主要是 $H_2O$、CO 和 CO 受热释放所致，外观无明显变化，但物质内部结构发生重排反应。如脱水、断键、自由基出现以及碳基、羧基生成和过氧化氢基团形成等。

(2) 固体分解阶段　温度为 300～600℃，各种复杂的物理、化学反应在此阶段发生。木材中的纤维素、木质素和半纤维素在该过程先通过解聚作用分解成单体或单体衍生物，然后通过各种自由基反应和重排反应进一步降解成各种产物。

(3) 焦炭分解阶段　焦炭中的 C—H、C—O 键进一步断裂，焦炭重量以缓慢的速率下降并趋于稳定，导致残留固体中碳素的富集。

### 3.4.3 生物质热解工艺

生物质热解液化技术的一般工艺流程由物料的干燥、粉碎、热解、产物炭和灰的分离、气态生物油的冷却和生物油的收集等几个部分组成，如图 3-2 所示。

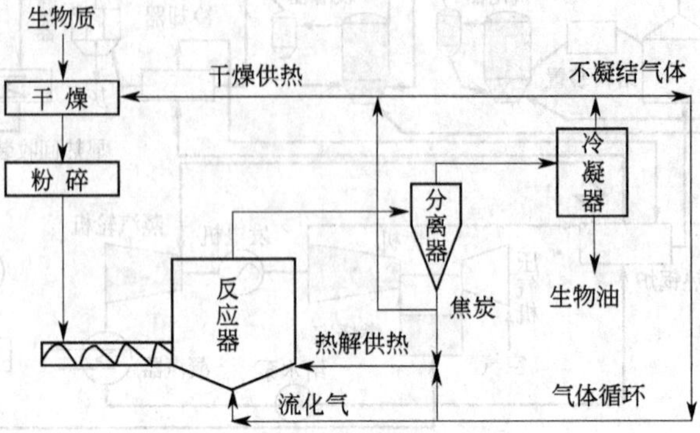


图 3-2 生物质快速热解工艺流程

（1）原料干燥和粉碎 生物油中的水分会影响油的性能，而天然生物质原料中含有较多的自由水，为了避免将自由水分带入产物，物料要求干燥到水分含量低于 10%（质量）。另外，原料尺寸也是重要的影响因素，通常对原料需要进行粉碎处理。

（2）热裂解 反应器是热解的主要装置，适合于快速热解的反应器型式是多种多样的，但反应器都应该具备加热速率快、反应温度中等和气相停留时间短的特点。

（3）焦炭和灰的分离 在生物质热解制油工艺中，一些细小的焦炭颗粒不可避免地随携带气进入到生物油液体当中，影响生物油的品质。而灰分是影响生物质热解液体产物收率的重要因素，它将大大催化挥发分的二次分解。

（4）液体生物油的收集 在较大规模系统中，采用与冷液体接触的方式进行冷凝收集，通常可收集到大部分液体产物，但进一步收集则需依靠静电捕捉等处理微小颗粒的技术。

### 3.4.4 生物质热解反应器

按生物质的受热方式分为三类。

（1）机械接触式反应器 通过一灼热的反应器表面直接或间接与生物质接触，从而将热量传递到生物质而使其高速升温达到快速热解，其采用的热量传递方式主要为热传导，辐射是次要的，对流传热则不起主要作用，常见的有烧蚀热解反应器、丝网热解反应器、旋转锥反应器等。

（2）间接式反应器 由一高温的表面或热源提供生物质热解的所需热量，其主要通过热辐射进行热量传递，对流传热和热传导则居于次要地位，常见的热天平也可以归属此类反应器。

（3）混合式反应器 主要是借助热气流或气固多相流对生物质进行快速加热，主导热量方式主要为对流换热，但热辐射和热传导有时也不可忽略，常见的有流化床反应器、快速引射床反应器、循环流化床反应器等。

### 3.4.5 影响生物质热解的因素

（1）温度 温度对热解产物分布、组分、产率和热解气热值等有很大的影响。随着热解温度的升高，炭的产率减少但最终趋于一定值，不可冷凝气体产率增加但最终也趋于一定值，而生物油产率有一个最佳温度范围为450～550℃。随热解温度的提高，$CH_4$、$C_2H_4$和$C_2H_6$的含量先增后减，高的热解温度促进了二次裂解反应的进行，导致了$CH_4$、$C_2H_4$和$C_2H_6$的裂解，越来越多的小分子碳氢化合物裂解释放出$H_2$。燃气热值随温度的升高达到一个最大值，燃气的密度随热解过程的深入而呈线性下降。

(2) 升温速率　随着升温速率的增加，物料颗粒达到热解所需温度的响应时间变短，有利于热解；但同时颗粒内外的温差变大，由于传热滞后效应会影响内部热解的进行。随着升温速率的增大，物料失重和失重速率曲线均向高温区移动。热解速率和热解特征温度（热解起始温度、热解速率最快的温度、热解终止温度）均随升温速率的提高呈线性增长。

(3) 物料特性　生物质种类、分子结构、粒径及形状等特性对生物质热解行为和产物组成等有着重要的影响。生物质的H/C原子比较高（1.34～1.78），热解中有利于气态烷烃或轻质芳烃的生成，而O/C原子比高（0.54～0.95）表明含有氧桥键（—O—）相关的各种键易断裂形成气态挥发物，热解过程中H和O元素的脱除易于C元素。物料的挥发分含量决定了产气量，生物质粒径的大小也是影响热解速率的关键因素。相同粒径的颗粒，当其形状分别呈粉末状、圆柱状和片状时，其颗粒中心温度达到充分热解温度所需的时间不同。

(4) 滞留时间　滞留时间在生物质热解反应中分为固相滞留时间和气相滞留时间。固相滞留时间越短，热解的固态产物所占的比例就越小，总的产物量越大，热解越完全。气相滞留时间一般不影响生物质的一次裂解反应进程，只影响到液态产物中的生物油发生二次裂解反应的进程，当生物质热解产物中的一次产物进入围绕生物质颗粒的气相中，生物油的二次裂解反应就会增多，导致液态产物迅速减少，气体产物增加。

(5) 压力　随着压力的提高，生物质的活化能减小，且减小的趋势减缓。加压下生物质的热解速率有明显地提高，反应更激烈。

### 3.4.6　生物质热解产物及应用

生物热解产物主要由生物油、不可凝结气体和炭组成。

生物油是由分子量大且含氧量高的复杂有机化合物的混合物所组成，几乎包括所有种类的含氧有机物，如：醚、酯、酮、酚醇及有机酸等。生物油是一种用途极为广泛的新型可再生液体清洁能源产品，在一定程度上可替代石油直接用做燃油燃料；也可对其进一步催化、提纯，制成高质量的汽油和柴油产品，供各种运载工具使用；生物油中含有大量的化学品，从生物油中提取化学产品具有很明显的经济效益。

此外，由生物质热解得到不可凝结气体，热值较高。它可以用做生物质热解反应的部分能量来源，如热解原料烘干或用做反应器内部的惰性流化气体和载气。木炭疏松多孔，具有良好的表面特性；灰分低，具有良好的燃料特性；低容重；含硫量低；易研磨。因此产生的木炭可加工成活性炭用于化工和冶炼，改进工艺后，也可用于燃料加热反应器。

## 3.5　生物质直接液化

### 3.5.1　生物质直接液化及其特点

液化是指通过化学方式将生物质转换成液体产品的过程。主要有间接液化和直接液化两类。间接液化是把生物质气化成气体后，再进一步合成为液体产品。直接液化是将生物质与一定量溶剂混合放在高压釜中，抽真空或通入保护气体，在适当温度和压力下将生物质转化为燃料或化学品的技术。直接液化根据液化时使用压力的不同，又可以分为高压直接液化和低压（常压）直接液化。高压直接液化的液体产品一般被用为燃料油，但它与热解产生的生物质油一样，也需要改良以后才能使用。由于高压直接液化的操作条件较为苛刻，所需设备耐压要求高，能量消耗也较大，因此近年来低压甚至常压下直接液化的研究也越来越多，其特点是液化温度通常为120～250℃，压力为常压或低压（小于2MPa），常压（低压）液化的产品一般作为高分子产品（如胶黏剂、酚醛塑料、聚氨酯泡沫塑料）的原料，或者作为燃油添加剂。直接液化是一个热化学过程，其目的在于将生物质转化成高热值的液体产物。生物质液化的实质即是将固态的大分子有机聚合物转化为液态的小分子有机物质，其过程主要由3个阶段构成：首先，破坏生物质的宏观结构，使其分解为大分子化合物；其次，将大分子链状有机物解聚，使之能被反应介质溶解；最后，在高温高压作用下经水解或溶剂溶解以获得液态小分子有机物。

### 3.5.2 生物质直接液化工艺

将生物质转化为液体燃料，需要加氢、裂解和脱灰过程。生物质直接液化工艺流程如图3-3所示。生物质原料中的水分一般较高，含水率可高达50%。在液化过程中水分会挤占反应空间，需将木材的含水率降到4%，且便于粉碎处理。将木屑干燥和粉碎后，初次启动时与溶剂混合，正常运行后与循环相混合。木屑与油混合而成的泥浆非常浓稠，且压力较高，故采用高压送料器送至反应器。反应器中工作条件优化后，压力为28MPa，温度为371℃，催化剂浓度为20%的$Na_2CO_3$溶液，CO通过压缩机压缩至28MPa输送至反应器。反应的产物为气体和液体，离开反应器的气体被迅速冷却为轻油、水及不冷凝的气体。液体产物包括油、水、未反应的木屑和其他杂质，可通过离心分离机将固体杂质分离开，得到的液体产物一部分可用作循环油使用，其他（液化油）作为产品。

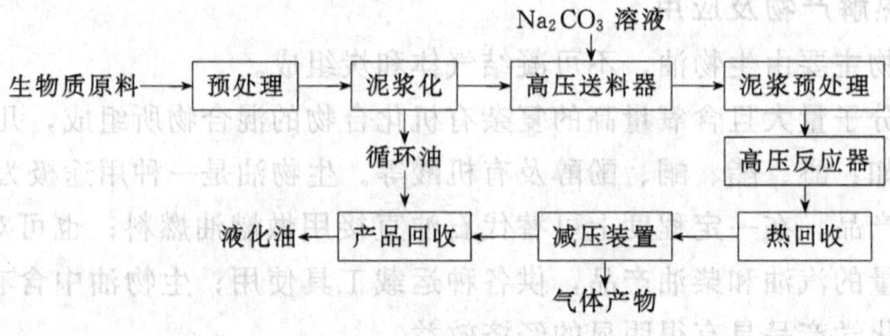


图3-3 生物质直接液化工艺流程

### 3.5.3 生物质直接液化产物及应用

液化产物的应用木质生物材料液化产物除了作为能源材料外，由于酚类液化产物含有苯酚官能团，因此可用作胶黏剂和涂料树脂，日本的小野扩邦等成功地开发了基于苯酚和间苯二酚液化产物的胶黏剂，其胶合性能相当于同类商业产品，同时他们正在研发环氧树脂增强的酚类液化产品，可利用乙二醇或聚乙烯基乙二醇木材液化产物生产可生物降解塑料如聚氨酯；木材液化后得到的糊状物与环氧氯丙烷反应，可以制得缩水甘油醚型树脂，向其中加入固化剂如胺或酸酐，即可成为环氧树脂胶黏剂。据报道，日本森林综合研究所于1991开始对速生树种进行可溶化处理，开发功能性树脂的研究，经苯酚化的液化反应物添加甲醛水使之木脂化，再添加硬化剂、填充剂等制成胶黏剂，其性能能达到或超过日本JIS标准。但目前由于各方面的原因，木材液化产物还没得到充分利用，其产业化还存在很多问题。

此外，还可利用液化产物制备发泡型或成型模压制品，可利用乙二醇或聚乙烯基乙二醇木材液化产物生产可生物降解塑料如聚氨酯。研究者采用两段工艺制备酚化木材/甲醛共缩聚线型树脂，该制备工艺能将液化后所剩余的苯酚全部转化成高分子树脂，极大地提高了该液化技术的实用价值，也大大地提高了酚化木材树脂的热流动性及其模压产品的力学性能。

### 3.5.4　生物质的共液化

煤与生物质废弃物共液化目的是利用生物质中富氢将氢传递给煤分子使煤得到液化。由于反应中生物质中的氢原子传递给煤，生物质的物理和化学性质发生了很大变化。已有的研究表明煤与生物质类废弃物共液化对液体产品收率和产品性质具有积极影响。

研究表明：当煤与木质素共液化时，可降低煤的液化温度。与煤单独液化相比，煤与生物质共液化所得到的液化产品质量得到改善，液相产物中低分子量的戊烷可溶物有所增加。可能是因为木质素的热解形成苯氧自由基，以及其他反应性自由基，它们在低温下对于煤基有很重要的热解作用。当使用含有苯酚类基团的溶剂进行液化时，煤的转化率也有显著增加。

## 3.6　生物燃料乙醇

### 3.6.1　生物燃料乙醇及其特点

乙醇（ethanol），俗称酒精，可用玉米、甘蔗、小麦、薯类、糖蜜等原料，经发酵、蒸馏而制成。燃料乙醇是通过对乙醇进一步脱水，使其含量达 99.6%以上，再加上适量变性剂而制成的。经适当加工，燃料乙醇可以制成乙醇汽油、乙醇柴油、乙醇润滑油等用途广泛的工业燃料。生物燃料乙醇在燃烧过程中所排放的二氧化碳和含硫气体均低于汽油燃料所产生的对应排放物，由于它的燃料比普通汽油更安全，使用 10%燃料乙醇的乙醇汽油，可使汽车尾气中一氧化碳、碳氢化合物排放量分别下降 30.8%和 13.4%，二氧化碳的排放减少 3.9%。作为增氧剂，使燃烧更充分，可节能环保，抗爆性能好。燃料乙醇还可以替代甲基叔丁基醚（MTBE）、乙基叔丁基醚，避免对地下水的污染。而且，燃料乙醇燃料所排放的二氧化碳和作为原料的生物源生长所消耗的二氧化碳在数量上基本持平，这对减少大气污染及抑制“温室效应”意义重大，但使用燃料乙醇对水含量要求苛刻。

### 3.6.2　淀粉质原料制备生物燃料乙醇

淀粉质原料酒精发酵是以含淀粉的农副产品为原料，利用 $\alpha$-淀粉酶和糖化酶将淀粉转化为葡萄糖，糖化酶（$\alpha$-1,4 葡萄苷酶）对淀粉、糊精的作用是从分子非还原末端开始作用于 $\alpha$-1,4 键，作用到分支点时，越过 $\alpha$-1,6 键，继续将 $\alpha$-1,4 键打开，其水解淀粉、糊精的主要产物是葡萄糖。$\alpha$-淀粉酶（$\alpha$-1,4-糊精酶）可将淀粉、糊精的 $\alpha$-1,4 键打开，将淀粉、糊精转化为低分子糊精和麦芽糖等，其水解产物为界限糊精、麦芽糖和少量葡萄糖。之后再利用酵母菌产生的酒化酶等将糖转变为酒精和二氧化碳的生物化学过程。以薯干、米、玉米、高粱等淀粉质原料生产酒精的生产流程如图 3-4 所示。

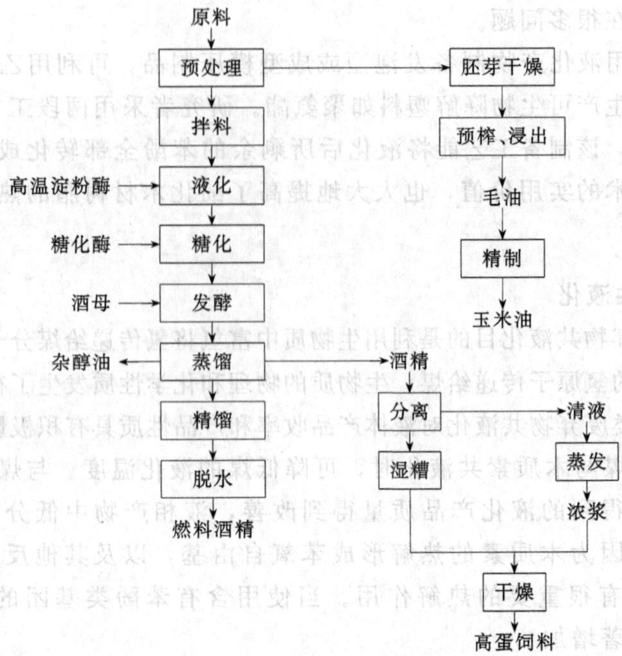


图 3-4　淀粉质原料酒精生产流程

为了将原料中的淀粉充分释放出来，增加淀粉向糖的转化，对原料进行处理是十分必要的。原料处理过程包括：原料除杂、原料粉碎、粉料的水热处理和醪液的糖化。淀粉质原料通过水热处理，成为溶解状态的淀粉、糊精和低聚糖等，但不能直接被酵母菌利用生成酒精，必须加入一定数量的糖化酶，使溶解的淀粉、糊精和低聚糖等转化为能被酵母利用的可发酵糖，然后酵母再利用可发酵糖发酵乙醇。

### 3.6.3　乙醇发酵工艺

乙醇发酵工艺有间歇发酵、半连续发酵和连续发酵。

间歇发酵也称单罐发酵，发酵的全过程在一个发酵罐内完成。按糖化醪液添加方式的不同可分为连续添加法、一次加满法、分次添加法、主发酵醪分割法。

半连续式发酵是主发酵阶段采用连续发酵，后发酵阶段采用间歇发酵的方法。按糖化醪的流加方式不同，半连续式发酵法分为下述两种方法。

(1) 将发酵罐连接起来，使前几只发酵罐始终保持连续主发酵状态，从第 3 只或第 4 只罐流出的发酵醪液顺次加满其他发酵罐，完成后发酵。应用此法可省去大量酒母，缩短发酵时间，但是必须注意消毒杀菌，防止杂菌污染。

(2) 将若干发酵罐组成一个组，每只罐之间用溢流管相连接，生产时先制备发酵罐体积 1/3 的酒母，加入第 1 只发酵罐中，并在保持主发酵状态的前提下流加糖化醪，满罐后醪液通过溢流管流入第 2 只发酵罐，当充满 1/3 体积时，糖化醪改为流加第 2 只发酵罐，满罐后醪液通过溢流管流加到第 3 只发酵罐……，如此下去，直至末罐。发酵成熟醪以首罐至末罐顺次蒸馏。此法可省去大量酒母，缩短发酵时间，但每次新发酵周期开始时要制备新的酒母。

连续式发酵是微生物（酵母）培养和发酵过程是在同一组罐内进行的，每个罐本身的各种参数基本保持不变，但是罐与罐之间按一定的规律形成一个梯度。酒精连续发酵有利于提高淀粉的利用率，有利于提高设备的利用率，有利于生产过程自动化，是酒精发酵的发展方向。

乙醇发酵机理揭示了葡萄糖在酵母菌酒化酶的作用下转变为乙醇的过程。乙醇发酵是在厌氧条件下进行的，其经历了 4 个阶段 12 个步骤。总反应式为：

$$C_6H_{12}O_6+2ADP+2H_3PO_4 \longrightarrow 2C_2H_5OH+2CO_2+2ATP$$

乙醇发酵的 4 个阶段为：第一阶段是葡萄糖磷酸化，生成 1,6-二磷酸果糖；第二阶段是 1,6-二磷酸果糖裂解成为两分子的磷酸丙糖（3-磷酸甘油醛）；第三阶段是 3-磷酸甘油醛经氧化、磷酸化后，分子内重排，释放出能量，生成丙酮酸；第四阶段是丙酮酸继续降解，生成乙醇。

### 3.6.4 纤维质原料制备生物燃料乙醇

纤维素是地球上丰富的可再生的资源，每年仅陆生植物就可以产生纤维素约 500 亿吨，占地球生物总量的 60%～80%。我国的纤维素原料非常丰富，仅农作物秸秆、皮壳一项，每年产量就达 7 亿多吨，其中玉米秸（35%）、小麦秸（21%）和稻草（19%）是我国三大秸秆，林业副产品、城市垃圾和工业废物数量也很可观。我国大部分地区依靠秸秆和林副产品作燃料，或将秸秆在田间直接焚烧，不仅破坏了生态平衡，污染了环境，而且由于秸秆燃烧能量利用率低，造成资源严重浪费。

纤维质原料生产酒精工艺如图 3-5 所示：包括预处理、水解糖化、乙醇发酵、分离提取等。

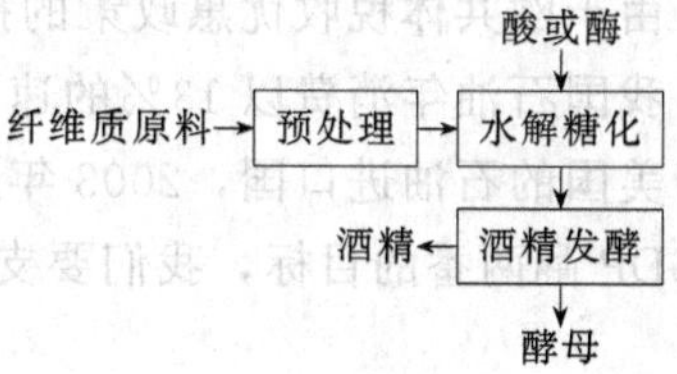

图 3-5 纤维质原料制酒精工艺流程

原料预处理包括物理法、化学法、生物法等，其目的是破坏木质纤维原料的网状结构，脱除木质素，释放纤维素和半纤维素，以有利于后续的水解糖化过程。

纤维素的糖化有酸法糖化和酶法糖化。其中酸法糖化包括浓酸水解法和稀酸水解法，浓硫酸法糖化率高，但采用了大量硫酸，需要回收重复利用，且浓酸对水解反应器的腐蚀是一个重要问题。近年来在浓酸水解反应器中利用加衬耐酸的高分子材料或陶瓷材料解决了浓酸对设备的腐蚀问题。利用阴离子交换膜透析回收硫酸，浓缩后重复使用。该法操作稳定，适于大规模生产，但投资大，耗电量高，膜易被污染。

稀酸水解工艺较简单，也较为成熟。稀酸水解工艺采用两步法：第一步稀酸水解在较低的温度下进行，半纤维素被水解为五碳糖，第二步酸水解是在较高温度下进行，加酸水解残留固体（主要为纤维素结晶结构）得到葡萄糖。稀酸水解工艺糖的产率较低，而且水解过程中会生成对发酵有害的物质。

纤维素的酶法糖化是利用纤维素酶水解糖化纤维素，纤维素酶是一个由多功能酶组成的酶系，有很多种酶可以催化水解纤维素生成葡萄糖，主要包括内切葡聚糖酶（又称为 ED）、纤维二糖水解酶（又称为 CHB）和 $\beta$-葡萄糖苷酶（GL），这三种酶协同作用催化水解纤维素使其糖化。纤维素分子是具有异体结构的聚合物，酶解速度较淀粉类物质慢，并且对纤维素酶有很强的吸附作用，致使酶解糖化工艺中酶的消耗量大。

纤维素发酵生成酒精有直接发酵法、间接发酵法、混合菌种发酵法、SSF 法（连续糖化发酵法）、固定化细胞发酵法等。直接发酵法的特点是基于纤维分解细菌直接发酵纤维素生产乙醇，不需要经过酸解或酶解前处理。该工艺设备简单，成本低廉，但乙醇产率不高，会产生有机酸等副产物。间接发酵法是先用纤维素酶水解纤维素，酶解后的糖液作为发酵碳源，此法中乙醇产物的形成受末端产物、低浓度细胞以及基质的抑制，需要改良生产工艺来减少抑制作用。固定化细胞发酵法能使发酵器内细胞浓度提高，细胞可连续使用，使最终发酵液的乙醇浓度得以提高。固定化细胞发酵法的发展方向是混合固定细胞发酵，如酵母与纤维二糖一起固定化，将纤维二糖基质转化为乙醇，此法是纤维素生产乙醇的重要手段。

### 3.6.5 生物燃料乙醇的应用

巴西是目前世界上年产燃料酒精最多的国家，也是世界上唯一不使用纯汽油作汽车燃料的国家。现在巴西每年有至少 250 万辆车由含水酒精驱动，1550 万辆车由 22%变性酒精驱动，全国共有 25000 家出售含水酒精的加油站，其燃料酒精总产量超过了全国汽油消耗总量的 1/3，平均替代原油 20 万桶/天，累计节约近 18 亿美元。全国法定的车用燃料酒精含量为 20%～24%。在巴西的加油站里含水酒精的售价已经降为汽油的 60%～70%。美国是世界第二大酒精生产国，其中 80%为燃料酒精，仅次于巴西。2003 年乙醇产量比 2002 年增幅高达 37%以上。2004 年底还增加产能 25%，全美消耗汽油的 30%将被用于生产变性酒精。乙醇需求量将由目前的 28 亿加仑/年增至 2004 年的 34.9 亿加仑/年，2010 年超过 50 亿加仑/年。与巴西不同的是，美国使用的燃料酒精大多数是汽油中添加 10%无水酒精的变性酒精（E10）。欧共体国家乙醇产量在 175 万吨/年左右，乙醇汽油使用量大约在 100 万吨以上。由于欧共体税收优惠政策的推动，燃料乙醇在欧共体应用逐年扩大。

我国石油年消费以 13%的速度增长，而能源产量只能满足国内需求的 70%，是世界仅次于美国的石油进口国，2003 年进口原油 9112 万吨，2004 年超过 1 亿吨，至 2020 年要实现 GDP 翻两番的目标，我们要支付巨大的“能源账单”。

## 3.7 生物柴油

### 3.7.1 生物柴油及其特点

生物柴油，广义上讲包括所有用生物质为原料生产的替代燃料。狭义的生物柴油又称燃料甲酯、生物甲酯或酯化油脂，即脂肪酸甲酯的混合物。主要是通过以不饱和脂肪酸与低碳醇经转酯化反应获得的，它与柴油分子碳数相近。其原料来源广泛，各种食用油及餐饮废油、屠宰场剩余的动物脂肪甚至一些油籽和树种，都含有丰富的脂肪酸甘油酯类，适宜作为生物柴油的来源。生物柴油是一种清洁的可再生能源，由于生物柴油燃烧所排放的二氧化碳远低于其原料植物生长过程中所吸收的二氧化碳，因此生物柴油的使用可以缓解地球的温室效应。生物柴油是柴油的优良替代品，它适用于任何内燃机车，可以与普通柴油以任意比例混合，制成生物柴油混合燃料，比如 B5（5%的生物柴油与 95%的普通柴油混合），B20（20%的生物柴油与 80%的普通柴油混合）等。生物柴油具有如下的特性：①可再生、生物可分解、毒性低，悬浮微粒降低 30%，CO 降低 50%，黑烟降低 80%，醛类化合物降低 30%，$SO_x$ 降低 100%，碳氢化合物降低 95%；②较好的润滑性能，可降低喷油泵、发动机缸和连杆的磨损率，延长寿命；③有较好的发动机低温启动性能，无添加剂时冷凝点达 −20℃；有较好润滑性；④可生物降解，对土壤和水的污染较少；⑤闪点高，储存、使用、运输都非常安全；⑥来源广泛，具有可再生性；⑦与石化柴油以任意比例互溶，混合燃料状态稳定；生物柴油在冷滤点、闪点、燃烧功效、含硫量、含氧量、燃烧耗氧量及对水源等环境的友好程度上优于普通柴油。

### 3.7.2　化学法转酯化制备生物柴油

酯交换是指利用动植物油脂与甲醇或乙醇在催化剂存在下，发生酯化反应制成脂酸甲（乙）酯。以甲醇为例，其主要反应如下所示：

$$\begin{array}{l} CH_2COOR_1 \\ | \\ CHCOOR_2 + 3CH_3OH \rightleftharpoons \\ | \\ CH_2COOR_3 \end{array} \begin{array}{l} R_1COOCH_3 \\ \\ R_2COOCH_3 + \\ \\ R_3COOCH_3 \end{array} \begin{array}{l} CH_2OH \\ | \\ CHOH \\ | \\ CH_2OH \end{array}$$

化学法酯交换制备生物柴油包括均相化学催化法和非均相化学催化法。

均相催化法包括碱催化法和酸催化法。采用催化剂一般为 NaOH、KOH、$H_2SO_4$、HCl 等。碱催化法在国外已被广泛应用，碱法虽然可在低温下获得较高产率，但它对原料中游离脂肪酸和水的含量却有较高要求。因在反应过程中，游离脂肪酸会与碱发生皂化反应产生乳化现象；而所含水分则能引起酯化水解，进而发生皂化反应，同时它也能减弱催化剂活性。所以游离脂肪酸、水和碱催化剂发生反应产生乳化结果会使甘油相和甲酯相变得难以分离，从而使反应后处理过程变得烦琐。为此，工业上一般要对原料进行脱水、脱酸处理，或预酯化处理，然后分别以酸和碱催化剂分两步完成反应，显然，工艺复杂性增加成本和能量消耗。以酸催化制备生物柴油，游离脂肪酸会在该条件下发生酯化反应。因此该法特别适用于油料中酸量较大情况，尤其是餐饮业废油等。但工业上酸催化法受到关注程度却远小于碱催化法，主要是因为酸催化法需要更长反应周期。

传统碱催化法存在废液多、副反应多和乳化现象严重等问题，为此，许多学者致力于非均相催化剂研究。该类催化剂包括金属催化剂如 ZnO、$ZnCO_3$、$MgCO_3$、$K_2CO_3$、$Na_2CO_3$、$CaCO_3$、$CH_3COOCa$、$CH_3COOBa$、Na/NaOH/$\gamma$-$Al_2O_3$、沸石催化剂、硫酸锡、氧化锆及钨酸锆等固体超强酸作催化剂等。采用固体催化剂不仅可加快反应速率，且还具有寿命长、比表面积大、不受皂化反应影响和易于从产物中分离等优点。

按操作方式分可为间歇法和连续法。

间歇法通常采用搅拌反应釜来生产。醇油比例通常是 6：1，反应釜需要密封或者接有冷凝回流装置，操作温度一般为 65℃。常用的催化剂包括 NaOH 和 KOH，一般催化剂的加入量范围为 1.5%。为了使油相、催化剂和醇相能充分的接触，反应起始阶段一般要求加大搅拌强度使三者充分混合，以使反应更快进行。这种方法所需设备投资少，缺点是生产效率低。一般万吨级以下的生产装置采用此法。

连续法工艺一般用于万吨级以上规模的生物柴油生产，以降低生产成本，提高生产效率。代表性的连续法工艺是 Lurgi 公司连续分甘油碱催化醇解工艺、Cimbria Sket 公司和 Connemann 公司连续分甘油碱催化醇解工艺（CD Process）和 Henkel 公司高温高压碱催化油脂醇解工艺。Lurgi 公司的连续分甘油碱催化油脂醇解工艺主要包括 5 个单元：原料油预处理、油脂醇解、产品精制、过量甲醇回收和甘油精制。CD Process 连续脱甘油碱催化醇解工艺由 Cimbria Sket 公司和 Connemann 公司联合开发。该工艺包括在第一级反应器中的醇解、甘油沉降，第二级反应器中进一步酯交换后，通过第一级分离器洗涤除去甘油。物料再进入第二级反应器，并补充甲醇与催化剂，再进行酯交换反应。然后经过二级分离器，通过含水的萃取缓冲溶剂，脱除甲醇、甘油以及催化剂。进一步汽提除醇后，洗涤干燥而得生物柴油。由于采用了连续脱甘油技术，可使反应进行更加彻底，从而获得高质量的产品，简化了后续处理，利于节能降耗。

### 3.7.3 生物酶催化法生产生物柴油

针对化学法合成生物柴油的缺点，人们开始研究用生物酶法合成生物柴油，即用动物油脂和低碳醇通过脂肪酶进行转酯化反应，制备相应的脂肪酸甲酯及乙酯。与传统的化学法相比较，脂肪酶催化酯化与甲醇解作用更温和、更有效，不仅可以少用甲醇（只用理论量甲醇，是化学催化的1/6～1/4），而且可以简化工序（省去蒸发回收过量甲醇和水洗、干燥），反应条件温和。明显降低能源消耗、减少废水，而且易于回收甘油，提高生物柴油的收率。用于催化合成生物柴油的脂肪酶主要是酵母脂肪酶、根霉脂肪酶、毛霉脂肪酶、猪胰脂肪酶等。但由于脂肪酶的价格昂贵，成本较高，限制了酶作为催化剂在工业规模生产生物柴油中的应用，为此，研究者也试图寻找降低脂肪酶成本的方法，如采用脂肪酶固定化技术，以提高脂肪酶的稳定性并使其能重复利用，或利用将整个能产生脂肪酶的全细胞作为生物催化剂。在工艺方面，研究者也开发了新的工艺路线以提高脂肪酶的重复利用率等。清华大学率先开发出了酶法制备生物柴油新工艺，突破了传统酶法工艺制备生物柴油的技术瓶颈，在湖南海纳百川公司建成了2万吨/年的全球首套酶法工业化生产生物柴油装置，具有很好的应用推广前景。此外，直接利用胞内脂肪酶催化合成生物柴油是一个新的研究思路，这免去了脂肪酶的提取纯化等工序，有望降低生物柴油的生产成本。

### 3.7.4 超临界法制备生物柴油

超临界反应是在超临界流体参与下的化学反应，在反应中，超临界流体既可以作为反应介质，也可以直接参加反应。它不同于常规气相或液相反应，是一种完全新型的化学反应过程。超临界流体在密度、对物质溶解度及其他方面所具有的独特性质使得超临界流体在化学反应中表现出很多气相或液相反应所不具有的优异性能。用植物油与超临界甲醇反应制备生物柴油的原理与化学法相同，都是基于酯交换反应，但超临界状态下，甲醇和油脂成为均相，均相反应的速率常数较大，所以反应时间短。另外，由于反应中不使用催化剂，故反应后续分离工艺较简单，不排放废碱液，目前受到广泛关注。

在超临界条件下，游离脂肪酸（FFA）的酯化反应防止了皂的产生，且水的影响并不明显。这是因为油脂在200℃以上会迅速发生水解，生成游离脂肪酸、单甘油酯、二甘油酯等。而游离脂肪酸在水和甲醇共同形成微酸性体系中具有较高活性，故能和甲醇发生酯化反应，且不影响酯交换反应继续进行。但过量水不仅会稀释甲醇浓度，而且降低反应速率，并能使水解生成一部分饱和脂肪酸不能被酯化而造成最后生物柴油产品酸值偏高。研究发现，植物油中的FFA，包括软脂酸、硬脂酸、油酸、亚油酸和亚麻酸等，在超临界条件下都能与甲醇反应生成相应的甲酯。对于饱和脂肪酸，400～450℃是较为理想的温度；而对于不饱和酸，由于其相应的甲酯在高温下发生热解反应，因此在350℃下反应效果较好。甲醇在超临界状态下具有疏水性，甘油三酯能很好地溶解在超临界甲醇中，因此超临界体系用于生物柴油的制备具有反应迅速、不需要催化剂、转化率高、不产生皂化反应等优点，因此简化了产品纯化过程，但超临界法制备生物柴油的方法通常需要高温高压，对设备要求很高，因此设备投入较大。一般来说，油脂的成本占生物柴油生产成本的70%～80%。

### 3.7.5 制备生物柴油的油脂原料

生物柴油生产油脂原料主要是植物油脂、动物油脂以及废弃油脂等。一般来说，油脂的成本占生物柴油生产成本的70%～80%。美国正在开发利用“工程微藻”作为未来生物柴油的原料。英国正在研究应用基因技术、改良油菜品种、提高单位种植面积产量。德国有大量专门生产油菜籽的社区。意大利目前用油菜和向日葵用作生物柴油生产的原料，同时也开始实施能源作物种植试验的研究计划。巴西利用种植蓖麻和大豆来解决生物柴油生产的原料。此外，研究人员还对棉花、向日葵、玉米、花生和棕榈等多种植物做生物柴油生产的原料进行了研究。印度主要是种植麻风树来解决生物柴油的原料。

目前我国生物柴油的原料来源主要包括酸化油和一些废弃食用油脂。长远发展生物柴油产业，必须考虑到油脂原料的可持续供应，木本油料和油料农作物如黄连木、乌桕、油桐、麻风树等具有很大的发展优势。微生物油脂也是未来生物柴油的重要油源。国外学者曾报道了产油微生物转化五碳糖为油脂的研究。产油微生物的这一特性尤其适用于木质纤维素全糖利用，因此，微生物油脂是具有广阔前景的新型油脂资源，在未来的生物柴油产业中将发挥重要的作用。

### 3.7.6　生物柴油的应用

目前生物柴油在柴油机上燃用的技术已非常成熟，国际上有十几个国家和地区生产销售生物柴油。目前，发达国家用于规模生产生物柴油的原料有大豆（美国）、油菜籽（欧盟国家）、棕榈油（东南亚国家）。现已对 40 种不同植物油在内燃机上进行了短期评价试验，包括豆油、花生油、棉籽油、葵花籽油、油菜籽油、棕榈油和蓖麻籽油。日本、爱尔兰等国用植物油下脚料及食用回收油做原料生产生物柴油，成本较石化柴油低。

近几年，德国生物柴油发展之迅速远远超出人们的预测，1998 年生物柴油产能还只有 5 万吨，2003 年则增至 100 多万吨。目前德国有 23 个企业生产生物柴油，2004 年生产能力达 109.7 万吨，占整个欧盟 15 国总生产能力一半以上。2003 年生物柴油在德国的销量为 656 万吨，2004 年的销量达 80 万吨，德国成为世界最大的生物柴油生产国和消费国。

美国为了扩大大豆的销售和保护环境，十多年来一直致力于使用大豆油为原料发展生物柴油产业。2002 年，美国参议院提出包括生物柴油在内的能源减税计划，生物柴油享受与乙醇燃料同样的减税政策；要求所有军队机构和联邦政府车队、州政府车队等以及一些城市公交车使用生物柴油。2002 年生产能力达到 $22\times10^4$ t，2011 年计划生产 $115\times10^4$ t，2016 年到 $330\times10^4$ t。美国同时以大豆油生产的生物柴油为原料，开发可降解的高附加值精细化工产品，如润滑剂、洗涤剂、溶剂等，已形成产业。

日本利用废弃食用油生产生物柴油的能力已达到 $40\times10^4$ t/a，同时日本政府正在组织有关科研机构与能源公司合作开发超临界酯交换技术生产生物柴油。巴西 2002 年重新启动生物柴油计划，采用蓖麻油为原料，建成了 $2.4\times10^4$ t/a 的生物柴油厂，并计划使生物柴油在矿物柴油中的掺和质量比到 2020 年达到 20%。韩国引进了德国生产技术，以进口菜籽油为原料于 2002 年建成 $10\times10^4$ t/a 的生物柴油生产装置，正在建一套 $10\times10^4$ t/a 的生产装置。菲律宾政府已宣布，与美国合作开发用椰子油生产生物柴油的技术。

我国生物柴油产业化首先是在民营企业展开，海南正和生物能源公司、四川古杉油脂化工公司、福建卓越新能源发展公司等都建成了 $1\times10^4$～$2\times10^4$ t/a 生产装置，主要以餐饮业废油为原料。海南正和生物能源公司还以黄连木树果油为原料，并建有约 10 万亩原料种植基地。江西巨邦化学公司进口美国转基因大豆油和国产菜籽油生产生物柴油，正在建设 $10\times10^4$ t/a 生产装置。四川大学生命科学院正筹备以麻风树果油为原料，计划建立 $2\times10^4$ t/a 的生产装置。生物柴油产业虽然得到较快发展，但当前大力发展生物柴油的主要问题是其生产成本较高，缺乏竞争力。综合考虑当前生物柴油生产的发展趋势以及我国的国情，降低其生产成本可从以下几个方面着手：降低原料成本；降低生产成本；国家的政策支持。

## 3.8 生物丁醇

### 3.8.1 生物燃料丁醇及其特点

作为生物燃料，生物丁醇与乙醇相似，可以和汽油混合，但却具有许多优于乙醇的性质，因此对生物丁醇的研究开发受到许多国家的高度重视。

丁醇是一种无色液体，有酒味。相对密度 0.8109（20/20℃），沸点 117.7℃，熔点 −90.2℃，折射率 $n_d$（20℃）1.3993，闪点 35～37℃，自燃点 365℃，微溶于水，能与乙醇、乙醚及其他多种有机溶剂混溶，其蒸气与空气可形成爆炸性混合物，爆炸极限为 1.45%～11.25%（体积）。除了做生物燃料外，生物丁醇还可作为一种重要的有机溶剂和化工原料广泛应用于喷漆、炸药、皮革处理、香料、塑料、制药、植物抽提取及有机玻璃、合成橡胶、农用化学品等方面。

丁醇与乙醇相比具有以下优势。

① 能量含量高：每加仑丁醇产生热量为 110000Btu，每加仑乙醇产生的热量为 84000Btu，每加仑汽油所产生的热量为 115000Btu，与传统燃料相比，每加仑丁醇可支持汽车多走 10%的路程，与乙醇相比，可多走 30%的路程。

② 丁醇的挥发性是乙醇的 1/6 倍，汽油的 1/13.5，与汽油混合对水的宽容度大，对潮湿和低水蒸气压力有更好的适应能力。

③ 丁醇可在现有燃料供应和分销系统中使用，而乙醇则需要通过铁路、船舶或货车运输。

④ 与其他生物燃料相比，丁醇腐蚀性较小，比乙醇、汽油安全。

⑤ 与现有的生物燃料相比，生物丁醇与汽油的混合比更高，无需对车辆进行改造，就可以使用几乎 100%浓度的丁醇，而且混合燃料的经济性更高。

⑥ 与乙醇相比，能提高车辆的燃油效率和行驶里程。

⑦ 发酵法生产的生物燃料丁醇会减少温室气体的排放。与乙醇一样，燃烧时，不产生 $SO_x$ 或 $NO_x$，对环境友好。

⑧ 丁醇作燃料会降低国内对燃油进口的依赖性，体现燃料的多元性，有利于缓解国家之间因石油引发的诸多问题。

### 3.8.2 丁醇发酵微生物及发酵机制

主要的丙酮-丁醇生产菌有两类：醋酪酸梭状芽孢杆菌和糖-丁基丙酮梭菌。醋酪酸梭状芽孢杆菌是 Weizmann 于 1912 年从谷物分离而得，即所谓魏斯曼型菌，适宜于发酵玉米、马铃薯和甘薯等淀粉质原料，溶剂比例为丙酮∶丁醇∶乙醇＝3∶6∶1，无噬菌体性能。糖-丁基丙酮梭菌也是梭状属菌株，适合于糖蜜发酵，与醋酪酸梭状芽孢杆菌很相似。此外，用糖蜜原料发酵生产丙酮-丁醇的菌株还有糖-醋丁基梭菌，日本、美国、我国台湾、南非等工厂用甘蔗废糖蜜发酵是使用这些菌株，前苏联、东欧一些国家也曾用于甜菜废糖蜜的丙酮-丁醇发酵。另外，还有一些其他菌种，如适用于农林副产物水解液或亚硫酸盐纸浆废液发酵的费地浸麻梭状芽孢杆菌、丁基梭状芽孢杆菌等。

一个多世纪以来，许多科学家对丙酮-丁醇的发酵机制进行了研究和探讨，随着分子生物学的发展，对某些发酵菌株的基因序列、代谢途径等的研究已取得了一定的成绩。由于菌种、原料、发酵条件的不同，其化学变化必然有差别。如使用丙酮丁醇梭菌时，丁醇、丙酮和乙醇的生产比例为 6∶3∶1。用 *Cl. acetobutylicum* ATCC824 菌种，发酵玉米等淀粉质原料时，一般都认为淀粉首先经淀粉酶水解生成葡萄糖，葡萄糖再经磷酸果糖途径到丙酮酸，再进一步由丙酮-丁醇菌的酶系转化为酸和溶剂。

### 3.8.3　丁醇发酵技术

分批发酵生物丁醇存在低细胞密度、停机时间长、产物限制等诸多问题，使得反应器的丁醇产率一般都小于 0.5g/(Lh)。而采取固定化细胞或细胞再循环技术可提高生物反应器中的细胞浓度。Qureshi 等发现将 *C. beijerinckii* 固定在不同载体上，反应器产率都会增加，有的可达 15.8g/(Lh)。Shamsudin 等用不同孔径的聚氨酯固定化 *Cl. Saccharo-perbutylacetonicum* N1-4，发现与发酵 24h 的游离细胞相比，溶剂产量和产率分别提高了 3.2 和 1.9 倍。Huang 等将 *C. acetobutylicum* 固定在纤维质载体上连续发酵，ABE 产率为 4.6g/(Lh)。

我国范力敏等用工业瓷珠作吸附载体，固定化丙酮、丁醇梭菌细胞连续生产丙酮、丁醇，用生产醪为原料，流速为 20mL/h，39℃，在水保温三级串联柱式反应器内进行连续发酵，溶剂最大浓度达 15.29g/L，其中丁醇 9.77g/L，残淀粉 0.5%，淀粉转化率 33.5%，可连续发酵 25 天，中间无中断，无杂菌污染。杨红等用吸附法制备固定化丙酮丁醇梭菌营养细胞，试验结果表明：固定化细胞性能较稳定，分批和连续发酵水平均与游离细胞发酵接近，而溶剂生产率较高。孙志浩等以瓷环作载体，用吸附法将丙酮丁醇梭菌固定化，用多级串联固定床生物反应器由玉米醪连续生产丙酮丁醇，其发酵结果总溶剂含量 18～21g/L，残淀粉 0.4%～0.6%，淀粉转化率 0.35～0.40g/L，全容积生产率 13～21g/(1 天)，可连续运转 90 天，柱内固定化细胞于室温保存 45d 后重新使用，发酵性能不变。

细胞再循环是用膜过滤去掉液体后，再将细胞加入生物反应器，这种方法也能增加反应器的细胞浓度，提高溶剂产率，反应器的产率可达 6.5g/h。Tashiro 等为在高稀释速率下获得高细胞密度，用中空纤维素膜组件将 *Clostridium saccharoperbutylacetonicum* N1-4 细胞返回生物反应器，细胞浓度增加 10 倍，当稀释速率为 $0.85h^{-1}$ 时，最大 ABE 产率为 11.0g/(1h)，但当细胞浓度超过 100g/L 时会导致发泡严重，料液溢出，使得发酵无法连续进行，因此，为保持稳定的细胞浓度，在细胞循环的同时进行放料，放料稀释速率大于等于 $0.11h^{-1}$ 时，发酵可连续运转 200h，菌种无退化现象，总 ABE 产率为 7.55g/(1h)，ABE 浓度为 8.58g/L。

## 3.9　沼气技术

### 3.9.1　沼气的成分和性质

沼气是由有机物质（粪便、杂草、作物、秸秆、污泥、废水、垃圾等）在适宜的温度、湿度、酸碱度和厌氧的情况下，经过微生物发酵分解作用产生的一种可燃性气体。沼气主要成分是 $CH_4$ 和 $CO_2$，还有少量的 $H_2$、$N_2$、CO、$H_2S$ 和 $NH_3$ 等。通常情况下，沼气中含有$CH_4$ 50%～70%，其次是$CO_2$，含量为30%～40%，其他气体含量较少。沼气最主要的性质是其可燃性，沼气中最主要成分是甲烷，而甲烷是一种无色、无味、无毒的气体，比空气轻一半，是一种优质燃料。氢气、硫化氢和一氧化碳也能燃烧。一般沼气因含有少量的硫化氢，在燃烧前带有臭鸡蛋味或烂蒜气味。沼气燃烧时放出大量热量，每立方米沼气的热值为21520kJ，约相当于1.45$m^3$煤气或0.69$m^3$天然气的热值。因此，沼气是一种燃烧值很高、很有应用和发展前景的可再生能源。

### 3.9.2 沼气发酵微生物学原理

沼气发酵微生物学是阐明沼气发酵过程中微生物学的原理，微生物种类及其生理生化特性和作用，各种微生物种群间的相互关系和沼气发酵微生物的分离培养的科学。它是沼气发酵工艺学的理论基础，沼气技术必须以沼气发酵微生物为核心，研究各种沼气工艺条件，使沼气技术在不久的将来在农村和城镇推广应用和发展。

沼气发酵的理论有二阶段理论、三阶段理论、四阶段理论等。二段理论认为沼气发酵分为产酸阶段和产气阶段。三阶段理论把沼气发酵分成3个阶段，即水解发酵、产氢产乙酸、产甲烷阶段。四阶段理论比较复杂，在此就不再叙述了。

沼气发酵微生物沼气发酵微生物种类繁多，分为不产甲烷群落和产甲烷群落。不产甲烷微生物群落是一类兼性厌氧菌，具有水解和发酵大分子有机物而产生酸的功能，在满足自身生长繁殖需要的同时，为产甲烷微生物提供营养物质和能量。产甲烷微生物群落通常称为甲烷细菌，属一类特殊细菌。甲烷细菌的细胞壁结构没有典型的肽聚糖骨架，其生长不受青霉素的抑制。在厌氧条件下，甲烷细菌可利用不产甲烷微生物的中间产物和最终代谢产物作为营养物质和能源而生长繁殖，并最终产生甲烷和二氧化碳等。

沼气发酵过程比较复杂，现以最简单的二阶段理论为例介绍沼气发酵过程，沼气发酵过程一般包括2个阶段，即产酸阶段和产气阶段。

沼气池中的大分子有机物，在一定的温度、水分、酸碱度和密闭条件下，首先被不产甲烷微生物菌群之中基质分解菌所分泌的胞外酶，水解成小分子物质。如蛋白质水解成肽和氨基酸、脂肪水解成丙三醇和脂肪酸、多糖水解成单糖类等。然后这些小分子物质进入不产甲烷微生物菌群中的挥发酸生成菌细胞，通过发酵作用被转化成为乙酸等挥发性酸类和二氧化碳。由于不产甲烷微生物的中间产物和代谢产物都是酸性物质，使沼气池液体呈酸性，故称酸性发酵期，即产酸阶段。甲烷细菌将不产甲烷微生物产生的中间产物和最终代谢物分解转化成甲烷、二氧化碳和氨。由于产生大量的甲烷气体，故这一阶段称为甲烷发酵或产气阶段。在产气阶段产生的甲烷和二氧化碳都能挥发而排出池外，而氨以强碱性的亚硝酸氨形式留在沼池中，中和了产酸阶段的酸性，创造了甲烷稳定的碱性环境。因此，这一阶段又称为碱性发酵期。

由于完成沼气发酵的最后一道“工序”是甲烷细菌，故它们的种类、数量和活性常决定着沼气的产量。为了提高沼气发酵的产气速度和产气量，必须在原料、水分、温度、酸碱度以及沼池的密闭性能等方面，为甲烷发酵微生物特别是甲烷细菌创造一个适宜的环境。同时，还要通过间断性的搅拌，使沼池中各种成分均匀分布。这样，有利于微生物生长繁殖和其活性的充分发挥，提高发酵的效率。

### 3.9.3 影响沼气发酵的主要因素

(1) 温度　沼气发酵微生物众多，对温度的适应范围也不一样，52～58℃条件下的发酵称为高温发酵；在32～38℃的发酵称为中温发酵；在12～30℃的发酵称为常温发酵；10℃以下的发酵称为低温发酵。高温发酵产气最快，但有机质分解也快。低温发酵产气很慢，远不能满足用气需要。一般采用20～28℃的常温发酵。

（2）酸碱度　一般不产甲烷微生物对酸碱度的适应范围较广，而产甲烷细菌对酸碱度的适应范围较窄，在中性或微碱性的环境里才能正常生长发育。所以沼气池里发酵液的pH值一般在6.5～8.0。pH值过高或过低都对产气有抑制作用，当pH值在5.5以下时，产甲烷菌的活动则完全受到抑制。

（3）沼气池密闭状况　沼气发酵过程是一个严格厌氧过程，所以沼气池必须密闭，即不漏水、不漏气，这是人工制取沼气的关键，因为沼气池密闭性能不好，产生的沼气容易漏掉，更重要的是甲烷细菌是严格的厌氧菌，氧对这类微生物具有毒害作用，会影响甲烷细菌的正常生命活动。

### 3.9.4 大中型沼气工程

经过十几年的发展，1996年底，全国已建成大中型沼气工程460座，池容积达13万立方米，年处理农业废弃物3000万吨，全年产气达2000万立方米，集中供气达5.6万户。这些工程主要分布在中国东部地区和大城市郊区。其中仅江苏、浙江、江西、上海和北京等5省市，目前正在运行的大中型沼气工程即占全国总量的一半以上，达238座。

沼气生产工艺多种多样，一般沼气生产有一定的共性，即原料收集、预处理、消化器（沼气池）、出料的后处理、沼气的净化、储存和输送及利用等环节。随着沼气工程技术研究的深入和较广泛地推广应用，近年来已逐步总结出一套比较完善的工艺流程，它包括对各种原料的预处理，发酵工艺参数的优选，残留物的后处理及沼气的净化、计量、储存及应用。不同的沼气工程有不同的要求和目的，所使用的发酵原料也不同，因而工艺流程并不完全相同。

### 3.9.5 沼气的用途

人类对沼气的研究已经有一百来年的历史。我国20世纪20～30年代左右出现了沼气生产装置。近年来，沼气发酵技术已经广泛应用于处理农业、工业及人类生活中的各种有机废弃物并制取沼气，为人类生产和生活提供了丰富的可再生能源。沼气作为新型优质可再生能源，已经广泛应用于生活生产和工业生产领域及航天航空领域，而且还可应用于农业生产，如沼气二氧化碳施肥、沼气供热孵鸡和沼气加温养蚕等方面。

沼气的用处很多，可以代替煤炭、柴薪用来煮饭、烧水，代替煤油用来点灯照明，还可以代替汽油开动内燃机或用沼气进行发电等，因此，沼气是一种值得开发的新能源。现在90%以上的能源是靠矿物燃料提供的，这些燃料在自然界储量有限，而且都不能再生。而人类对能源的需求却不断增加，如不及早采取措施，能源枯竭迟早将会成为现实。所以推广沼气发酵，是开发生物能源、解决能源危机问题的一个重要途径。随着科学技术的发展，沼气的新用途不断的开发出来，从沼气分离出甲烷，再经纯化后，用途更广泛。美国、日本、西欧等国已经计划把液化的甲烷作为一种新型燃料用在航空、交通、航天、火箭发射等方面。在非洲苏丹国家，沼气作为一种可替代能源正在兴起和开发。

总之，沼气生产和工艺及用途的研究是目前各国沼气科学工作者研究的热点课题之一，沼气作为一种新型可再生能源有可能替代石油、天然气等产品而广泛应用于生活中。

## 思考题

1. 简述生物质、生物质能的特点。
2. 简述生物质的组成与结构。
3. 简述生物质燃烧的特点与原理。
4. 简述生物质气化原理及工艺。
5. 简述生物质热解特点、原理和工艺。
6. 简述生物质直接液化原理、液化产物及应用。
7. 简述淀粉质原料和纤维质原料制备生物乙醇工艺，并加以比较。
8. 简述生物柴油的特点及制备方法。
9. 简述生物丁醇的特点及发酵机制
10. 简述沼气发酵微生物学原理及用途。

## 参考文献


[1] 马承荣，肖波，杨家宽等．生物质热解影响因素研究．环境生物技术，2005，(5)：10-14.

[2] 张姝玉，王述洋．生物燃油的特性及应用．林业机械与木工设备，2005，33 (6)：45-46.

[3] 章克昌，吴佩琮．酒精工业手册．北京：中国轻工业出版社，2001.

[4] 孙健．纤维素原料生产燃料酒精的技术现状，可再生能源，2003，6：112.

[5] 李昌珠，蒋丽娟，程树棋．生物柴油——绿色能源．北京：化学工业出版社，2004.

[6] 吴创之，马隆龙．生物质能现代化利用技术．北京：化学工业出版社，2003.

[7] 黄国平，温其标，杨晓泉．油脂工业的新前景——生物柴油．中国油脂，2003，4 (28)：63-65.

[8] 黄庆德，黄凤洪，郭萍梅．生物柴油生产技术及其开发意义粮食与油脂，2002，(9)：8-10.

[9] 蒋剑春．生物质能源应用研究现状与发展前景．林产化学与工业，2002，(2)：75-80.

[10] 孙利源．生物质能利用技术比较与分析．能源研究与信息，2004，20 (2).

[11] 朱清时，阎立峰，郭庆祥．生物质洁净能源．北京：化学工业出版社，2002.

[12] 肖军，段箐春，王华等．生物质利用现状．安全与环境工程，2003，(3)：12.

[13] 刘圣勇，赵迎芳，张百良．生物质成型燃料燃烧理论分析．能源研究与利用，2002，6.

[14] 姚向君，田宜水．生物质能资源清洁转化利用技术．北京：化学工业出版社，2004.

[15] 周家贤．生物质气化．现代化工，1988 (8)：26-29.

[16] 中国 21 世纪议程——中国 21 世纪人口、环境和发展白皮书．北京：中国环境科学出版社，1994.

[17] 刘荣厚，牛卫生，张大雷编．生物质热化学转换技术．北京：化学工业出版社，2005.

[18] 乔国朝，王述洋．生物质热解液化技术研究现状与展望．林业机械与木工设备，2005，33 (5)：4-7.

[19] Serdar. Yaman Pyrolysis of biomass to produce fuels and chemical feedstocks. Energy Conversion and Management，2004 (45)：651-671.

[20] Koufopanos C A. Studies on the pyrolysis and gasification of biomass. Comm. Eur. Comm.，Final Report of the Grant Period 1983-1986，1986.

[21] Scholzea B，Hanser C，Meier D. Characterization of the water-insoluble fraction from fast pyrolysis liquids (pyrolytic lignin) Part Ⅱ. GPC，carbonyl goups，and 13C-NMR Journal of Analytical and Applied Pyrolysis . 2001，387-400.

[22] Demirbas A. Mechanisms of liquefaction and pyrolysis reactions of biomass. Energy Conversion and Management，2000，41 (6)：633-646.

[23] Maldas D，Shiraishi N. Liquefaction of wood in the presence of polyol using NaOH as a catalyst and its application to polyurethane foams. Intern. J. Polymeric Mater. 1996，33：61-71.

[24] Minowa T，Kondo T，Sudirjo S T. Thermochemical liquefaction of Indonesian biomass residues. Biomass and Bioenergy 1998，14 (5/6)：517-524.

[25] Arnaldo Vieira de Carvalho. The Brazilian ethanol experiences fuel as fuel for transportation. Biomass Energy Work-

shop and Exhibition. The World Bank. February 26, 2003.

[26] Qureshi N, Blaschek H P. Food Biotechnology. FL: Taylor & Francis Group plc, 2005: 525-551.

[27] Shamsudin S, Mohd Sahaid H K, Wan Mohtar W Y. Production of acetone, butanol and ethanol (ABE) by Clostridium saccharoperbutylacetonicum N1-4 with different immobilization systems. Pakistan Journal of Biological Sciences, 2006, 9 (10): 1923-1928.

[28] Huang W C, Ramey D E, Yang S T. Continuous production of butanol by Clostridium acetobutylicum immobilized in a fibrous bed reactor. Appl Biochem Biotechnol, 2004, 113: 887-898.

[29] 范力敏，翁正元，陈晓湘. 固定化细胞连续生产丙酮丁醇的研究. 上海交通大学学报，1993，27 (6)：116-120.

[30] Bruce S Dien, Rodney J Bothast, Nancy N Nichols, Michael A Cotta. The U. S corn ethanol industry: An overview of current technology and future prospects. INT. SUGAR JNL., 2002, 104 (1241): 204.

[31] Shimada Y, Watanabe Y, Amukawa T, et al. Conversion of Vegetable Oil Biodiesel Using Immobilized Candida Antarctica Lipase. J Am Oil Chem. Soc., 1999, 76 (7): 789-793.

# 第 4 章 风能

风能是流动的空气所具有的能量。从广义太阳能的角度看，风能是由太阳能转化而来的。因太阳照射而受热的情况不同，地球表面各处产生温差，从而产生气压差而形成空气的流动。风能在 20 世纪 70 年代中叶以后日益受到重视，其开发利用也呈现出不断升温的势头，有望成为 21 世纪大规模开发的一种可再生清洁能源。

风能属于可再生能源，不会随着其本身的转化和人类的利用而日趋减少。与天然气、石油相比，风能不受价格的影响，也不存在枯竭的威胁；与煤相比，风能没有污染，是清洁能源；最重要的是风能发电可以减少二氧化碳等有害排放物。据统计，每装 1 台单机容量为 1MW 的风能发电机，每年可以少排 2000t 二氧化碳、10t 二氧化硫、6t 二氧化氮。

随着相关技术进步导致的成本不断降低，风能已成为世界上发展速度最快的新型能源。据全球风能委员会（GWEC）统计，2004 年全球风力发电机组安装总量达到 797.6 万千瓦，较前一年增长了 20%。自此，全球累计总安装量达到 4731.7 万千瓦。据欧洲风能协会和绿色和平组织的《风力 12》中预测，到 2020 年，全球的风力发电装机将达到 12.31 亿千瓦，年安装量达到 1.5 亿千瓦，风力发电量将占全球发电总量的 12%。我国的风力发电经过 20 多年发展，到 2004 年底，已在 14 个省区市建立起 43 个风力发电厂，累计安装风力发电机

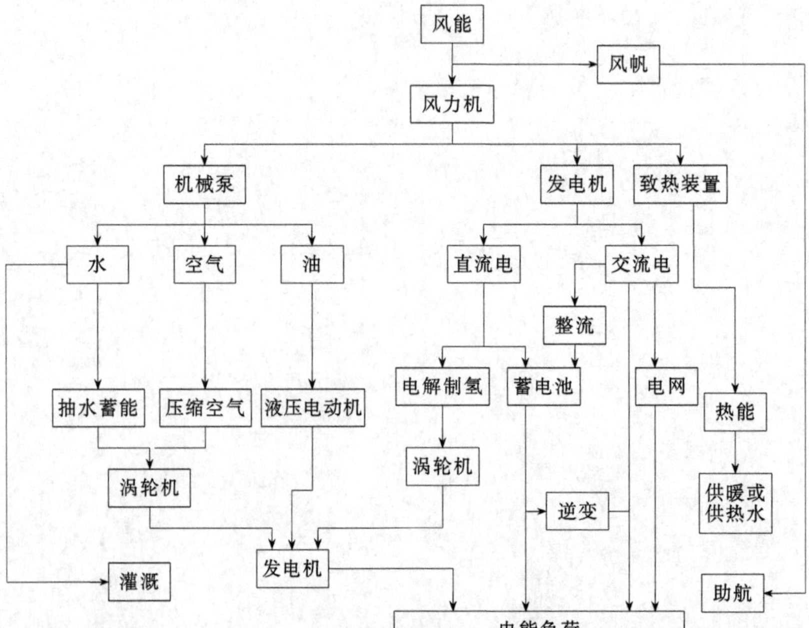


图 4-1 风能转换及利用情况

组 1292 台，总装机容量为 76.4 万千瓦，位列全球第十位。尽管我国近几年风力发电年增长都在 50%左右，但装备制造水平与装机总容量与发达国家还有较大差距。我国风力发电装机容量仅占全国电力装机的 0.11%，风力发电潜力巨大。

按照不同的需要，风能可以被转换成其他不同形式的能量，如机械能、电能、热能等，以实现泵水灌溉、发电、供热、风帆助航等功能。图 4-1 中给出风能转换及利用情况。

# 4.1　风能资源

## 4.1.1　风能资源的表征

(1) 风向方位　为了表示一个地区在某一时间内的风频、风速等情况，一般采用风玫瑰图来反映一个地区的气流情况。风玫瑰图是以“玫瑰花”形式表示各方向上气流状况重复率的统计图形，所用的资料可以是一月内的或一年内的，但通常采用一个地区多年的平均统计资料，其类型一般有风向玫瑰图和风速玫瑰图。风向玫瑰图又称风频图，是将风向分为 8 个或 16 个方位，在各方向线上按各方向风的出现频率，截取相应的长度，将相邻方向线上的截点用直线联结的闭合折线图形［如图 4-2(a)］。在图 4-2(a) 中该地区最大风频的风向为北风，约为 20%（每一间隔代表风向频率 5%）；中心圆圈内的数字代表静风的频率。

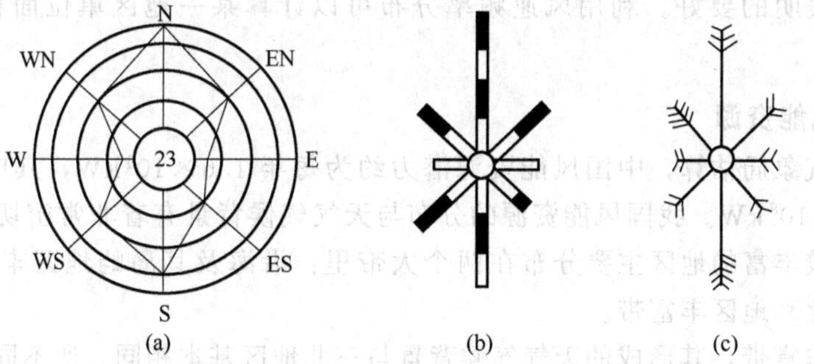


图 4-2　风玫瑰图

如果用这种方法表示各方向的平均风速，就成为风速玫瑰图。风玫瑰图还有其他形式，如图 4-2(b) 和 (c)，其中图 4-2(c) 为风频风速玫瑰图，每一方向上既反映风频大小（线段的长度），又反映这一方向上的平均风速（线段末段的风羽多少）。

通过风玫瑰图，可以准确的描绘出一个地区的风频和风量分布，从而确定风电场风力发电机组的总体排布，做出风电场的微观选址，在风电场建设初期设计中起到很大的作用。

(2) 风能密度　垂直穿过单位截面的流动的空气所具有的动能，如下所示。

$$W=\frac{1}{2}\rho V^3$$

式中，$W$ 为风能密度，W/m$^2$；$\rho$ 为空气密度，kg/m$^3$；$V$ 为风速，m/s。

由于风速是变化的，风能密度的大小也是随时间变化的，一定时间周期（例如一年）内风能密度的平均值称为平均风能密度，如下。

$$\overline{W}=\frac{1}{T}\int_0^T \frac{1}{2}\rho V^3(t)\,\mathrm{d}t$$

式中，$\overline{W}$ 为平均风能密度；$T$ 为一定的时间周期；$V(t)$ 为随时间变化风速；$\mathrm{d}t$ 为在时间周期内相应于某一风速的持续时间。

一般情况下，计算风能或风能密度是采用标准大气压下的空气密度。由于不同地区海拔高度不同，其气温、气压不同，因而空气密度也不同。在海拔高度 500m 以下，即常温标准大气压力下，空气密度值可取为 $1.225\mathrm{kg/m^3}$，如果海拔高度超过 500m，必须考虑空气密度的变化。

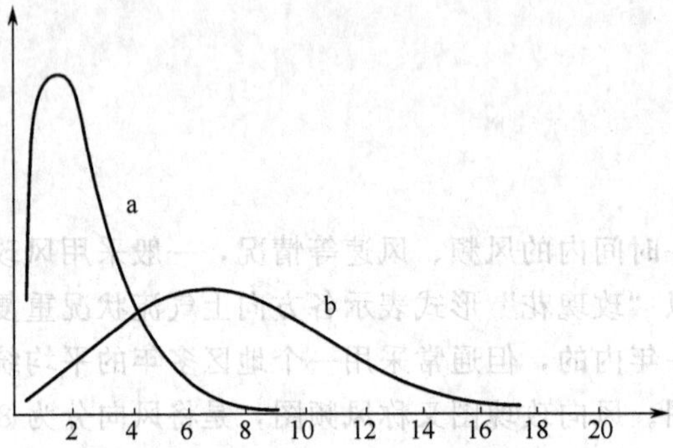


图 4-3　风速频率分布曲线

(3) 风速频率分布　按相差 1m/s 的间隔观测 1 年（1 月或 1 天）内吹风总时数的百分比，称为风速频率分布。风速频率分布一般以图形表示，如图 4-3 所示。图中表示出两种不同的风速频率曲线，曲线 a 变化陡峭，最大频率出现于低风速范围内，曲线 b 变化平缓，最大频率向风速较高的范围偏移，表明较高风速出现的频率增大。从风能利用的观点看，曲线 b 所代表的风况比曲线 a 所表明的要好。利用风速频率分布可以计算某一地区单位面积 $1\mathrm{m}^2$ 上全年的风能。

### 4.1.2　中国风能资源

根据中国气象局估算，中国风能资源潜力约为每年 $1.6\times10^9\mathrm{kW}$，其中约 1/10 可开发利用，即 $1.6\times10^8\mathrm{kW}$。我国风能资源的分布与天气气候背景有着非常密切的关系，我国风能资源丰富和较丰富的地区主要分布在两个大带里：沿海及其岛屿地区丰富带和三北（东北、华北、西北）地区丰富带。

沿海风能丰富带，其形成的天气气候背景与三北地区基本相同，所不同的是海洋与大陆两种截然不同的物质所组成，两者的辐射与热力学过程都存在着明显的差异。大气与海洋间的能量交换大不相同。海洋温度变化慢，具有明显的热惰性；大陆温度变化快，具有明显的热敏感性。所以，冬季海洋较大陆温暖，夏季较大陆凉爽。在这种海陆温差的影响下，在冬季每当冷空气到达海上时风速增大，再加上海洋表面平滑，摩擦力小，一般风速比大陆增大 2～4m/s。

在风能资源丰富的东南沿海及其附近岛屿地区，有效风能密度大于或等于 $200\mathrm{W/m^2}$ 的等值线平行于海岸线，沿海岛屿有效风能密度在 $300\mathrm{W/m^2}$ 以上，全年中风速大于或等于 3m/s 的时数约为 7000～8000h，大于或等于 6m/s 的时数为 4000h。但是在东南沿海，由海岸向内陆是丘陵连绵，所以风能丰富地区仅在海岸 50km 之内，再向内陆不但不是风能丰富区，反而成为全国最小风能区，风能功率密度仅 $50\mathrm{W/m^2}$ 左右，基本上是风能不能利用的地区。

内蒙古、甘肃北部是中国次大风能资源区，有效风能密度为 200～$300\mathrm{W/m^2}$，全年中风速大于或等于 3m/s 的时数为 5000h 以上，全年中风速大于或等于 6m/s 的时数为 2000h 以上。

黑龙江和吉林东部及辽东半岛的风能也较大，有效风能密度在 200W/m² 以上，全年中风速大于和等于 3m/s 的时数为 5000～7000h，全年中风速大于和等于 6m/s 的时数为 3000h。

青藏高原北部及华北、西北、东北北部和沿海为风能较大区，有效风能密度在 150～200W/m² 之间，全年风速大于和等于 3m/s 的时数为 4000～5000h，全年风速大于和等于 6m/s 的时数为 3000h，其中青藏高原全年风速大于和等于 3m/s 的时数可达 6500h，但青藏高原海拔高，空气密度小，所以有效风能密度也较低。如在 4000m 的空气密度大致为地面的 67%，也就是说，同样是 8m/s 的风速，在平原上风能功率密度为 313.6W/m²，而在 4000m 只为 209.9W/m²，所以仍属风能一般地区。

总体而言，云南、贵州、四川、甘肃、陕西南部、河南、湖南西部、福建、广东、广西的山区及新疆塔里木盆地和西藏的雅鲁藏布江，为风能资源贫乏地区，有效风能密度在 50W/m² 以下，全年中风速大于和等于 3m/s 的时数在 2000h 以下。全年中风速大于和等于 6m/s 的时数在 150h 以下，风能潜力很低，无利用价值。当然，在一些地区由于湖泊和特殊地形的影响，风能也较丰富，如鄱阳湖附近较周围地区风能就大，湖南衡山、安徽的黄山、云南太华山等也较平地风能为大。但是这些只限于很小范围之内。

## 4.2 风力发电系统

### 4.2.1 系统组成

风力发电系统通常由风轮、对风装置、调速（限速）机构、传动装置、发电装置、储能装置、逆变装置、控制装置、塔架及附属部件组成。

（1）风轮 风轮是集风装置，它的作用是把流动空气具有的动能转变为风轮旋转的机械能。风轮一般由叶片、叶柄、轮毂及风轮轴等组成（图 4-4）。叶片横截面形状有 3 种：平板型、弧板型和流线型。风力发电机叶片横截面的形状，接近于流线型；而风力提水机的叶片多采用弧板型，也有采用平板型的。

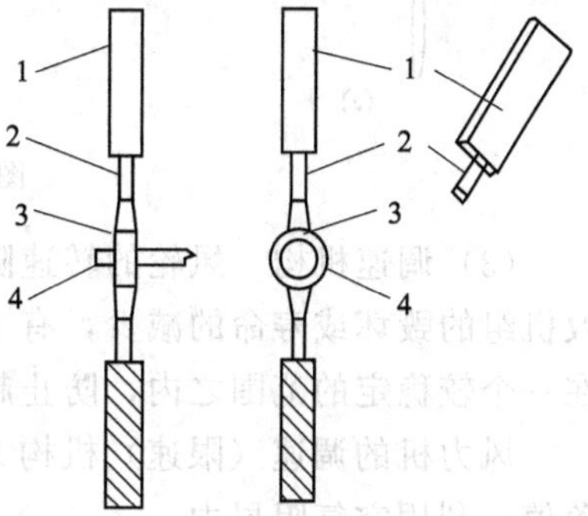


图 4-4 风轮结构剖面

1—叶片；2—叶柄；3—轮毂；4—风轮轴

要获得较大的风力发电功率，其关键在于要具有能轻快旋转的叶片。所以，风力发电机叶片（简称风机叶片）技术是风力发电机组的核心技术，叶片的翼型设计、结构形式，直接影响风力发电装置的性能和功率，是风力发电机中最核心的部分。由于风机叶片的尺寸大、外形复杂，并且要求精度高、表面粗糙度低、强度和刚度高、质量分布均匀性好等，使得叶片技术成为制约风力发电大力发展的瓶颈。

风机叶片材料的强度和刚度是决定风力发电机组性能优劣的关键。目前，风机叶片所用材料已由木质、帆布等发展为金属（铝合金）、玻璃纤维增强复合材料（玻璃钢）、碳纤维增强复合材料等，其中新型玻璃钢叶片材料因为其重量轻、比强度高、可设计性强、价格比较便宜等因素，开始成为大中型风机叶片材料的主流。然而，随着风机叶片朝着超大型化和轻量化的方向发展，玻璃钢复合材料也开始达到了其使用性能的极限，碳纤维复合材料（CFRP）逐渐应用到超大型风机叶片中。

风机叶片翼型气动性能的好坏，直接决定了叶片风能转换效率的高低。早期的水平轴风机叶片普遍采用航空翼型，例如 NACA44xx 和 NACA230xx，因为它们具有最大升力系数高、桨距动量低和最小阻力系数低等特点。随着风机叶片技术的不断进步，人们逐渐开始认识到传统的航空翼型并不适合设计高性能的叶片。美国、瑞典和丹麦等风能技术发达国家都在发展各自的翼型系列，其中以瑞典的 FFA-W 系列翼型最具代表性。FFA-W 系列翼型的优点是在设计工况下具有较高的升力系数和升阻比，并且在非设计工况下具有良好的失速性能。

(2) 对风装置　自然风不仅风速经常变化，而且风向也经常变化。垂直轴式风车能利用来自各个方向的风，它不受风向的影响。但是对于使用最广泛的水平轴螺旋桨式或多叶式风车来说，为了能有效地利用风能，应该经常使其旋转面正对风向，因此，几乎所有的水平轴风车都装有转向机构。常用的风力机的对风装置有尾舵、舵轮、电动机构和自动对风 4 种。图 4-5 是几种典型的风车转向机构。图 4-5(a) 是最普通的尾舵转向机构，小型风车大多数采用这种转向机构。图 4-5(b) 是利用装在风车两侧的小型风车（舵轮）的旋转力矩差进行转向的方法，中型风车大多数采用这种转向机构。图 4-5(c) 是电动机构，它是把风向传感器和伺服电机结合起来的转向方法，这种方法可用于大型风车的转向。图 4-5(d) 是利用自动对风，用作用在顺风式风车上的阻力来转向的方法，因为这是一种很简单的转向方法，所以可用于大小各种形式的风车。

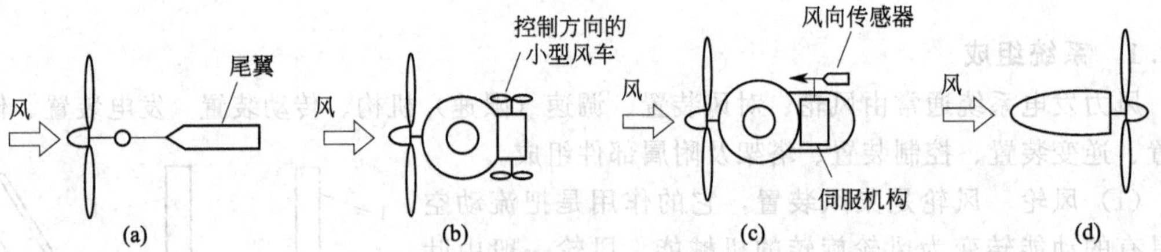


图 4-5　几种典型的风车转向机构

(3) 调速机构　风轮的转速随风速的增大而变快，而转速超过设计允许值后，将可能导致机组的毁坏或寿命的减少，有了调速（限速）机构，即使风速很大，风轮的转速仍能维持在一个较稳定的范围之内，防止超速乃至飞车的发生。

风力机的调速（限速）机构大体上有 3 种基本方式：减少风轮的迎风面积；改变翼型攻角值；利用空气阻尼力。

① 减少风轮迎风面积　风轮在正常工作时，其迎风面积为叶片回转时所扫掠的圆形面积。当风速超过额定风速，风轮相对风向发生偏转，减少风轮接受风能的面积。所以，尽管风速增大了，而风轮的转速并未变快。

② 改变翼型攻角值　此种调速方法也被称为变桨距调速法。其基本原理是改变翼型的攻角值，减小升力系数，降低叶片的升力，从而达到限速的目的。

③ 利用空气阻尼力　此种调速方法的基本原理是在风轮中心或叶片尖端装有带弹簧的阻尼板（翼），当风轮转速过大时，让空气对它的运动产生阻力，来限制风轮转速的增加。

(4) 传动装置　将风轮轴的机械能送至做功装置的机构，称为传动装置。在传动过程中，距离有远有近，有的需要改变方向；有的需要改变速度。风力机的传动装置与一般机器所采用的传动装置没有什么区别，多为齿轮（圆柱形或圆锥形）、胶带（俗称皮带，有平胶带、三角形胶带）、曲柄连杆、联轴器等。对于中、大型风力发电机，其传动装置均包括增速机构；而小型（尤其是微型）风力发电机，风轮轴可直接与发电机的转子相连接。

(5) 发电装置　发电机是风力发电机组的重要组成部分之一，分为同步发电机和异步发电机两种。以前小型风力发电机用的直流发电机，由于其结构复杂、维修量大，逐步被交流发电机所代替。目前得到普遍应用的有同步发电机和异步发电机两种。

(6) 同步发电机　同步发电机（图 4-6）主要由定子和转子组成。定子由开槽的定子铁心和放置在定子铁心槽内按一定规律联接成的定子绕组（也叫定子线圈）构成；转子上装有磁极（即转子铁心）和使磁极磁化的励磁绕组（也称转子绕组或转子线圈）。

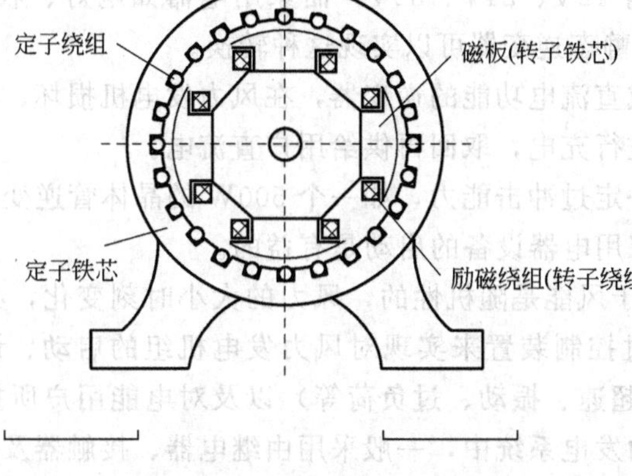


图 4-6　同步发电机的结构原理

对于小型风力发电机组，常将同步发电机的转子改成永磁结构，不再需用励磁装置。

(7) 异步发电机　异步发电机主要是由定子和转子两大部分组成。异步发电机的定子与同步发电机的定子基本相同。它的转子分为绕线式和鼠笼式，绕线式异步发电机的转子绕组与定子绕组相同；鼠笼式异步发动机的转子是将金属（铜或铝）导条嵌在转子铁芯里，两头用铜或铝端环将导条短接，像鼠笼一样。此种发电机应用很广泛。

(8) 储能装置　风力发电机最基本的储能方法是使用蓄电池。

蓄电池的种类虽然较多，但在实际应用中主要有铅（酸性）蓄电池和镉镍（碱性）蓄电池，而在风力发电机组中使用最多的还是铅蓄电池，尽管它的贮能效率较低，但是它的价格便宜。

以铅蓄电池为例说明蓄电池的工作原理。铅蓄电池的阳极用二氧化铅（$PbO_2$）板，阴极用铅（Pb）板，电解液用 27%～37%的硫酸（$H_2SO_4$）水溶液。蓄电池内部的化学反应为：

$$PbO_2 + 2H_2SO_4 + Pb \underset{\text{放电}}{\overset{\text{充电}}{\rightleftharpoons}} PbSO_4 + 2H_2O + PbSO_4$$

放电时，在阴极上发生的化学反应为：

$$Pb + H_2SO_4 \longrightarrow PbSO_4 + 2H^+ + 2e^-$$

阴极上的电子（$e^-$）通过蓄电池的外部回路向阳极流动，形成了电流。放电时硫酸被消耗而生成水，亦即电解液浓度降低。而充电时，由外部（风力发电机）供给直流电，在阴极生成 $PbO_2$，在阴极生成 Pb，电解液浓度升高，电能又以化学能的形式储存在蓄电池内。

任何蓄电池的使用过程都是充电和放电过程反复地进行着：铅蓄电池使用寿命为 2～6 年。

（9）逆变装置　逆变器是一种将直流电变成交流电的装置，有的逆变器还兼有把交流电变成直流电的功能。

逆变器有不同类型，有一种逆变器是利用一个直流电动机驱动一个交流发电机，由于直流电动机以固定转速驱动发电机，所以发电机的频率不变。由于风力发电机受风速变化的影响，发电频率的控制难度大，若先将发出的交流电整流成直流电，再用这种逆变器转变成质量稳定的交流电，供给对用电质量要求严格的用户，或将交流电送入电网，都是可以做到的。这种逆变器叫旋转逆变器。

用晶体管制成的逆变器称为静态逆变器，常用于小型风力发电机供电系统中，小型风力发电机组提供的直流电有12V、24V、32V，而家用电器如电灯、收音机、电视（机）等，常用220V的交流电。用静态逆变器可以实现这种转换。

具有把交流电转换成直流电功能的逆变器，在风力发电机损坏、检修期间，可将蓄电池和逆变器送到有电网处进行充电，取回再供给用户直流电。

大多数逆变器具有一定过冲击能力，如一个500W的晶体管逆变器，在10～60s内能发出700W的功率，这对家用电器设备的启动是有益的。

（10）控制装置　由于风能是随机性的，风力的大小时刻变化，必须根据风力大小及电能需要量的变化及时通过控制装置来实现对风力发电机组的启动、调节（转速、电压、频率）、停机、故障保护（超速、振动、过负荷等）以及对电能用户所接负荷的接通、调整及断开等。在小容量的风力发电系统中，一般采用由继电器、接触器及传感元件组成的控制装置；在容量较大的风力发电系统中，现在普遍采用微机控制。

（11）塔架　在风能利用装置中，风车塔架是很重要的。塔架必须能够支撑发电机或提水机的机体。从成本上看，塔架的费用约占整个机组的30%，小型风车的塔架所占比例还要高，有的场合甚至接近50%。因此，对塔架的设计施工应充分注意。

塔架类型主要有桁架式、管塔式等。桁架式塔架造价低廉，缺点是维护不方便。管塔式塔架用钢板卷制焊接而成，形成上小下大的圆锥管，内部装设扶梯直通机舱。管塔式塔架结构紧凑，安全可靠，维护方便，外形美观。虽然造价较桁架式塔架高，但仍被广泛采用。

（12）其他附属部件　风力机的附属部件主要有：机舱、机头座、回转体、停车机构等，简要介绍如下。

① 机舱　风力机长年累月在野外运转，工作条件恶劣。风力机一些重要工作部件多数集中在塔架的上端，组成了“机头”。为了保护这些部件，用罩壳把它们密封起来，此罩壳称为“机舱”。机舱应美观，尽量呈流线型，最好采用重量轻、强度高、耐腐蚀的玻璃钢制作。

② 机头座　它用来支撑塔架上方的所有装置及附属部件，它是否牢固将直接关系到风力机的安危与寿命。

③ 回转体　回转体是塔架与机头座的连接部件，通常由固定套、回转圈以及位于它们之间的轴承组成。固定套销定在塔架上部，而回转圈则与机头座相连，通过它们之间的轴承和对风装置，在风向变化时，机头便能水平地回转，使风轮迎风工作。

④ 停车机构　遇有破坏性大风，导致风力机运转出现异常时或者需要对风力机进行保养维修时，需用停车机构使风轮静止下来。微、小型风力机的停车机构一般都安放在风轮轴上，多采用带式制动器，在地面用刹车绳操纵。中、大型风力机的刹车机构，可选用液压电动式制动器，在地面进行遥控。倘若机组采用液压变桨距调速法，最好使用嵌盘式液压制动

器，两者共用一个液压泵，使系统简单、紧凑。

### 4.2.2 运行方式

风力发电的运行方式可分为独立运行、并网运行、集群式风力发电站、风力-柴油发电系统等。

#### 4.2.2.1 独立运行

风力发电机输出的电能经蓄电池蓄能，再供应用户使用，如图 4-7 所示。3～5kW 以下的风力发电机多采用这种运行方式，可供边远农村、牧区、海岛、气象台站、导航灯塔、电视差转台、边防哨所等电网达不到的地区利用。

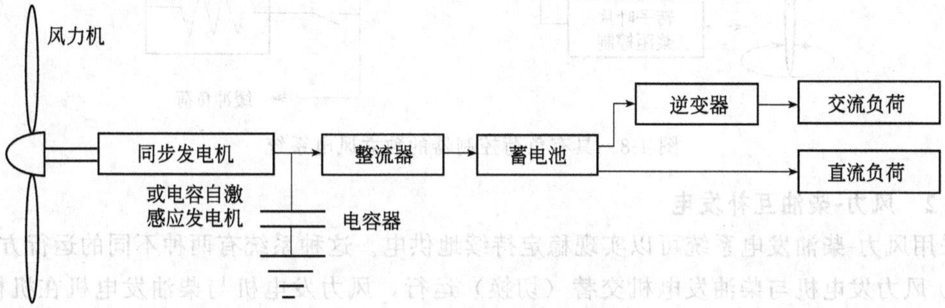


图 4-7 独立运行风力发电系统

根据用户需求，可以进行直流供电和交流供电。

(1) 直流供电　是小型风力发电机组独立供电的主要方式，它将风力发电机组发出的交流电整流成直流，并采用储能装置储存剩余的电能，使输出的电能具有稳频、稳压的特性。

小型风力发电机组的直流供电，主要用来作照明、使用电视机和收音机等生活用电的电源；也可用做电围栏等小型生产用电的电源。用电运营方式分为以下三种。

① 一户一机的供电方式　这种方式一般都是自购、自管、自发、自用、自备蓄电池。

② 直流线路供电　这种方式一般为一机多户，或多机多户合用，实际上就是风力发电站（厂）的直流供电。机组通常是集中安装，统一管理；蓄电池可以集中配备，也可以分散到户，各户自备。应当指出，当配电电压较低（例如 12V 或 24V），其线路电损较多，所以，用户不宜相距太远。

③ 充电站式供电　在这种情况下，风力发电站就是一个充电站，各户自备蓄电池到发电站充电，充电后取回自用。蓄电池的容量不宜太大，否则不易搬运，且易出事故。

(2) 交流供电

① 交流直接供电　多用于对电能质量无特殊要求的情况，例如加热水、淡化海水等。在风力资源比较丰富而且比较稳定的地区，采取某些措施改善电能质量，也可带动照明、动力负荷。这些措施包括：利用风力机的调速机构、电压自动调整器、频率变换器、变速恒频发电机等，使供电的电压和频率保持在一定范围内。

② 通过“交流-直流-交流”逆变器供电　先将风力发电机发出的交流电整流成直流，再用逆变器把直流电变换成电压和频率都很稳定的交流电输出，保证了用户对交流电的质量要求。

在容量较大的独立运行方式中，为了避免大量使用蓄电池，采取由负荷控制器按负荷的优先保证次序来直接控制负荷的接通与断开，以适应风速大小的变化（图 4-8)。这种方式的缺点，是在无风期不能供电。为了克服这一缺点，可配备少量蓄电池，来保证不能断电的设备在无风期间内从蓄电池获得电能。

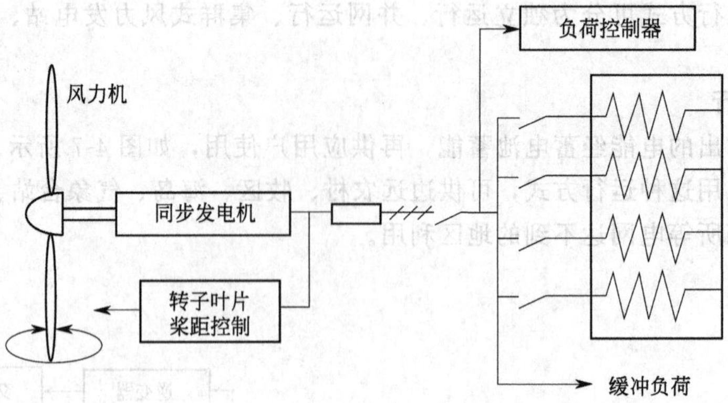


图 4-8　具有负荷控制器的独立风电系统

#### 4.2.2.2　风力-柴油互补发电

采用风力-柴油发电系统可以实现稳定持续地供电。这种系统有两种不同的运行方式。

① 风力发电机与柴油发电机交替（切换）运行，风力发电机与柴油发电机在机械上及电气上没有任何联系，有风时由风力发电机供电，无风时由柴油发电机供电。

② 风力发电机与柴油发电机并联运行，风力发电机与柴油发电机在电路上并联后向负荷供电，如图 4-9 所示。柴油发电机可以是连续运转的，也可以是断续运转的。当然，只有在柴油机断续运转时，才能达到显著地节省燃油。这种运行方式，技术上较复杂，需要解决在风况及负荷经常变动的情况下两种动态特性和控制系统各异的发电机组并联后运行的稳定

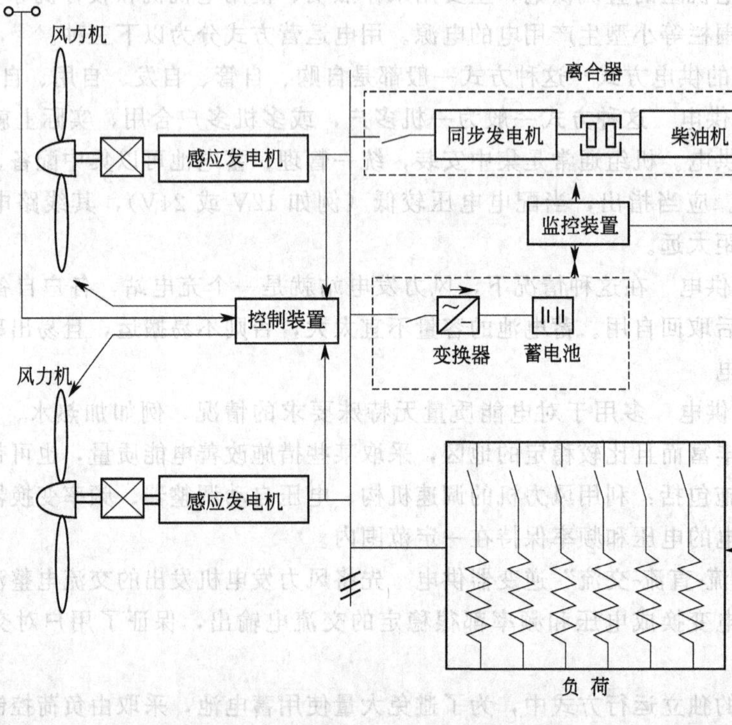


图 4-9　风力-柴油互补发电系统

性问题。在柴油机连续运转时，当风力增大或电负荷小时，柴油机将在轻载下运转，会导致柴油机效率低；在柴油机断续运转时，可以避免这一缺点，但柴油机的频繁启动与停机，对柴油机的维护保养是不利的。为了避免这种由于风力及负荷的变化而造成的柴油机的频繁启动与停机，可采用配备蓄电池短时储能的措施：当短时间内风力不足时可由蓄电池经逆变器向负荷供电；当短时间内风力有余或负荷减小时，就经由整流器向蓄电池充电，从而减少柴油机的停机次数。此外，配备具有短期储能特性的飞轮，也可达到降低柴油机起停次数的目的。

#### 4.2.2.3 并网发电

风力发电机组的并网运行，是将发电机组发出的电送入电网，用电时再从电网把电取回来，这就解决了发电不连续及电压和频率不稳定等问题，并且从电网取回的电的质量是可靠的。

风力发电机组采用两种方式向网上送电：一是将机组发出的交流电直接输入网上；二是将机组发出的交流电先整流成直流，然后再由逆变器变换成与电力系统同压、同频的交流电输入网上。无论采用哪种方式，要实现并网运行，都要求输入电网的交流电具备下列条件：

① 电压的大小与电网电压相等；

② 频率与电网频率相同；

③ 电压的相序与电网电压的相序一致；

④ 电压的相位与电网电压的相位相同；

⑤ 电压的波形与电网电压的波形相同。

并网运行是为克服风的随机性而带来的蓄能问题的最稳妥易行的运行方式，可达到节约矿物燃料的目的。10kW 以上直至兆瓦级的风力发电机皆可采用这种运行方式。并网运行又可分为两种不同的方式。

① 恒速恒频方式　即风力发电机组的转速不随风速的波动而变化，维持恒速运转，从而输出恒定频率的交流电。这种方式目前已普遍采用，具有简单可靠的优点，但是对风能的利用不充分，因为风力机只有在一定的叶尖速比的数值下才能达到最高的风能利用率。

② 变速恒频方式　即风力发电机组的转速随风速的波动作变速运行，但仍输出恒定频率的交流电，这种方式可提高风能的利用率，因此成为追求的目标之一，但将导致必须增加实现恒频输出的电力电子设备，可利用变速同步发电机（交流励磁电机），同时还应解决由于变速运行而在风力发电机组支撑结构上出现共振现象的问题。

到目前为止，国内已经并网运行的风力发电机的数量并不很多，由风力发电机组组成集群，有望成为并网发电的排头兵。

在风能资源丰富的地区按一定的排列方式成群安装风力发电机组，组成集群。这种集群内的风力发电机，少的有 3～5 台，多的可达几十台、几百台、甚至数千台。集群内的风力发电机组的容量多数为几十千瓦至几百千瓦，也有个别达到兆瓦以上的。风力发电机集群属于大规模利用风能，其发出的电能全部经变电设备送往大电网。

风力发电机集群是在大面积范围内大规模开发利用风能的有效形式，弥补了风能能量密度低的弱点。风力发电机集群的建立与发展可带动和促进形成新的产业，有利于降低设备投资及发电成本。

中国于20 世纪 80 年代中期开始建设小型风力发电机集群，已在新疆、内蒙古、广东、浙江、福建、山东等省、区建立起数个风力发电机集群，安装大、中型风力发电机组上百台，总装机容量数十兆瓦。

建设风力发电机集群的要求包括以下几条。

① 建立风力发电机集群地区的风力资源应达到年平均风速在 6～7m/s 以上，风向稳定，有效风能密度在 $200W/m^2$ 以上，全年风速在 3～20m/s 的累计时数不小于 5000h。对装机地点的风速、风向、沿高度方向上的风速分布、湍流等应进行实测；还应考虑地形、地貌、障碍物（如平坦地面、山地、建筑物）影响、特殊恶劣气象情况（如热带风景、雷暴、沙暴等）的发生频率。

② 风力发电机集群中各个机组的排列方式仍是在研究和探索的问题。现已建造的风力发电机集群所遵循的原则是：在平坦的地面上风力机按矩阵分布排列，沿盛行风向风力机前后之间的距离约为风力机风轮直径的 10 倍，风力机左右之间的距离约为风力机风轮直径的 2 倍；在非平坦的地形起伏的地面上，风力机安装在等风能密度线上，风力机之间的距离比在平坦地形上的稍小些。在地形复杂的丘陵或山地，除按上述原则考虑风力机尾流的影响外，还要考虑地形造成的湍流的影响。

③ 风力发电机集群对环境有一定的干扰，主要是噪声及对电磁波的干扰。建设风力发电机集群应离开居民点，尽可能不选用具有金属包层或骨架的风力机叶片，按环境保护法规限定的噪声标准设计与制造风力机。

## 4.3 我国风能发展概况及展望

### 4.3.1 产业发展概况

我国的风力发电始于 20 世纪 50 年代后期，主要是海岛和偏僻的农村牧区等电网无法到达的地区采用，主要由当地政府或个人解决资金问题。在发展初期，风电设备都是独立运行的。直到 1986 年，在山东荣成建成了我国第一座并网运行的风电场后，从此并网运行的风电场建设进入了探索和示范阶段，但其特点是规模和单机容量均较小。在此期间，利用丹麦、德国、西班牙政府贷款和赠款，采用国外风力机进行了一些示范。这是由于《京都协定书》的签订，要求发达国家对发展中国家减少温室气体排放提供资金支持的缘故。我国也自行研制和进口了一些机组，投入并网试运行，运行试验情况良好，为建设大型风电场形成了很好的铺垫。

经过 20 多年的发展，我国风电产业历经初期示范及产业化建立阶段，逐步进入规模化、国产化阶段，并成为拥有巨大发展空间的朝阳产业。

（1）不断扩大的建设规模　我国风电产业的发展经历了以下三个阶段。

第一阶段，试验研究，示范先行。从 20 世纪 70 年代末到 80 年代末，我国各地相继开始研制或引进国外风电机组，建设示范风电场，开展试验研究、示范发展。由于处于起步阶段。10 年间，全国虽没有建成一座商业化运行的风电场，但通过摸索，为我国的风电事业的发展奠定了初步基础。

1986 年 4 月，我国第一个风电场在山东省荣成并网发电，共安装 3 台 55kW 进口风电机组，装机总容量 165kW。同期国产单机 55kW 风电机组在福建省平潭岛并网成功，成了当时国内自行设计制造并运行的最大风电机组。

第二阶段，商业开发，积累能量。1989 年，内蒙古朱日和风电场第一批风电机组投产，标志着我国风电开发进入了商业运行的阶段。1995 年，原电力工业部提出了到 2000 年底全国风电装机达到 100 万千瓦的目标，并制定了《风力发电场并网运行管理规定（试行）》，出台了电网公司应允许风电场就近上网，全额收购风电场上网电量，对高于电网平均电价部分实行全网分摊的鼓励政策。

1994 年，龙源集团、南澳风能开发总公司和广电集团汕头供电分公司联合成立了汕头福澳风力发电有限公司，开始运作我国第一个按商业化模式开发的风电项目。

第三阶段，竞争开发，规模领先，跨越发展。从 2003 年起，随着国家连续五年组织风电特许权招标，规划大型风电基地，开发建设大型风电场措施的出台，特别是在 2006 年实行了《可再生能源法》，并在一年之内制定颁布包括优惠电价政策在内的一系列法规、政策措施，我国风电开发建设进入了跨越式的发展阶段。

经过这三个阶段的发展，中国风能开发利用取得了长足的进步。2006 年，我国新建成风场 30 个，同比 2005 年增长 49.18%；新安装风电机组 1447 台，同比 2005 年增长 77.63%；新增风电装机容量达 1.347GW，同比 2005 年增长 107.59%。截至 2006 年底，我国已经建成风电场总量达到 91 个，安装风电机组 3311 台，风电装机累积容量达到 2.599GW。我国已成为仅次于美国、德国、印度和西班牙的世界第五大新增风电装机容量超过吉瓦的国家。“十五”期间，单个风电场项目的开发建设规模已从 1 万千瓦左右发展到 30 万千瓦，高于国外单个项目开发规模。2007 年全国并网风力发电又一次实现飞跃性的发展，再次实现年度超过 100%的增长（达到 127.3%）。一年之中，全国新增风电装机容量达 3.31GW，占 2007 年全国新增发电装机容量的 3.6%，占全球同年新增风电装机的 16.8%。从风电累积装机容量来看，取代了丹麦居于第五位，位居德国、西班牙、美国、印度之后。

(2) 风电机组制造技术不断实现跨越　在风电场建设的投资中，机组设备投资约占 70%。实现设备国产化，提高自主创新能力，是风电大规模发展的需要。

国家科委在大中型风力发电机组研制方面做了大量工作，在“六五”至“九五”期间，都部署了关于风力发电的科技攻关项目。对 55kW、200kW 国产机组的研制，投入了大量资金，取得了一些经验。“九五”期间，科委又立了一个“加强项目”，投资 300 万元，委托浙江机电设计研究院风力发电研究所对“八五”200kW 国产机组进行技术改进，再生产 2 台 200kW 机组，期望实现 200kW 机组国产化。但由于研制周期长，满足不了市场对更大容量机组的需求，大部分样机没有机会继续改进和完善，未能转化成商品。

“十五”期间，科技部组织“750kW 风机研发”项目攻关，并在后续能源主题 863 计划中，启动了发展包括变桨距和变速发电机技术等兆瓦级风机的研发项目。“十五”期间，我国风机装备取得重大突破。实现了 600kW、750kW 风力发电机组产业化，带动了相关的产业发展，培育出一批发电机、齿轮箱、叶片等零部件企业。

“十五”期间，我国在兆瓦级大型风电技术领域取得了突破。沈阳工业大学与沈阳重型机械集团、营口风力发电有限公司联合研发 1MW 变速恒频风电机组，主要部件设计和制造由国内完成，样机国产化率达到 85%。2005 年 5 月，新疆金风公司与德国 Vensys 公司合作，成功研制 1.2MW 直驱式风电机组，并于新疆达坂城风电场试运行。2005 年 7 月，沈阳华创风能有限公司成功研制具有自主知识产权的 1MW 双馈式变速恒频风电机组样机，并实现并网发电。2007 年 11 月，河北华翼风电叶片研究开发有限公司成功研制长达 38m、发电功率 2MW 的风电叶片，填补了我国风电行业叶片自主研发的空白。随后，重庆中船重工海装风电设备有限公司制造的国内首台具有自主知识产权、最大功率 2MW 的风力发电机组，在内蒙古辉腾锡勒风场吊装试运行，正式并入国家电网，从而使我国步入了兆瓦级风电机组自主设计及制造技术的跨越式发展阶段。

总体上看，中国已经基本掌握了兆瓦级风电机组的制造技术，并初步形成了规模化的生产能力，主要零部件的制造和配套能力也有所提高。中国开始步入批量生产风电机组的国家行列，生产批量不断增加，并形成一定的市场竞争格局。但国产1～2MW容量的风电机组仍需要在野外运行考核，加以改进，为中国风电今后的大规模发展提供有力的技术保障。

新的科技计划项目也在不断得到启动和部署。2006年，科技部启动了“十一五”国家科技支撑计划重大项目“大功率风电机组研制与示范”项目，总国拨资助额度接近2亿元，旨在推动1.5～2.5 MW双馈式变速恒频风电机组和1.5～2.5MW直驱式变速恒频风电机组的产业化，促进2.5MW以上这两种风电机组的研制，并针对关键部件（叶片、齿轮箱、发电机及变流器等）提出了研发任务。2007年11月，中国科技部启动了我国第一个风能领域的国家重点基础研究发展计划（973计划）项目——“大规模非并网风电系统的基础研究”。项目拟解决的3个问题为：①非并网风电系统基本构成和运行规律研究；②大规模非并网风力机设计及控制的基础理论研究；③大规模非并网风电与高耗能产业耦合路径和边界条件的基础研究。作为应用基础研究，该973项目的实施将对技术的开发提供理论支持。

随着我国风电技术的发展，风机国产化已经取得了阶段性成果。中国可再生能源规模化发展项目提供的数据显示，2003年，国外风电机组在国内市场占66.54%。到2008年，国外机组仅占44.1%的份额，内资公司生产的份额超过50%。到目前为止，兆瓦级以上机组占国内全部装机容量逾50%，其中80%是由内资生产的。预计随着项目的进展和技术的提升，内资厂商生产的风机比例将进一步提升。

我国与国外先进水平的差距集中表现在大功率风电机组制造技术方面。大功率机组研制面临的主要困难是自然界风速风向变化的极端复杂性，机组要在不规律的交变和冲击载荷下能够正常运行20年。此外，由于风的能量密度低，要求机组必须增大风轮直径捕获能量。当前最大的机组风轮直径和塔架高度都超过110m，机舱重量超过400t，对材料和结构的要求越来越高。上述方面决定了大功率风电机组制造技术不是一朝一夕就能够达到，必须经过长期艰苦的努力。

### 4.3.2 我国风能展望

《可再生能源中长期发展规划》提到，风电是2010年和2020年可再生能源发展的重点领域之一。计划通过大规模的风电开发和建设，促进风电技术进步和产业发展，实现风电设备制造国产化，尽快使风电具有市场竞争力。在经济发达的沿海地区，发挥其经济优势，在“三北”（西北、华北北部和东北）地区发挥其资源优势，建设大型和特大型风电场。在其他地区，因地制宜地发展中小型风电场，充分利用各地的风能资源。主要发展目标和建设重点如下。

(1) 到2010年，全国风电总装机容量达到500万千瓦。重点在东部沿海和“三北”地区，建设30个左右10万千瓦等级的大型风电项目，形成江苏、河北、内蒙古3个100万千瓦级的风电基地。建成1～2个10万千瓦级海上风电试点项目。

(2) 到2020年，全国风电总装机容量达到3000万千瓦。在广东、福建、江苏、山东、河北、内蒙古、辽宁和吉林等具备规模化开发条件的地区，进行集中连片开发，建成若干个总装机容量200万千瓦以上的风电大省。建成新疆达坂城、甘肃玉门、苏沪沿海、内蒙古辉腾锡勒、河北张北和吉林白城等6个百万千瓦级大型风电基地，并建成100万千瓦海上风电。

但这一目标很快被刷新了。2008年3月18日，国家发改委对外公布《可再生能源发展“十一五”规划》（以下简称“十一五规划”）。其中引人注目的是，与“中长期规划”相比，该规划大幅提高了风电规划目标——2010年全国风电总装机容量达的目标被提高到了1000万千瓦；100万千瓦级的风电基地也提高到了5个。

随着我国风电激励政策的实施，市场机制的完善，技术水平的提高，我国的风电产业高增长态势仍将持续，其推动力体现在以下方面。

首先是发电集团配额远未达标。根据《可再生能源中长期发展规划》要求，国内各大电力运营商均加大了风电建设的步伐，风电建设呈现出当前的井喷式发展。

其次，投资风电场已经保本或盈利。目前，投资风电场的运营成本约为0.5～0.6元/kWh，而特许权项目招标电价在0.47～0.55元，加上CDM（清洁发展机制）项目带来的0.07～0.1元/kWh的收益，风电场运营商已经可以保本；非特许权风电场项目往往可以获得0.5～0.6元/kWh的上网电价，加上CDM收入，已经基本可以盈利。

再次，风能储量丰富，海上风电潜力大。与国外相比，我国风能储量是印度的30倍，德国的5倍，但截至2007年底，我国风电装机容量仅为印度的3/4，德国的1/4。因此，中国未来风机行业发展还有很大的挖掘空间。与国外海上风电发展相比，我国海上风能资源测量与评估以及海上风电机组国产化才刚刚起步，但由金风科技生产制造的第一台1.5MW直驱式海上风力发电机组在渤海湾正式并网发电，为我国今后进行大规模海上风电建设积累了宝贵的经验。

最后，看好进口替代和出口潜力。2006年以前我国风电设备市场的大部分份额被国外风电机组制造商占据，但到了2007年中国新增风电机组中，内资企业产品占55.9%，内资企业的新增市场份额首次超过外资企业，显示了我国风电机组的进口替代能力逐步增强。预计随着国内风机制造技术的不断成熟，今后内资风机制造企业的市场份额仍会不断提高。

## ◎ 思考题

1. 试在下图中大致标出我国风能资源丰富的地区。

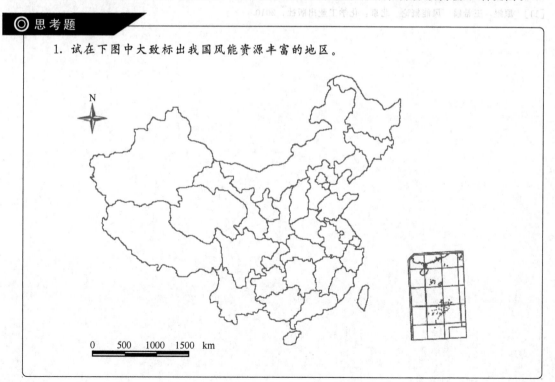

2. 读上海某年的风频玫瑰图，据此分析这一年上海的最大风频的风向。

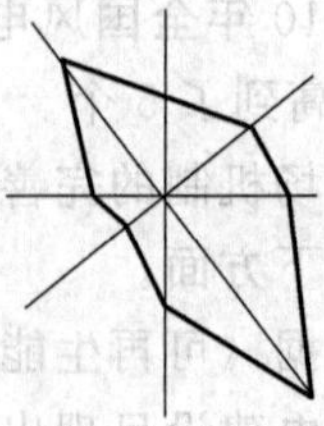

3. 简述铅蓄电池的工作原理。

4. 风力发电机组如果要实现并网供电，需要其电力满足哪些条件？

5. 风力发电机并网运行主要分为哪两种不同的方式？

## 参 考 文 献

[1] 倪安华．风力发电简介．上海大中型电机，2005，3：1-8.

[2] 朱瑞兆．中国风能资源的形成及其分布．科技中国，2004，11：65.

[3] http://www.crein.org.cn/images/zrz/windmap-china.gif.

[4] 刘国喜，赵爱群，刘晓霞．风力发电．农村能源，2002，2：25-27.

[5] 王建忠，李虹．风力提水技术．内蒙古水利，2004，4：50-51.

[6] 刘惠敏，吴永忠，刘伟．风力提水与风力发电提水技术．可再生能源，2005，3：59-61.

[7] 潘艺，周鹏展，王进．风力发电机叶片技术发展概述．湖南工业大学学报，2007，3：48-51.

[8] 肖广民，陈贵．浅谈风力发电机塔架的制造．风力发电，2004，4：37-39.

[9] 刘国喜，赵爱群，刘晓霞．风能利用技术讲座（三）：风力机的基本结构．农村能源，2002，1：31-33.

[10] 倪安华．风力发电简介．上海大中型电机，2005，3：1-8.

[11] 原鲲，王希麟．风能概论．北京：化学工业出版社，2010.

# 第 5 章 氢能

## 5.1 概述

氢是人类最早发现的元素之一。常温常压下，它是一种气体，无色、无味，易燃烧。早在 16 世纪初叶，人们就发现了氢。自 1869 年俄国著名学者门捷列夫将氢元素放在周期表的首位后，人们就开始从氢出发，寻找各元素与氢元素之间的关系，对氢的研究和利用就更加系列和科学化了。

所谓氢能是指氢气所含有的能量。实质上氢是一种二次能源，是一次能源的转换形式。也可以说，它只是能量的一种储存形式。氢能在进行能量转换时其产物是水，可实现真正零排放。氢能作为二次能源除了具有资源丰富、热值高、燃烧性能好等特点外，还有以下主要特点。

(1) 用途广泛　氢可以气态、液态或固态的金属氢化物使用。能适应贮运及许多应用环境的不同要求，既可直接作为燃料，又可作为化学原料和其他合成燃料的原料。

(2) 环保性能好　与其他燃料相比，氢燃烧时清洁，不会对环境排放温室气体，除生成水和少量氮化氢外不会产生诸如 CO、$CO_2$、碳氢化合物、铅化物和粉尘颗粒等对环境有害的污染物质。

(3) 潜在的经济效益高　目前，氢的主要来源是石油产品的提炼、煤的气化和水的分解等，成本还比较高。今后通过利用太阳能等能源大量制氢，氢的成本会进一步降低，使得制氢的价格与化石燃料的价格相匹配。

近年来，随着质子交换膜燃料电池技术的突破，已出现可达到零排放的高效氢燃料电池动力源用于燃料电池汽车。目前，无论在氢的制备、储存以及特殊燃料等方面，都未能大规模地实施。但随着制氢技术的发展和化石能源的缺少，氢能利用迟早将进入人们日常生活中。它可以像输送城市煤气一样，通过氢气管道送往千家万户。一条氢能管道可以代替煤气、暖气甚至电力管线。人们会像使用煤气一样方便地使用它。清洁方便的氢能系统，将给人们创造舒适、干净的生活环境。

## 5.2 氢的制取

随着能源结构的多元化调整，市场对氢气的需求将大幅增长。氢能的开发和利用首先要解决的是制氢技术，氢源问题已经成为实用化的瓶颈之一。自然界中不存在纯氢，它只能从其他化学物质中分解、分离得到。由于存在资源分布不均的现象，制氢规模与特点呈现多元化格局。现在世界上的制氢方法主要是以天然气、石油、煤为原料，在高温下使其与水蒸气反应或部分氧化法制得。我国目前的氢气来源主要有两类：一是采用天然气、煤、石油等蒸汽转化制气或是甲醇裂解、氨裂解、水电解等方法得到含氢气源，再分离提纯这种含氢气源；二是从含氢气源如：精炼气、半水煤气、城市煤气、焦炉气、甲醇尾气等用变压吸附法(PSA)、膜法来制取纯氢。目前，氢主要用做化工原料而并非能源，要发挥出氢对各种一次能源有效利用的重要作用，必须在大规模高效制氢方面获得突破。制氢方法主要有以下几种。

### 5.2.1 天然气制氢

长期以来，天然气制氢是化石燃料制氢工艺中最为经济与合理的方法。经地下开采得到的天然气含有多组分，其主要成分是甲烷。在甲烷制氢反应中，甲烷分子惰性很强，反应条件十分苛刻，需要首先活化甲烷分子。温度低于700K时，生成合成气（$H_2$+CO混合气），在高于1100K的温度下，才能得到高产率的氢气。甲烷制氢主要有4种方法：甲烷水蒸气重整法、甲烷催化部分氧化法、甲烷自热重整法和甲烷绝热转化法。

甲烷水蒸气重整是目前工业上天然气制氢应用最广泛的方法。传统的甲烷水蒸气重整过程包括：原料的预热和预处理、重整、水气置换、CO的除去和甲烷化。甲烷水蒸气重整反应是一个强吸热反应，反应所需要的热量由天然气的燃烧供给。重整反应要求在高温下进行，温度维持在750～920℃，反应压力通常在2～3MPa。由于在重整制氢过程中，反应需要吸收大量的热，使制氢过程的能耗很高，仅燃料成本就占总生产成本的50%以上，而且反应需要在耐高温不锈钢制作的反应器内进行。此外，水蒸气重整反应速度慢，该过程单位体积的制氢能力较低，通常需要建造大规模装置，投资较高。

甲烷部分氧化法是一个轻放热反应，由于反应速率比水蒸气重整反应快1～2个数量级，同传统的甲烷水蒸气重整反应相比，甲烷部分氧化法过程能耗低，可采用大空速操作。同时，由于甲烷催化部分氧化法可以实现自热反应，无需外界供热，可避免使用耐高温的合金钢管反应器，使装置的固定投资明显降低。但是，由于反应过程需要采用纯氧而增加了空分装置投资和制氧成本。此外，催化剂床层的局部过热、催化材料的反应稳定性以及操作体系爆炸潜在危险安全性等问题成为了实现甲烷催化部分氧化法工业化必须迫切解决的技术关键。

甲烷自热重整是由甲烷催化部分氧化法和甲烷水蒸气重整反应两部分组成，一个是吸热反应，另一个是放热反应，结合后存在着一个新的热力学平衡，反应体系本身可实现自供热。该工艺同甲烷水蒸气重整反应工艺相比，变外供热为自供热，反应热量利用较为合理，既可限制反应器内的高温，同时又降低了体系的能耗。但由于甲烷自热重整反应过程中，强放热反应和强吸热反应分步进行。因此，反应器仍需耐高温的不锈钢做反应器。另外，甲烷自热重整工艺控速步骤是反应过程中慢速水蒸气重整反应，这样就使甲烷自热重整反应过程具有装置投资较高、生产能力较低的缺点，但具有生产成本较低的优点。

甲烷绝热转化制氢是甲烷经高温催化分解为氢和碳，该过程不产生二氧化碳，是连接化石燃料和可再生能源之间的过渡工艺过程。甲烷绝热转化反应是温和的吸热反应，生成$H_2$所消耗的能量小于甲烷水蒸气重整法反应生成$H_2$消耗的能量。因此，反应不需要水气置换过程和$CO_2$除去过程，简化了反应过程。该工艺具有流程短和操作单元简单的优点，可明显降低制氢装置投资和制氢成本。但该过程欲要大规模工业化应用，关键问题是产生的副产碳能否具有市场前景。若大量制氢副产的碳不能得到很好应用，必将限制其规模的扩大，增加该工艺的操作成本。

### 5.2.2 煤制氢

煤作为我国最丰富的一次能源，在我国经济社会发展和提高人民生活水平方面占有重要的位置，短时间内我国以煤为主的能源格局不会改变，以煤炭为原料大规模制取廉价氢在一段时间内将是中国发展氢能的一条现实之路。煤炭经过气化、一氧化碳变换、酸性气体脱除、提纯等工序可以得到不同纯度的氢气。如何提高利用效率、减少对环境的污染是一个重要的研究课题。

煤制氢的核心是煤气化技术，分为地面气化和地下气化。煤炭地下气化，就是将地下处于自然状态下的煤进行有控制的燃烧，通过对煤的热作用及化学作用产生可燃气体。所谓煤气化是指煤与气化剂在一定的温度、压力等条件下发生化学反应而转化为煤气的工艺过程，包括气化、除尘、脱硫、甲烷化、CO 变换反应、酸性气体脱除等。典型化石燃料制氢过程如图 5-1 所示。

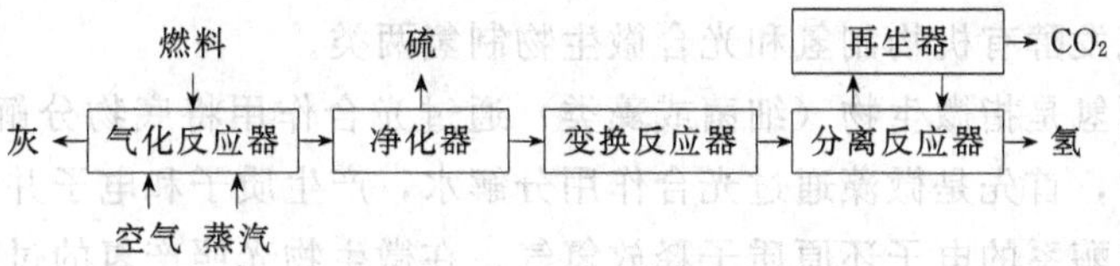


图 5-1 典型化石燃料制氢过程

煤的催化气化制氢受反应物、催化剂、反应器的形式和反应参数等诸多因素影响，水也是影响煤气化的主要因素之一。过高的水会使气化炉内单位面积煤气产率降低、含酚废水量增多，从而增加生产成本。

与传统的煤气化方法相比，煤超临界水气化法是对煤气化技术的改进。超临界水的介电常数很小，对有机物有较强的溶解能力，可以形成均相或拟均相的反应环境，集萃取、热解和气化为一体，利用超临界水作为制氢介质可使煤及生物质中的各种物理和化学结合（氢键、醚键、酯键等）发生断裂，各种有机单元结构及热解后的有机产物在水中的溶解度增加，与水的化学反应速率得以加快，最终转化为氢气、甲烷和二氧化碳。由于反应体系中水的大量存在，有利于水煤气变换反应向生成氢气的方向进行，同时加入添加剂将 $CO_2$ 固定并将气相中的硫化物脱除，从而得到洁净的富氢气体。所有反应过程在同一反应器中进行，气、液、固产物易于分离，工艺过程简单，不仅可以免去干燥过程，而且可使制氢过程效率提高。

为了大规模高效制氢实现煤制氢零排放系统，美国启动了前景 21（Vision 21）制氢的计划。实质上，是一个改进的超临界水催化气化方法。其基本思路是：燃料通过氧吹气化，然后变换并分离 CO 和氢，以使燃煤发电效率达 60%、天然气发电效率达 75%、煤制氢效率达 75%的目标。从该系统的物料循环来看，此过程可以认为是近零排放的煤制氢系统。

### 5.2.3 水电解制氢

水电解制氢技术早在 18 世纪初就已开发，是获得高纯度氢的传统方法。其工作原理是：将增加水导电性的酸性或碱性电解质溶入水中，让电流通过水，在阴极和阳极上就分别得到氢和氧。电分解水所需要的能量由外加电能提供。为了提高制氢效率，采用的电解压力多为 3.0～5.0MPa。由于电解水的效率不高且消耗大量的电能，因此，利用常规能源生产的电能来大规模电解水制氢显然是不合算的。

电解池是电解制氢过程的主要装置，决定电解能耗技术指标的电解电压和决定制氢量的电流密度是电解池的两个重要指标。电解池的工作温度和压力对上述电解电压和电流密度两个参数有明显影响。由于池内存在诸如气泡、电阻、过电位等因素引起的损失，使得工业电解池的实际操作电压高于理论电压（1.23V），多在1.65～2.2V之间，电解效率一般也只有50%～70%，使得工业化的电解水制氢成本仍然很高，很难与矿物燃料为原料的制氢过程相竞争。

### 5.2.4 生物质制氢

生物质资源丰富、可再生，能实现生物质资源的高效清洁利用，具有发展潜力。生物质制氢方法主要分为三类：微生物化学分解法、生物质热化学气化法和生物质液化后再转化制氢法。

微生物化学分解法制氢是利用微生物在常温常压下进行酶催化反应制氢气的方法。生物法制氢可分为厌氧发酵有机物制氢和光合微生物制氢两类。

光合微生物制氢是指微生物（细菌或藻类）通过光合作用将底物分解产生氢气的方法。在藻类光合制氢中，首先是微藻通过光合作用分解水，产生质子和电子并释放氧气，然后藻类通过特有的产氢酶系的电子还原质子释放氢气。在微生物光照产氢的过程中，水的分解才能保证氢的来源，产氢的同时也产生氧气。在有氧的环境下，固氮酶和可逆产氢酶的活性都受到抑制，产氢能力下降甚至停止。因此，利用光合细菌制氢，提高光能转化效率是未来研究的一个重要方向。

厌氧发酵有机物制氢是在厌氧条件下，通过厌氧微生物（细菌）利用多种底物在氮化酶或氢化酶的作用下将其分解制取氢气的过程。这些微生物又被称为化学转化细菌，包括大肠埃希式杆菌、拜式梭状芽孢杆菌、产气肠杆菌、丁酸梭状芽孢杆菌、褐球固氮菌等。底物包括：甲酸、丙酮酸、CO和各种短链脂肪酸等有机物、硫化物、淀粉纤维素等糖类，这些底物广泛存在于工农业生产的污水和废弃物之中。厌氧发酵细菌生物制氢的产率一般较低，为提高氢气的产率除选育优良的耐氧菌种外，还必须开发先进的培养技术才能够使厌氧发酵有机物制氢实现大规模生产。

生物质热化学转换制氢是指将生物质通过热化学反应转换为富氢气体的方法。基本方法是将生物质原料（薪柴、锯末、麦秸、稻草等）压制成型，在气化炉（或裂解炉）中进行气化或裂解反应可制得富氢燃料气。根据反应装置和具体操作步骤的不同，生物质热化学制氢可以细分为：生物质热解制氢、生物质气化制氢、生物质超临界气化、生物质催化裂解和生物质热解气化等。虽然称呼不同，但是这些方法的原理基本相同。在一定的热力学条件下，将组成生物质的碳氢化合物转化为含特定比例的CO和$H_2$等可燃气体，并且将产生的焦油再经过催化裂解进一步转化为小分子气体、富氢气体的过程。对于生物质热化学制氢工艺来说，选择制氢工艺需要综合考虑：制氢的单位产量、富氢气体中氢气的浓度和组分、制氢过程运行的稳定性、不同生物质原料的适应性及制氢成本等各种因素，以期获得满意的产氢率和可以接受的经济性。

在生物质汽化过程中会产生焦油，对固相生物质原料和中间气相产物进行温度不同的两次裂解，充分利用生物质中载氢化合物，避免碳元素对气态重烃裂解的阻滞，能够实现高效制氢。如在隔绝空气条件下进行生物质一次热解，能够得到氢、一氧化碳、二氧化碳、甲烷等常温下不凝结的气体和常温下不凝结为液体的大分子烃类，氢气含量达到30%～40%。在800℃下实现裂解产物的蒸气重整进行二次裂解，将分子量较大的重烃类组分（焦油）裂解为氢、甲烷和其他轻质烃类，消除焦油，产生富氢气体，最终采用变压吸附或膜分离技术进行分离，得到纯氢。

生物质的种类繁多，结构复杂，但其主要成分是纤维素、半纤维素和木质素。如果采用在超临界水中进行生物质的催化汽化，生物质汽化率可达100%，产物中氢气的体积百分含量甚至可超过50%，不生成焦油、木炭等，不会造成二次污染。

### 5.2.5 太阳能制氢

传统的制氢方法，由于需要消耗大量的常规能源，使得氢的成本大大提高。如果利用取之不尽的太阳能作为获取氢气的一次能源，则能大大减低制氢的成本，使氢能具有广阔的应用前景。利用太阳能制氢主要有以下几种方法：太阳能光解水制氢、太阳能光化学制氢、太阳能电解水制氢、太阳能热化学制氢、太阳能热水解制氢、光合作用制氢及太阳能光电化学制氢等。

太阳能光解水制氢。自1972年，日本科学家首次报道$TiO_2$单晶电极光催化降解水产生氢气的现象，光解水制氢成为了太阳能制氢的研究热点。

太阳能光解水制氢反应可由式(5-1)来描述：

$$太阳能+H_2O \longrightarrow H_2+1/2O_2 \tag{5-1}$$

电解电压为：

$$E^{\ominus}_{H_2O}=\Delta G^{\ominus}_{fH_2O}/(-2F)=1.229eV \tag{5-2}$$

式中，摩尔生成自由能为$\Delta G^{\ominus}_{fH_2O}=-237kJ/mol$；$F$为法拉第常数。

太阳能光解水的效率主要与光电转换效率和水分解为$H_2$和$O_2$过程中的电化学效率有关。在自然条件下，水对于可见光至紫外线是透明的，不能直接吸收光能。因此，必须在水中加入能吸收光能并有效地传给水分子且能使水发生光解的物质——光催化剂。理论上，能用做光解水的催化剂的禁带宽度必须大于水的电解电压$E_{H_2O}$（1.229eV），且价带和导带的位置要分别同$O_2/H_2O$和$H_2/H_2O$的电极电位相适宜。如果能进一步降低半导体的禁带宽度或将多种半导体光催化剂复合使用，则可以提高光解水的效率。

太阳能光化学制氢是利用射入光子的能量使水的分子通过分解或把水化合物的分子进行分解获得氢的方法。实验证明：光线中的紫光或蓝光更具有这种作用，红光和黄光较差。在太阳能光谱中，紫外光是最理想的。在进行光化学制氢时，将水直接分解成氧和氢非常困难，必须加入光解物和催化剂帮助水吸收更多的光能。目前光化学制氢的主要光解物是乙醇。乙醇是透明的，对光几乎不能直接吸收，加入光敏剂后，乙醇吸收大量的光才会分解。在二苯（甲）酮等光敏剂存在下，阳光可使乙醇分解成氢气和乙醛。

太阳能电解水制氢的方法与电解水制氢类似。第一步是将太阳能转换成电能，第二步是将电能转化成氢，构成所谓的太阳能光伏制氢系统。光电解水制氢的效率，主要取决于半导体阳极能级高度的大小，能级高度越小，电子越容易跳出空穴，效率就越高。由于太阳能-氢的转换效率较低，在经济上太阳能电解水制氢至今仍难以与传统电解水制氢竞争。预料不必太久，人们就能够把用太阳能直接电解水的方法，推广到大规模生产上来。

太阳能热化学制氢是率先实现工业化大生产的比较成熟的太阳能制氢技术之一。具有生产量大、成本较低等特点。目前比较具体的方案有：太阳能硫氧循环制氢、太阳能硫溴循环制氢和太阳能高温水蒸气制氢。其中太阳能高温水蒸气制氢需要消耗巨大的常规能源，并可能造成环境污染。因此，科学家们设想，用太阳能来制备高温水蒸气，从而降低制氢成本。

太阳能热解水制氢是把水或蒸汽加热到3000K以上，分解水得到氢和氧的方法。虽然该方法分解效率高，不需催化剂，但太阳能聚焦费用太昂贵。若采用高反射高聚焦的实验性太阳炉可以实现3000K左右的高温，从而能使水产生分解，得到氧和氢。如果在水中加入催化剂，分解温度可以降低到900～1200K，并且催化剂可再生后循环使用，目前这种方法的制氢效率已达50%。如果将此方法与太阳能热化学循环结合起来，形成“混合循环”，则可以制造高效、实用的太阳能产氢装置。

太阳能光电化学分解水制氢是电池的电极在太阳光的照射下，吸收太阳能，将光能转化为电能并能够维持恒定的电流，将水离解而获取氢气的过程。其原理是：在阳极和阴极组成光电化学池中，当光照射到半导体电极表面时，受光激发产生电子-空穴对，在电解质存在下阳极吸光后在半导体带上产生的电子通过外电路流向阴极，水中的质子从阴极上接受电子产生氢气。现在最常用的电极材料是 $TiO_2$，其禁带宽度为3eV。因此，要使水分解必须施加一定的外加电压。如果有光子的能量介入，即借助于光子的能量，外加电压可远小于1.23V就能实现水的分解。

### 5.2.6 核能制氢

核能制氢是利用高温反应堆或核反应堆的热能来分解水制氢的方法。实质上，核能制氢是一种热化学循环分解水的过程。目前涉及高温或核反应堆的热能制氢方法，按照涉及的物料可分为氧化物体系、卤化物体系和含硫体系。此外，还有与电解反应联合使用的热化学杂化循环体系。但是大部分循环或不能满足热力学要求，或不能适应苛刻的化工条件。只有含硫体系的碘硫（IS）循环、卤化物体系的UT-3（University of Tokyo-3）循环和热化学杂化循环体系的西屋（Westinghouse）循环等少数流程经过了广泛研究和实验室规模的验证。

氧化物体系是利用较活泼的金属与其氧化物之间的互相转换或者不同价态的金属氧化物之间进行氧化还原反应而制备氢气的过程。在这个过程中高价氧化物（$MO_{ox}$）在高温下分解成低价氧化物（$MO_{red}$）放出氧气，$MO_{red}$被水蒸气氧化成$MO_{ox}$放出氢气，这两步反应的焓变相反。

$$MO_{red}(M)+H_2O \longrightarrow MO_{ox}+H_2 \tag{5-3}$$

$$MO_{ox} \longrightarrow MO_{red}(M)+1/2O_2 \tag{5-4}$$

IS循环由美国GA公司上世纪70年代发明，因此，又被称为GA流程。IS循环具有以下特点：低于1000℃就能分解水产生氢气；过程可连续操作且闭路循环；只需加入水，其他物料循环使用，无流出物；预期效率高，可以达到约52%。

金属-卤化物体系中最著名的循环为日本东京大学发明的UT-3循环，金属选用Ca，卤素选用Br。UT-3循环具有预期热效率高（35%～40%）；两步关键反应都为气-固反应，简化了产物与反应物的分离；所用的元素廉价易得；最高温度为1033K，可与高温气冷反应堆相耦合的特点。

热化学杂化过程是水裂解的热化学过程与电解反应的联合过程。杂化过程为低温电解反应提供了可能性，而引入电解反应则可使流程简化。选择杂化过程的重要准则包括电解步骤最小的电解电压、可实现性以及效率。研究的杂化循环主要包括西屋循环、烃杂化循环以及金属-金属卤化物杂化过程。效率最高并经过循环实验验证的是西屋循环。目前，多数热化学循环的制氢效率仅为28%～45%，而电解水制氢的总效率一般为25%～35%，所以，有人认为热化学循环制氢效率大于35%时才具有工业意义。

### 5.2.7 等离子化学法制氢

等离子化学法制氢是在离子化较弱和不平衡的等离子系统中进行的。原料水以蒸汽的形态进入保持高频放电反应器。水分子的外层失去电子，处于电离状态。通过电场电弧将水加热至 5000℃，水被分解成 H、$H_2$、O、$O_2$、OH 和 $HO_2$，其中 H 与 $H_2$ 的含量达到 50%。为了使等离子体中氢组分含量稳定，必须对等离子进行淬火，使氢不再与氧结合。等离子分解水制氢的方法也适用于硫化氢制氢，可以结合防止污染进行氢的生产。等离子体制氢过程能耗很高，因而制氢的成本也高。

### 5.2.8 液体原料醇类制氢

液体原料具有储运方便，能量密度大和安全性可靠等优点，是近期乃至中长期比较现实的燃料电池氢气来源。液体原料醇类制氢主要是从甲醇和乙醇等低级醇类中获取氢。甲醇制氢的方法包括水蒸气重整和部分氧化。采用甲醇氧化重整技术，将部分氧化反应和蒸气重整进行耦合，可以加快热传递速度，一定条件下还可以实现自热重整。

发展规模化廉价制氢技术是发展氢能的重要环节。常规化石燃料制氢受到资源、环境等多方面的制约。利用丰富、可再生的太阳能和生物质资源，开发光催化分解水制氢和生物质热化学转化制氢技术，极具发展潜力。

## 5.3 氢的储存

氢的储存是一个至关重要的技术，已经成为氢能利用走向规模化的瓶颈。储氢问题涉及氢生产、运输、最终应用等所有环节，储氢问题不解决，氢能的应用则难以推广。氢是气体，它的输送和储存比固体煤、液体石油更困难。一般而论，氢气可以气体、液体、化合物等形态储存。目前，氢的储存方式主要有以下几种。

### 5.3.1 高压气态储氢

高压气态储氢是最常用的氢气储存方式，也是最成熟的储存技术，氢气被压缩后在汽缸里以气体形式储存。常温、常压下，储存 4kg 气态氢需要 45$m^3$ 的容积。为了提高压力容器的储氢密度，往往提高压力来缩小储氢罐的容积。储氢容量与压力成正比，储存容器的重量也与压力成正比。即使氢气已经高度压缩，其能量密度仍然偏低，储氢重量占钢瓶重量的 1.6%左右，供太空用的钛瓶氢重量也仅为 5%。这种方法首先要造成很高的压力，消耗一定的能源，而且由于钢瓶壁厚，容器笨重，材料浪费大，造价较高。压力容器材料的好坏决定了压力容器储氢密度的高低。采用新型复合材料能提高压力容器储氢密度。但值得注意的是：尽管压力和重量储氢密度提高了很多，但体积储氢密度并没有明显增加。降低储存瓶的重量与体积、改进材料以及提高抗撞击能力和安全性能是储氢技术的研究重点。

### 5.3.2 液化储氢

在 1atm 下，氢气冷冻至－253℃以下即变为液态氢。利用液化储氢具有存储效率高，能量密度大（12～34MJ/kg）、成本高的特点。氢的液化需要消耗大量能源。理论上，氢的液化消耗 28.9kJ/mol 能量，实际过程消耗的能量大约是理论值的 2.5 倍，每公斤液氢耗能在 11.8MJ 以上。储存容器采用有多层绝热夹层的杜瓦瓶，液氢与外界环境温度的差距悬殊，储存容器的隔热十分重要。与其他低温液体储存相似，为提高液氢储存的安全性和经济性，减少储存容器内蒸发损失，需要提高储存容器的绝热性能和选用优质材轻，对储存容器进行优化设计，这是低温液体储存面临的共同问题。此外，不能避免液氢的蒸发损失，由于氢气的逸出，既不经济又不安全。但是，对一些特殊用途，例如宇航的运载火箭等，采用液化储氢是有利的。

### 5.3.3 金属氢化物储氢

金属氢化物储氢就是用储氢合金与氢气反应生成可逆金属氢化物来储存氢气。金属氢化物中的氢以原子状态储存于合金中，经扩散、相变、化合等过程重新释放出氢来，这些过程受热效应与速度的制约，因此金属氢化物储氢比高压储氢安全，并且有很高的储存容量。通俗地说，即利用金属氢化物的特性，调节温度和压力，分解并放出氢气后而本身又还原到原来合金的原理。金属是固体，密度较大，在一定的温度和压力下，表面能对氢起催化作用，促使氢元素由分子态转变为原子态而能够钻进金属的内部，而金属就像海绵吸水那样能吸取大量的氢。需要使用氢时，氢被从金属中"挤"出来。利用金属氢化物的形式储存氢气，比压缩氢气和液化氢气两种方法方便得多。需要用氢时，加热金属氢化物即可放出氢。

储氢合金的分类方式有很多种。按储氢合金材料的主要金属元素区分，大致分为 4 类：①稀土镧镍，②钛铁合金，③镁系合金，④钒、铌、锆等多元素系合金。按组成储氢合金金属成分的数目区分，可分为二元、三元和多元系；如果把构成储氢合金的金属分为吸氢类用 A 表示，不吸氢类用 B 表示，可将储氢合金分为 $AB_5$ 型、$AB_2$ 型、AB 型、$A_2B$ 型。合金的性能与 A 和 B 的组合关系有关。表 5-1 列出了典型金属氢化物及其主要储氢特性。

**表 5-1 典型金属氢化物及其主要储氢特性**

| 类 别 | 金 属 | 氢化物 | 结 构 | 储氢质量比/% | $P_{eq}$，$T$ |
|---|---|---|---|---|---|
| 元素 | Pd | $PdH_{0.6}$ | Fm3m | 0.56 | 0.02bar，298K |
| $AB_5$ | $LaNi_5$ | $LaNi_5H_6$ | P6/mmm | 1.37 | 2bar，298K |
| $AB_2$ | $ZrV_2$ | $ZrV_2H_{5.5}$ | Fd3m | 3.01 | 0.01bar，323K |
| AB | FeTi | $FeTiH_2$ | Pm3m | 1.89 | 5bar，303K |
| $A_2B$ | $Mg_2Ni$ | $Mg_2NiH_4$ | P6222 | 3.59 | 1bar，555K |
| b. c. c. | $TiV_2$ | $TiV_2H_4$ | b. c. c. | 2.6 | 10bar，313K |

稀土系（$AB_5$）储氢合金材料储氢反应速度快、储氢能力强、寿命长、吸放氢速度快、滞后效应和反应热效应小、平台压力低而平直、活化容易，可以实现迅速安全的储存，是具有良好开发前景的储氢金属材料。该体系以 $LaNi_5$、$CeCo_5$ 等为代表。$LaNi_5$ 是较早开发的稀土储氢合金，在 25℃和 0.2MPa 压力下，储氢量约为 1.4%（质量），具有活化容易、分解氢压适中、吸放氢平衡压差小、动力学性能优良、不易中毒的优点，但存在吸氢后会发生晶格膨胀、合金易粉碎等缺点。为了改善合金的储氢性能、降低成本，采用混合稀土 Mm（La、Ce、Nd、Pr 等）取代 $LaNi_5$ 中的 La 或者用其他金属全部或部分置换 Ni，可降低稀土合金的成本，提高储氢能力。

镁系（$A_2B$）储氢合金材料成本低而吸氢量是储氢合金中最大的一种，以 $Mg_2Ni$、Mg-Ca、$La_2Mg_{1.7}$ 为代表的镁系（$A_2B$）储氢合金是较弱的盐型化合物，兼有离子键和金属键的特征，在不太高的温度下氢可以脱出，可逆吸放氢量高达 7.6%［$MgH_2$ 含氢量为 7.6%（质量）］，是一种很有前途的储氢合金。但是该体系的吸氢动力学性能较差，氢气化学吸附与氢原子向体内扩散的速度很低，还不能达到实用化程度。通过合金化可改善镁氢化物的热力学和动力学特性。

锆系（$AB_2$ 型）储氢合金的代表通式是 $ZrMn_{1-x}Fe_{1-y}$，其中较为实用的有：$ZrMn_{1.22}Fe_{1.11}$、$ZrMn_{1.53}Fe_{1.27}$ 和 $ZrMn_{1.11}Fe_{1.22}$。该合金体系具有动力学速度快、易于活化、吸放氢量大、热效应小（比 $LaNi_5$ 及其他材料小 2～3 倍）等特点，室温下氢压力在 0.1～

0.2MPa 之间。在锆系合金中，如果用 Ti 代替部分 Zr，用 Fe、Co、Ni 等代替部分 V、Cr、Mn 等制成多元锆系储氢合金，性能更优，这些材料可在稍高于室温的温度下进行活化。当 $T \geqslant 100$℃时，氢几乎可全部脱出。此外，由于该材料理论电化学容量高（800mA/g），被称为“第二代 MH/Ni 电池电极材料”。

钛系（AB 型）储氢合金最大的优点是放氢温度低（可在－30℃时放氢），缺点是不易活化、易中毒、滞后现象比较严重。该体系以 TiFe 为代表。为了提高钛铁合金的活化性能，实现钛铁合金的常温活化而具备更高的实用价值，用镍等金属部分取代铁形成三元合金，则可以降低滞后效应和达到平台压力要求，且储氢量可达 1.8%～3.4%。当氢纯度在 99.5% 以上时，其循环使用寿命可达 26000 次以上。如果用锌置换钛铁合金中的部分钛，用 Cr、Ba、Co、Ni 等置换部分 Fe，能得到多种滞后现象小、储氢性能优良的钛铁系多元合金。

近年来，薄膜金属氢化物储氢的新金属氢化物储氢技术取得较快进展。采用厚度为数十纳米至数百纳米的薄膜金属氢化物储氢可克服传统金属氢化物的充放氢速度慢、易于粉化、传热效果不佳等缺点，其储氢技术在光电功能玻璃、新型电极、气敏元件等方面具有潜在的应用前景。

### 5.3.4 吸附储氢

碳质储氢材料主要有超级活性炭吸附储氢和纳米碳储氢。

纳米碳管是日本 NEC 公司 Iijima 博士于 1991 年在电弧蒸发石墨电极的实验中意外发现的。根据管壁碳原子的层数不同，碳纳米管（CNT）可分为单壁纳米碳管（SWNT）和多壁纳米碳管（MWNT）。SWNT 的管壁仅由一层碳原子构成，直径通常为 1～2nm，长度为十几纳米到 100nm，MWNT 是由 2～5 层同轴碳管组成，内径通常为 2～10nm，外径为 1～30nm，长度一般不超过 100nm，每层管上碳原子沿轴向成螺旋状分布。目前，制备纳米碳管的方法有：化学气相沉积（CVD）法、石墨电弧放电法、催化分解法、激光蒸发石墨棒法、热解聚合物法、火焰法、离子（电子束）辐射法等。

对于氢原子如何进入纳米碳管，不少学者进行了大量的研究。普遍认为氢原子是进入 CNT 两端的开口部位，其具有的储氢能力可能是吸附作用的结果。但是，对于 CNT 储氢机理的研究存在较大的差异。CNT 储氢行为的本质究竟是化学吸附是物理吸附，还是两种吸附共存，还存在争议。氢气在常温下是一种超临界气体，如果材料的表面不能改变其与氢分子间范德瓦耳斯力，那么超临界气体在任何材料上的吸附只能是材料表面上的单分子层覆盖。大量系统的实验数据和基于吸附理论的分析，得出了氢在纳米碳管上的吸附，不是由某种未知的机制决定，而是服从超临界气体吸附的一般规律的结论。

超级活性炭储氢是在中低温（77～273K）、中高压（1～10MPa）下利用超高比表面积的活性炭作吸附剂的吸附储氢技术。与其他储氢技术相比，超级活性炭储氢具有经济性好、储氢量高、解吸快、循环使用寿命长和容易实现规模化生产等优点，是一种很具潜力的储氢方法。超级活性炭是一种具有纳米结构的储氢碳材料，其特点是具有大量孔径在 2nm 以下的微孔。在细小的微孔中，孔壁碳原子形成了较强的吸附势场，使氢气分子在这些微孔中得以浓缩。但是，如果微孔的壁面太厚，将使单位体积中的微孔密度降低，从而降低了单位体积或单位吸附剂质量的储氢量。因此，为增大超级活性炭中的储氢容量，必须在不扩大孔径的条件下减薄孔壁厚度。

### 5.3.5 有机化合物储氢

有机物储氢是借助液体有机物与氢的可逆反应，即利用催化加氢和脱氢的可逆反应来实现。加氢反应实现氢的储存（化学键合），脱氢反应实现氢的释放。常用的有机物氢载体主要有：苯、甲苯、甲基环己烷、萘。氢载体在常压下呈液态，储存和运输简单易行，输送到目的地后，通过催化脱氢装置使寄存的氢脱离，储氢剂经冷却后储存、运输，并可循环利用。与其他储氢方式相比，有机液体储氢具有以下特点：①氢载体的储存、运输安全方便；②氢储量大；③储氢剂成本低且可循环使用等。

某些有机化合物可作为氢气载体，其储氢率大于金属氢化物，而且可以大规模远程输送，适于长期性的储存和运输，也为燃料电池汽车提供了良好的氢源途径。例如苯和甲苯其储氢量分别为7.14%和6.19%（质量）。氢化硼钠（$NaBH_4$）、氢化硼钾（$KBH_4$）、氢化铝钠（$NaAlH_4$）等络合物通过加水分解反应可产生比其自身含氢量还多的氢气，如氢化铝钠在加热分解后可放出总量高达7.4%（质量）的氢。这些络合物是很有发展前景的新型储氢材料，但是为了使其能得到实际应用，还需探索新的催化剂或将现有的钛、锆、铁催化剂进行优化组合以改善材料的低温放氢性能，处理好回收-再生循环的系统。

### 5.3.6 其他的储氢方式

针对不同用途，目前发展起来的还有无机物储氢、地下岩洞储氢、“氢浆”新型储氢、玻璃空心微球储氢等技术。以复合储氢材料为重点，做到吸附热互补、重量吸附量与体积吸附量互补的储氢材料已有所突破。掺杂技术也有力地促进了储氢材料性能的提高。

目前的一些储氢材料和技术离氢能的实用化还有较大的距离，在质量和体积储氢密度、工作温度、可逆循环性能以及安全性等方面，还不能满足实用化和规模化的要求。国际能源署（IEA）对储氢材料提出的要求是质量储氢密度大于5%，体积储氢密度应在50kg $H_2$/$m^3$以上。目前急待解决的关键问题是提高储氢密度、储氢安全性和降低储氢成本。

## 5.4 氢的利用

### 5.4.1 燃料电池技术

燃料电池是氢能利用的最理想方式，它是电解水制氢的逆反应。

#### 5.4.1.1 燃料电池历史

自1839年，英国科学家格罗夫发表世界上第一篇有关燃料电池的研究报告到现在已有160多年了。格罗夫首次成功地进行的燃料电池的实验如图5-2所示。在稀硫酸溶液中放入两个铂箔作电极，一边供给氧气，另一边供给氢气。直流电通过水进行电解水，产生氢气和氧气，消耗掉氢气和氧气产生水的同时得到电。

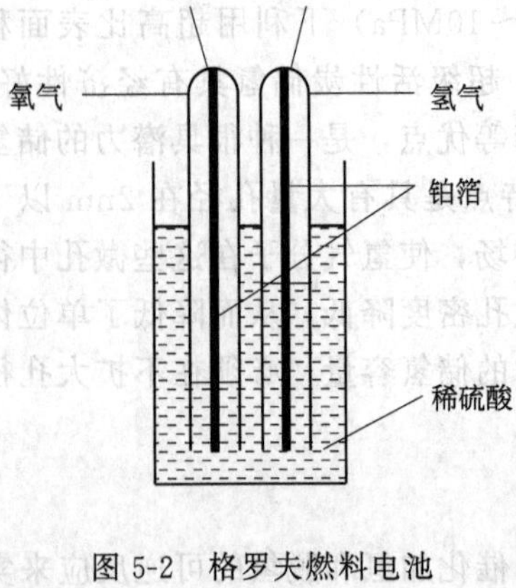

图5-2 格罗夫燃料电池

#### 5.4.1.2 燃料电池基础

在燃料电池的燃料极和空气极之间接上外部电阻，可以得到电流。外部的电阻越高，电流就越小，燃料极的反应和空气极的反应变得困难，燃料气体的消耗$Q$[mol/s]也变小。外部增加负载后，产生的电压是理论电位$E$减去空气极电压降（$RI$）、燃料极电压降（$R_cI$）和与阻抗损失有关的电压降（$R_{ohm}I$）之和的值。$R_c$和$R_a$是与电极反应有关的电阻，随电流变化而变化；$R_{ohm}$是通过电解质的离子或通过导电体的电流等遵从欧姆法则的电阻。尽力减少燃料电池内部的电压降-空气极电压降（$R_cI$）和燃料极电压降（$R_aI$）是燃料电池中最重要的研究课题。

对燃料电池而言，化学能完全转变成电能时的效率称为理论效率。

理论效率 $\varepsilon_{th}$ 可用下面的公式表示：$\varepsilon_{th}=\dfrac{\Delta G^{\ominus}}{\Delta H_{298}^{\ominus}}$

式中，$\Delta G^{\ominus}$ 为反应的标准生成吉布斯能变化，kJ/mol；$\Delta H_{298}^{\ominus}$ 为 298K 下反应的标准生成焓的变化，kJ/mol。

在标准状态下的理论电位 $E^{\ominus}$ 可用以下公式表示：$E^{\ominus}=\dfrac{-\Delta G^{\ominus}}{nF}$

例如，对于甲醇燃料电池而言，$\varepsilon_{th}=0.97$。表 5-2 为燃料电池反应、标准状态下的最大输出电压以及理论效率。

**表 5-2 燃料电池反应、标准状态下最大输出电压及理论效率**

| 燃 料 | 反 应 | $-\Delta H^{\ominus}$ /(kJ/mol) | $-\Delta G^{\ominus}$ /(kJ/mol) | 理论电位 /V | 理论效率 /% |
|---|---|---|---|---|---|
| 氢气 | $H_2(g)+1/2O_2(g)=H_2O(l)$ | 286 | 237 | 1.23 | 83 |
| 甲烷 | $CH_4(g)+2O_2(g)=CO_2(g)+2H_2O(l)$ | 890 | 817 | 1.06 | 92 |
| 一氧化碳 | $CO(g)+1/2O_2(g)=CO_2(g)$ | 283 | 257 | 1.33 | 91 |
| 碳 | $C(s)+O_2(g)=CO_2(g)$ | 394 | 394 | 1.02 | 100 |
| 甲醇 | $CH_3OH(l)+3/2O_2(g)=CO_2(g)+2H_2O(l)$ | 726 | 702 | 1.21 | 97 |
| 肼 | $N_2H_4(l)+O_2(g)=N_2(g)+2H_2O(l)$ | 622 | 623 | 1.61 | 100 |
| 氨 | $NH_3(g)+3/4O_2(g)=1/2N_2(g)+3/2H_2O(l)$ | 383 | 339 | 1.17 | 89 |
| 甲醚 | $C_2H_6O(g)+3O_2(g)=2CO_2(g)+3H_2O(l)$ | 1460 | 1390 | 1.20 | 95 |

在实际的燃料电池中存在各种各样的电压损失，通常的效率要比理论效率低得多。一般热机的理论效率随温度上升而增加，而燃料电池的理论效率随温度上升而下降。

在燃料电池内部，因存在空气极的电压损失、燃料极的电压损失和阻抗损失等。燃料电池实际输出的电压是理论电压减去阻抗损失、燃料极的电压损失和空气极的电压损失之和。如果以燃料电池的电解质为基准电极，可以分别计算出空气极以及燃料极上发生的压降损失。

### 5.4.1.3 燃料电池的分类

燃料电池的分类可从用途、使用燃料和工作温度等来区分，但一般从电解质的种类来分类，燃料电池的分类与材料学特征可以参阅第 7 章。

各种燃料电池反应中相关离子的不同，反应式也就各不相同，反应式见表 5-3 所列。

**表 5-3 各种燃料电池的反应式**

| 类型 | 燃 料 极 | 空 气 极 | 总 反 应 |
|---|---|---|---|
| PAFC | $H_2\longrightarrow 2H^++2e^-$ | $1/2O_2+2H^++2e^-\longrightarrow H_2O$ | $H_2+1/2O_2\longrightarrow H_2O$ |
| PEMFC | $H_2\longrightarrow 2H^++2e^-$ | $1/2O_2+2H^++2e^-\longrightarrow H_2O$ | $H_2+1/2O_2\longrightarrow H_2O$ |
| MCFC | $H_2+CO_3^{2-}\longrightarrow CO_2+H_2O+2e^-$<br>CO 转化反应由<br>$CO+H_2O\longrightarrow H_2+CO_2$ 产生氢气 | $1/2O_2+CO_2+2e^-\longrightarrow CO_3^{2-}$ | $H_2+1/2O_2\longrightarrow H_2O$ |
| SOFC | $H_2+O^{2-}\longrightarrow H_2O+2e^-$<br>或 $CO+O^{2-}\longrightarrow CO_2+2e^-$ | $1/2O_2+2e^-\longrightarrow O^{2-}$<br>$1/2O_2+2e^-\longrightarrow O^{2-}$ | $H_2+1/2O_2\longrightarrow H_2O$<br>$CO+1/2O_2\longrightarrow CO_2$ |

燃料电池的电流电压特性可以参见表 5-4 所列。

**表 5-4　各种燃料电池的电流电压-特性**

| 诊断试验项目 | | | | |
|---|---|---|---|---|
| ①开电路电压试验　②电池电压降低　③*I-V* 特性与极化分离　④氢利用率试验 | | | | |
| ⑤空气利用率试验　⑥$H_2$-$O_2$ 分压特性试验　⑦$CO_2$ 检出试验　⑧气体泄漏试验 | | | | |
| 急剧特性降低 | 直 接 原 因 | 特性-结构变化原因 | 诱 发 原 因 | 诊断项目 |
| | 不良电池密封 | 材料弹性降低及粘接性不降低 | 材料随年变化温度周期 | ①⑧ |
| —气体渗漏 | 电解质层磷酸不足 | 磷酸过多蒸发酸补充不足 | 局部异常温度磷酸液保持平衡变化 | ①④⑤⑧ |
| | 分离板的腐蚀孔 | 碳腐蚀 | 燃料不足时继续运转 | ②⑦⑧ |
| —氢气不足 | 燃料供应不足 | 气体沟堵塞 | 异物，磷酸液滴 | ② |
| | 气体供应分布器不良 | 材料弹性降低及粘接性降低 | 材料随年变化温度周期 | ④⑦ |
| 缓慢特性降低 | | | | |
| —活化极化增加 | 催化剂劣化 | 粒径增大铂溶出 | 随年增长粒径增大，高电位放电 | ③ |
| —扩散极化增加 | 催化剂层内磷酸过多 | PTFE 含水量不足 | 含水量随年变化 | ④⑤⑥ |
| —电阻极化增加 | 催化剂电阻增加电解质阴离子传导率降低 | 催化剂表面性质改变 | | ② |

燃料电池发电效率的高低与工作温度有很大的关系。利用 PAFC 的排热不仅可以生成热水还可生成蒸汽，发电效率可达到 45%。PEMFC 能在低温下工作且输出功率密度高，可小型化，也易于操作，适用于家庭用热水器兼小容量电源和汽车用驱动电源等。虽然 PEMFC 的发电效率只有约 35%～45%，可望综合效率能达到 60%～70%。MCFC 的排热温度随着电池工作温度变得非常高，可以和燃气机、蒸汽机等组合构成联合发电；综合发电效率约为 60%～65%，使用煤气化气体燃料时约为 50%～55%，可以实现非常高的发电效率。SOFC 是在最高温度范围工作的燃料电池，可以在没有催化剂的情况下在电池内部进行天然气的重整反应，以天然气为燃料的发电效率约 65%～70%，以煤为燃料时约 55%～60%，在数百千瓦量级水平可望达到 50%的程度。

### 5.4.1.4　碱性燃料电池

(1) 原理和特征　碱性燃料电池是采用氢氧化钾等碱性水溶液作电解液，在 100℃以下工作的电池。燃料气体采用纯氢，氧化剂气体采用氧气或者空气，是一种利用氢氧离子的燃料电池。理论电压为 1.229V（25℃）。实际上，空气极的反应不是一次完成，而是，首先生成过氧化氢阴离子和氢氧根阴离子，在有分解过氧化氢阴离子的催化剂作用下，继续反应而成。由于经历了上面的反应步骤，开路电压为 1.1V 以下，而且空气极催化剂的不同，电压也不一样。在使用诸如铂或者银等加速过氧化氢阴离子分解的催化剂时，开路电压就会接近理论电压。AFC 具有与磷酸电解液相比，氧气的还原反应具有更容易进行，功率高，可在常温下启动；催化剂不一定使用铂系贵金属；二氧化碳会使电解液变质，性能降低的特征。

(2) 基本组成和关键材料　AFC 电池堆是由一定大小的电极面积、一定数量的单电池层压在一起，或用端板固定在一起而成。根据电解液的不同主要分为自由电解液型和担载型。用于宇宙航天燃料电池的代表例是阿波罗宇宙飞船（1918～1972 年）的自由电解液型 PC3A-2 电池和宇宙飞船（1981 年）的担载型 PC17-C 电池。

担载型与 PAFC 同样，都是用石棉等多孔质体来浸渍保持电解液，为了在运转条件变动时，可以调节电解液的增减量，这种形状的电池堆，安装了贮槽和冷却板。作为宇宙飞船电源的 PC17-C 中，每 2 个电池就安装了一片冷却板。自由电解液型具有电解液在燃料极和空气极之间流动的特征，电解液可以在电池堆外部进行冷却和蒸发水分。在构造方面，虽然不需要在电池堆内部装冷却板和电解液贮槽，但是由于需要将电解液注入各个单电池内，因此要有共用的电解液通道。如果通道中电解液流失，则会降低功率，影响寿命。

燃料极催化剂，除了使用铂、钯之外，还有碳载铂或雷尼镍。雷尼镍催化剂是一种从镍和铝合金中溶出、去除铝后，产生大量的、活性很强的微孔催化剂。因为活性强，空气中容易着火，不易处理。所以，为了在铝溶出后不丧失催化活性，进行氧化后，与 PTFE 黏合在一起，使用时再用氢进行还原。作为空气极的催化剂，高功率输出时需要采用金、铂、银，实际应用时一般采用表面积大、耐腐蚀性好的乙炔炭黑或炭等载铂或银。电极框一般采用聚砜和聚丙烯等合成树脂。担载材料方面开发出了取代石棉的钛酸钾与丁基橡胶混合物。电解液的隔板多使用多孔性的合成树脂或者非纺织物、网等。

（3）开发状况 AFC 的研究开发始于 20 世纪 20 年代。由于它在低温条件下工作，反应性能良好，1950～1960 年间进行了大量的开发，但不久停止了研究。由于 $CO_2$ 会造成其特性下低，空气中 $CO_2$ 浓度要控制在 0.035％左右，所以要通过纯化后才能使用。因而，经济实用的纯化法成为其研究课题。欧洲与日本等国家在电解食盐制氢等纯氢利用方面和电动汽车电源等的储氢容器上又开始了实质性研究，美国也提出了再次研究的必要性。

**5.4.1.5 磷酸盐燃料电池**

（1）原理与特征 磷酸盐燃料电池是以磷酸为电解质，在 200℃左右下工作的燃料电池。PAFC 的电化学反应中，氢离子在高浓度的磷酸电解质中移动，电子在外部电路流动，电流和电压以直流形式输出。单电池的理论电压在 190℃时是 1.14V，但在输出电流时会产生欧姆极化，因此，实际运行时电压是 0.6～0.8V 的水平。

PAFC 的电解质是酸性，不存在像 AFC 那样由 $CO_2$ 造成的电解质变质，其重要特征是可以使用化石燃料重整得到的含有 $CO_2$ 的气体。由于可采用水冷却方式，排出的热量可以用作空调的冷-暖风以及热水供应，具有较高的综合效率。值得注意的是在 PAFC 中，为了促进电极反应，使用了贵金属铂催化剂，为了防止铂催化剂中毒，必须把燃料气体中的硫化合物及一氧化碳的浓度必须降低到 1％以下。

（2）电池电压特性 电池电压的大小决定了电池的输出功率大小，了解造成电压下降的主要原因是什么，对提高电池堆的输出功率起着重大的作用。影响电池特性下降的原因，可以从电阻引起的反应极化、活化极化和浓差极化这三个方面来进行解释。氢泄漏引起催化剂活性下降而导致活化极化、燃料气体不足会导致浓差极化，引起电池电压下降又可分为急剧下降和缓慢下降两种。可以认为：引起电池反应特性急剧下降的主要原因是磷酸不足和氢气不足；导致电池反应特性缓慢下降的主要原因是催化剂活性下降。此外，电池内局部短路、冷却管腐蚀、密封材料不良等引起的气体泄漏等也会引起特性下降。引起电池电压特性下降主要有磷酸不足、氢不足、催化剂活性下降和催化剂层湿润导致特性下降等，了解电池电压特性下降现象，并掌握诊断方法就能保证 PAFC 的长寿命和高效率。

（3）寿命评价技术 寿命评价技术主要有加速寿命法、气体扩散极化诊断法和磷酸溅出量的预测方法等。

加速寿命评价试验法就是以温度为加速因素的加速寿命试验方法。在比标准状态工作温度高10～20℃的工作状况下，通过加速电池劣化，可以在更短的时间内对电池反应部位的耐久性进行评价。随着工作温度上升的同时，电池电压下降速度也增大，电池劣化随着温度的升高而被加速。所以，针对实际尺寸的电池，以温度为加速因素的加速试验是可能的，经过1万小时左右的运转后，可以推算出电池堆的寿命。

气体扩散极化的诊断方法则是通过改变空气利用率来求出单电池的氧分压，从它的延长线推算出纯氧的电池电压，从而推定扩散极化的结果。

磷酸溅出量的预测方法是基于磷酸损失机理及磷酸迁移规律基础上，考虑电池内磷酸残量随时间变化的预测方法。若能正确地推定电池内的磷酸保有量，则有可能把电池寿命延长至4万小时以上。用经验模型求出电池内磷酸迁移速度并进行数学模型化，以模型值与实测值为基础，计算出磷酸蒸发-冷凝量，能预测该电池的磷酸量分布随时间的变化而估算出电池堆的寿命。

#### 5.4.1.6 熔融碳酸盐燃料电池

(1) 原理和特征　熔融碳酸盐燃料电池通常采用锂和钾或者锂、钠混合碳酸盐作为电解质，工作温度为600～700℃。碳酸离子在电解质中向燃料极侧迁移，在燃料极，氢气和电解质中的$CO_3^{2-}$反应，生成水、二氧化碳和电子，生成的电子通过外部电路送往空气极。空气极的氧气、二氧化碳和电子发生反应，生成碳酸离子。碳酸离子在电解质中向燃料极扩散。

因为MCFC高温下工作，所以不需要使用贵金属催化剂，可以利用燃料电池内部产生的热和蒸汽进行重整气体，简化系统；除氢气以外，也可以使用一氧化碳和煤气化气体。另外，从系统中排出热量既可直接驱动燃气轮机构成高效的发电系统，也可利用热回收进行余热发电，因此，热电联供系统能达到50％～65％的高效率。

(2) 电池组成和材料　MCFC的基本组成和PAFC相同，主要由燃料极、空气极、隔膜和双极板组成。燃料极的材料不仅需要对燃料气体和电极反应生成的水蒸气及二氧化碳具有耐腐蚀性，而且对燃料气体气雾下的熔融碳酸盐也必须有耐腐蚀性，所以多采用镍微粒烧结的多孔材料。为了提高高温环境中的抗蠕变力，可添加铬和铝等金属元素。空气极的工作环境比较苛刻，所以一般采用多孔的金属氧化物如氧化镍等。虽然氧化镍没有导电性，但由于熔融碳酸盐中的锂离子作用而赋予了导电性。为了抑制其在熔融碳酸盐中的熔解还可添加镁、铁等金属元素。隔膜起着使燃料极和空气极分离，防止燃料气体和氧气混合的作用。这种隔膜材料一般使用$\gamma$相的偏铝酸锂。考虑到碳酸盐的稳定性因素，也使用$\alpha$相的偏铝酸锂来制备隔膜。此外，为保持高温的机械强度，可使用混合的氧化铝纤维及氧化铝的粗粒子。双极板主要起着分离各种气体、确保单电池间的电联结，向各个电极供应燃料气和氧化剂气体的作用。双极板采用的材料是镍-不锈钢的复合钢。流道由复合钢冲压成型，或采用平板钢与复合钢通过延压成波纹而成。

(3) 电池性能　MCFC是高温型燃料电池，在反应中电压损失较小。一般来说，无负荷时单电池电压标准是1V左右，在0.15A/cm$^2$的负荷下约为0.8～0.9V。MCFC产生的电压与其他燃料电池相比，在0.1～0.25A/cm$^2$范围内较高，所以正确的操作方法是在这个电流范围内工作。

影响电池电压特性的因素有很多，内部电阻以及反应过程中燃料极、空气极的电压降等。通常 MCFC 电解质多采用 $Li_2CO_3$ 和 $K_2CO_3$ 的混合碳酸盐，无论使用哪种电解质电阻都很高，尤其是空气极更大。能斯特损失（Nernst loss）是反应中气体组分发生变化引起理论电压的降低量，燃料极占了其中大部分。可以推断，MCFC 在反应中生成的水分，由燃料极排出而引起的气体组成发生显著变化，加快了理论电压的下降速度。

由于 MCFC 在高温下工作，加上电解质熔融碳酸盐具有强烈的腐蚀性，电池材料随着工作时间的延长而劣化。这种劣化分为缓慢劣化和强烈劣化现象。缓慢劣化是由于电池运转逐渐引起的劣化现象，比如腐蚀反应、蒸发造成的电解质流失及金属材料的腐蚀反应等。强烈劣化是指电池工作较长时间后产生的现象。这些劣化现象一旦发生，电池性能就开始急剧下降，而使电池不能继续运转工作，如气体泄漏、镍短路等。

(4) 延长电池寿命的技术　电解质的损失、隔膜粗孔化和镍短路是影响电池寿命长短的主要因素。

电解质的损失主要是由于与金属部件发生反应，产生电阻高、腐蚀性的生成物，增加了接触阻力之故。要解决腐蚀金属引起的电解质消耗的问题，可采取对金属部件表面进行耐腐蚀处理，还可减少使用金属部件数量及减小金属部件表面积来抑制电解质的消耗。此外，电解质的蒸发及迁移也是消耗电解质的主要原因。

隔膜的粗孔化是由于电解质的多孔基体溶解、析出而引起的粒子粗大化现象。粗孔化使电解质的保有率降低，加速了电解质的损失，可通过改变电解质的隔膜材料 $LiAlO_2$ 来解决。

镍短路则是负极使用的氧化镍和气体中的 $CO_2$ 发生化学反应，产生镍离子并溶解在电解质中，与燃料气体中氢气发生反应，使电解质中析出粒子状的金属镍，造成燃料极和空气极之间的内部短路。研究表明：增厚隔膜板能延迟反应，改变电解质组成、隔膜板的材料，或者降低二氧化碳分压也可以缓解此现象的发生。目前，较好的解决方法是用锂/钠系电解质取代以前的锂/钾系电解质。这种电解质与锂/钾系电解质相比，镍的溶解度约降低一半，使镍短路发生时间延长 2 倍。

#### 5.4.1.7　固体氧化物燃料电池

(1) 原理和特征　固体氧化物燃料电池是一种采用氧化钇、稳定的氧化锆等氧化物作为固体电解质的高温燃料电池。工作温度在 800～1000℃范围内。反应的标准理论电压值是 0.912V（1027℃），但受各组成气体分压的影响，实际单电池的电池电压值是 0.8V。SOFC 的电化学反应中，作为氧化剂的氧获得电子生成氧离子，与电解质中的氧空位交换位置，由空气极定向迁移到燃料极。在燃料极，通过电解质迁移来的氧离子和燃料气中的 $H_2$ 或 CO 反应生成水、二氧化碳和电子。SOFC 具有高温工作、不需要贵金属催化剂；没有电解质泄漏或散佚的问题；可用一氧化碳作燃料，与煤气化发电设备相组合，利用高温排热建成热电联供系统或混合系统实现大功率和高效发电的特征。

(2) 电池组成　SOFC 主要分为管式和平板式两种结构。

管式 SOFC 是一个由燃料极、电解质、空气极构成的单电池管。这种管式 SOFC 有很强的吸收热膨胀的能力，使在 1000℃的高温下也能稳定地运转。管式 SOFC 电池堆可由 $n$ 个管式电池单元组成。如美国 SWP 公司开发的管式 SOFC 电池堆由 24 个管式电池单元组成，每 3 个并联在一起，每 8 个串联在一起。如果将电池单元彼此直接连结的话，不能解决温度变化时产生的热膨胀。所以，每个电池之间使用镍联结件。这样，镍联结件既能吸收热膨胀也能作为导电体。图 5-3 所示的是 SWP 公司开发的管式 SOFC 电池结构。

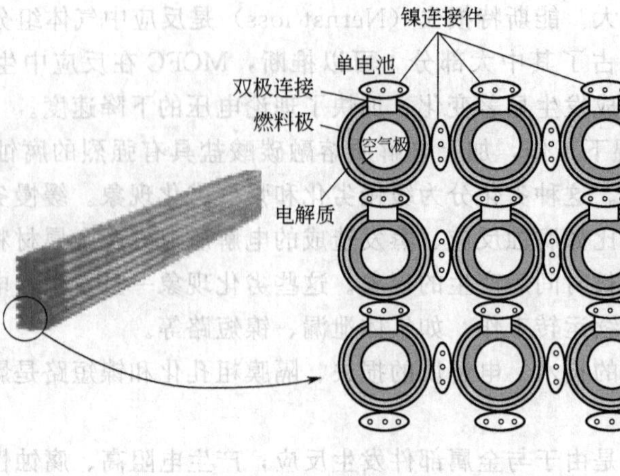


图 5-3　SWP公司管式 SOFC 电池结构

平板式 SOFC 主要分为双极式和波纹式。双极式 SOFC 与质子交换膜燃料电池（PEMFC）和 PAFC 具有同样的结构，即把燃料极、电解质、空气极烧结为一体，形成三合一的平板状单电池，然后把平板状单电池和双极板层压而成。波纹式 SOFC 有两种型式：一是将燃料极、电解质、空气极三合一的膜夹在双极联结件中间层压形成并流型；另一种是将平板状燃料极、空气极、电解质板夹在波板状的三维板中层压形成逆流型。

（3）电池关键材料　电池材料主要有电解质材料、燃料极材料、空气极材料和双极联结材料。

电解质材料。作为 SOFC 电解质材料，应具备高温氧化-还原气体中稳定、氧离子电导性高、价格便宜、来源丰富、容易加工成薄膜且无害的特点。YSZ（yttria stabilized zirconia）被广泛地用做电解质材料。在 YSZ 中，钇离子置换了氧化锆中的锆离子，使结构发生变化。由于锆离子被置换，破坏了电价平衡，要维持材料整体的电中性，每两个钇离子就会产生一个氧离子无规则地分布在晶体内部。这样，由于氧离子的迁移而产生了离子电导性。

作为燃料极材料应该满足电子导电性高、高温氧化-还原气氛中稳定、热膨胀性好，与电解质相容性好、易加工等要求。符合上述条件的首先材料是金属镍，在高温气体中镍的热膨胀系数为 $10.3\times10^{-6}$/K，和 YSZ 的 $10\times10^{-6}$/K 非常接近。燃料极材料通常使用镍粉、YSZ 或者氧化锆粉末制成的合金，与单独使用镍粉制成的多孔质电极相比，合金可以有效地防止高温下镍粒子烧结成大颗粒的现象。

空气极材料。作为空气极材料也应该像燃料极材料那样满足电子导电性高、高温氧化-还原气氛中稳定性好、热膨胀性好，与电解质相容性好等要求。镧系钙钛矿型复合氧化物能满足上述条件。实际上，常用于 SOFC 空气极材料有钴酸镧（$LaCoO_3$）和掺杂锶的锰酸镧（$La_{1-x}Sr_xMnO_3$）。前者有良好的电子传导性，1000℃时电导率为 150S/cm，约是后者的 3 倍，但是，热膨胀系数为 $23.7\times10^{-6}$/K，远远大于 YSZ。后者的电子传导性虽然不如前者，但热膨胀系数为 $10.5\times10^{-6}$/K，与 YSZ 基本一致。

双极联结材料。由于双极联结件位于空气极和燃料极之间，所以，无论在还原气氛还是在氧化气氛中都必须具备化学稳定性和良好的电子传导性。此外，其热膨胀系数必须与空气极和燃料极材料的热膨胀系数相近。双极联结件材料多使用钴酸镧，或掺杂锶的锰酸镧。随着低温 SOFC 的研究和平板式 SOFC 制作技术的进步，正在研发金属来制造双极联结件。

(4) 发电特性及系统组成 一般而言，电压随着电流的增加下降。所以，为了提高电池性能，需要进行大电流侧增大电压的技术开发工作。在加压环境下运转时，电池电压上升发电效率也提高。随着工作压力的增加，电池电压显著上升。这样，可以利用 SOFC 的高温高压排气来进行 SOFC 和燃气轮机的混合发电来提高综合效率。

常压型 SOFC 混合发电系统能最大限度地利用 SOFC 高温排气的特性，产生出具有附加值的高温蒸汽，综合热效率达到 80%以上。由于没有像燃气轮机那样的回转机作为主要机器，工作环境非常安静，不需要加压容器，所以极有可能小型化。加压型 SOFC-小型燃气轮机混合系统是利用 SOFC 在加压条件下，发电效率增加的特点，输电端效率可望达到 60%～70%。而 SOFC-汽轮机混合发电系统是将 SOFC 中排出的废燃料和废空气用做燃气轮机的燃料及燃烧用空气，实现输电端高效率，这些高效率混合发电系统可取代火力发电。

要真正地发挥 SOFC 的优势，实现大容量的发电系统，要解决单电池的高效率化、工作温度低温化、缩短启动时间、系统小型化和利用高温排热技术等技术难题。

#### 5.4.1.8 质子交换膜燃料电池

(1) 原理与特征 质子交换膜燃料电池又称固体高分子型燃料电池（polymer electrolyte fuel cell，PEFC）。其电解质是能导质子的固体高分子膜，工作温度为 80℃。如果向燃料极供给燃料氢气，空气极供给空气的话，在燃料极生成的氢离子，通过膜向空气极迁移，与氧反应而生成水，向外释放电能。PEMFC与其他的燃料电池相比，具有不存在电解质泄露问题、可常温启动、启动时间短和可以使用含 $CO_2$ 的气体作为燃料的特点。如图 5-4 所示，PEMFC 的电池单元由在固体高分子膜两侧分别涂有催化层而组装成三合一膜电极（MEA：membrane electrode assembly）、燃料侧双极板、空气侧双极板以及冷却板构成。为了得到较高的输出电压，必须将电池单元串联起来组成电池堆，在电池堆两端得到所需功率。一个电池堆可以由 $n$ 个电池单元串联，在电池堆的两端配置有金属集电板，向外输出电流，在其外侧有绝缘加固板，并用螺栓与螺母将电池堆固定为一个整体。

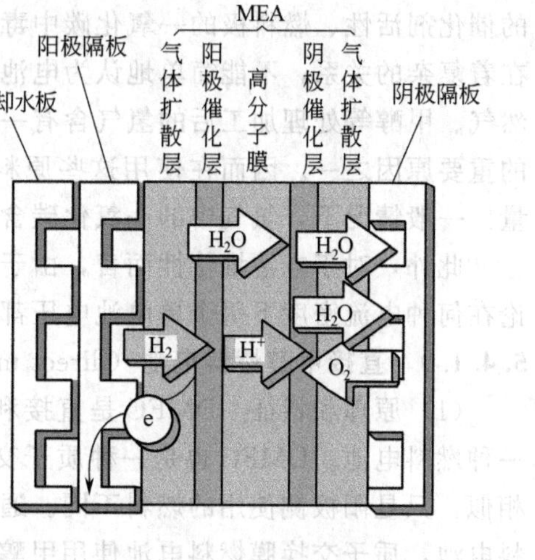


图 5-4 PEFC 结构示意

(2) 电池组成及关键材料 PEMFC 的关键材料主要有质子交换膜、催化剂和双极板。

质子交换膜又称离子交换膜，在 PEMFC 中起着电解质作用，可以说它是 PEMFC 的心脏部分。它不但起到防止氢气与氧气直接接触的屏障作用，还起着防止燃料极和空气极直接接触造成短路作用，是一种电的绝缘体。通常使用的质子交换膜是一种全氟磺酸基聚合物，在缺水的情况下，氢离子的传导性显著下降，所以，保持膜的适度湿润性非常重要。全氟磺酸基聚合物膜是由疏水的主链与具有亲水的磺酸基侧链而构成。

目前，已商品化的高分子膜有 Nafion 膜、Flemion 膜和 Aciplex 膜等，它们仅是侧基的结构不同而已。值得强调的是：膜的机械强度随着含水率的升高、离子交换基浓度的提高以及温度的增加会降低，虽然膜越薄越有利于减小阻力，但是气体的透过量与膜的厚度成反比。

催化剂是 PEMFC 的另一个关键材料。它的电化学活性高低对电池电压的输出功率大小起着决定性作用。由于工作温度比较低，燃料气中的 CO 会毒化贵金属催化剂。为了防止 CO 中毒，燃料极常使用铂/钌催化剂、空气极则使用以铂金属为主体的催化剂。

双极板具有分离空气与燃料气体，并提供气体通道、迅速排出生成水的作用。如果生成水滞留在气体的通道上，就会影响反应气体的输送能力。因此，为了迅速排出积累的水，需在提高反应气体的压力、设计流道的形状、通道结构等方面引起重视。双极板的材料要求具有耐腐蚀性、导电性好、接触阻力小、重量轻以及价格低廉等特点。目前，除了广泛采用的碳材料外，还使用耐腐蚀的金属材料。但是固体高分子膜是一种带有酸性基团的聚合物，双极板要在氧化与还原环境下工作，因而对金属表面必须进行镀金或进行其他的特殊处理。

(3) 电池电压-电流性能　电池电压-电流性能受环境湿度、工作压力、工作温度、反应气体条件、燃料利用率和空气利用率等影响。分析电池电压下降的原因，对提高电池的使用寿命起着非常重要的作用。电池电压下降的原因分析：电池电压下降的主要原因除了有铂金属催化剂粒径的增大及固体高分子膜被污染的原因之外，还存在催化剂层被润湿范围增大而导致电池电压的下降。

环境湿度增加，膜的含水量增加，离子传导率也随之增加，湿度为 100%时，离子传导率达到最大。如果膜内增湿达到了最理想的程度，电压下降就会变得极小，电池可以实现稳定工作。随着电池工作压力的升高，氧气分压也升高，极化现象减少，带来电池的输出电压增加。但是，电压并不一定随着温度的上升而成比例地上升。电池的输出电压特性与空气极的催化剂活性、燃料极的一氧化碳中毒情况和膜的增湿状态等有关。这些因素与温度之间存在着复杂的关系，不能简单地认为电池的输出电压是单纯地随温度的上升而成比例增加。天然气、甲醇等处理加工后的氢气含有一定量的一氧化碳，会使催化剂中毒，是电池电压下降的重要原因之一。因而在使用这些原料的氢气之前，务必要检测这些氢气中一氧化碳的含量。一般情况下，氢气中的一氧化碳含量要控制在 10ppm 以下。

此外，对于电池堆特性而言，由于是由单电池串联组成，为了保证良好的输出功率，无论在何种电流密度下每个单电池电压都具有良好的均一性。

#### 5.4.1.9　直接甲醇燃料电池（direct methanol fuel cell，DMFC）

(1) 原理和特征　DMFC 是直接利用甲醇水溶液作为燃料、氧气或空气作为氧化剂的一种燃料电池。DMFC 也是一种质子交换膜燃料电池，其电池结构与质子交换膜燃料电池相似，只是阳极侧使用的燃料不同。通常的质子交换膜燃料电池使用氢气为燃料，称为氢燃料电池，质子交换膜燃料电池使用甲醇为燃料，称之为甲醇燃料电池。甲醇和水通过阳极扩散层至阳极催化剂层（即电化学活性反应区域），发生电化学氧化反应，生成二氧化碳、质子以及电子。质子在电场作用下通过电解质膜迁移到阴极催化剂层，与通过阴极扩散层扩散而至的氧气反应生成水。DMFC 具有储运方便的特点，是一种最容易产业化、商业化的燃料电池。

(2) 电池组成与关键材料　DMFC 的组成与 PEMFC 一样，其电池单元由三合一膜电极、燃料侧双极板、空气侧双极板以及冷却板构成。为了得到较高的输出电压，必须将电池单元串联起来组成电池堆，在电池堆两端得到所需功率。与 PEMFC 类似，DMFC 的关键材料主要有质子交换膜、催化剂和双极板。

双极板的材质与 PEMFC 类似，一般采用碳材料或金属材料，但是催化剂和质子交换膜与 PEMFC 有所不同。实际的 DMFC 工作中，甲醇分子氧化成二氧化碳并不是一步完成，要经过中间产物甲醛、甲酸、一氧化碳。催化剂铂对一氧化碳具有很强的吸附力，紧紧吸附在铂上的一氧化碳会大大降低铂的催化活性，造成电池性能劣化。为了防止催化剂中毒，阳极电催化剂一般采用二元或多元催化剂，如催化剂 Pt-Ru/C 等。氧化物的形成可以在铂的表面与水反应生成提供活性氧的中间体，这些中间体能促使 Pt-CHO 反应生成二氧化碳，改善 Pt 的催化性能，从而达到促进 Pt 催化氧化甲醇的目的。

与 PEMFC 不同，Nafion 膜用于 DMFC 时，存在甲醇渗透现象。甲醇与水混溶，在扩散和电渗作用下，会伴随水分子从阳极泄漏到阴极致使开路电压大大降低，电池性能显著降低。为防止甲醇的渗透，有改性 Nafion 膜的方法，来提高膜的抗甲醇渗透性。如 Nafion-$SiO_2$ 复合膜、Nafion-PTFE 复合膜等，也有采用研制新型质子交换膜来取代现有的 Nafion 膜，如无氟芳杂环聚合物聚苯并咪唑、聚芳醚酮磺酸膜、聚酰亚胺磺酸膜等。

可以说 DMFC 是最容易走向实用化的一种燃料电池。虽然近年来国内外出现了大量 DMFC 样机，但还未真正实现实用化和商业化。价格贵严重地阻碍了其推广进程。研制出对甲醇氧化具有高的电催化活性和抗氧化中间物 CO 毒化的阳极催化剂、抗甲醇渗透的质子交换膜、减低膜电极的贵金属载量会加快 DMFC 的实用化、产业化的速度。

**5.4.1.10 其他类型的燃料电池**

此外，直接肼燃料电池、直接二甲醚燃料电池、直接乙醇燃料电池、直接甲酸燃料电池、直接乙二醇燃料电池、直接丙二醇燃料电池、利用微生物发酵的生物燃料电池、采用 MEMS 技术的燃料电池也在研究之中。

**5.4.1.11 燃料电池汽车**

燃料电池汽车就是将燃料电池发电机作为驱动源的电动汽车。其系统如图 5-5 所示。

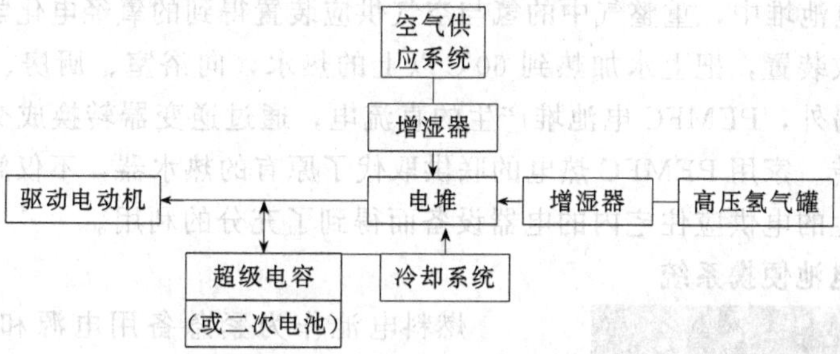


图 5-5 燃料电池发电机系统

它是从高压气瓶供应氢的纯氢燃料电池系统。空气从空气供给系统提供。该系统联结了超级电容器，回收利用驱动时多余的能源。现在，可以用作为燃料电池汽车的燃料有纯氢、甲醇和汽油等。如果利用纯氢，则不需要重整器，因而可以简化系统，提高燃料电池的效率。但是氢的储存量有限，因而行驶距离受到限制。现在，科学家们正在研究采用吸氢合金、液体氢及压缩氢等方式储存氢气。但是液态氢存在须在极低温度下保存及易从储气罐金属分子间隙泄露等问题。对于压缩氢气，钢瓶耐压增大便可以降低贮藏体积，目前科学家们已经开发出 70MPa 的储氢钢瓶。

使用纯氢的燃料电池汽车可以在短时间内启动，但使用甲醇或汽油时，需有车载重整过程的设备，且必需有一定的启动时间。车载重整的燃料电池汽车都需要一定的启动时间，因而人们正在研究把电池和超级电容器组合起来，能缓解这个问题，短时间内能启动的燃料电池汽车发动机系统。

为了推动今后燃料电池汽车的商用化，必须尽早解决：①小型紧凑化、防冻、缩短启动时间以及应答速度快等技术性课题；②建立基础设施的建设；③降低成本；④确保安全性、提高可信赖度等问题。

#### 5.4.1.12 燃料电池固定式发电站

家用燃料电池电源系统的应用概念是利用燃料处理装置从城市天然气等化石燃料中制取富含氢的重整气体，并利用重整气体发电的燃料电池发电系统。为了利用燃料电池发电时产生的热量以及燃料处理装置放热产生的热水，设计了“热电水器”的各种电器。家用燃料电池发电系统的构成及引入如图 5-6 所示。

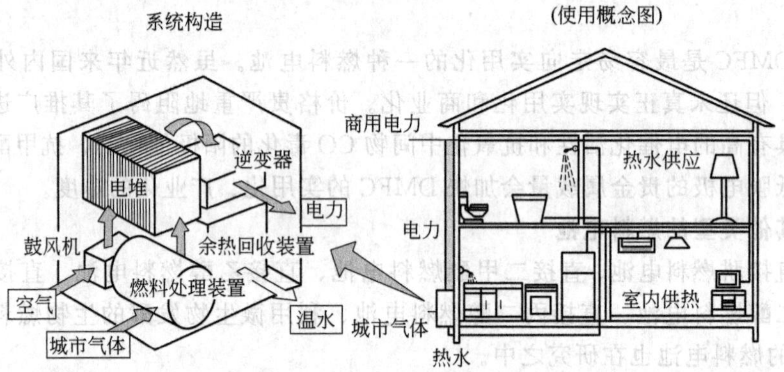


图 5-6 家用燃料电池发电系统

在 PEMFC 电池堆中，重整气中的氢与空气供应装置得到的氧经电化学反应生成直流电与热。通过热回收装置，把上水加热到 60℃以上的热水，向浴室、厨房、暖气等热水使用装置供应热水。另外，PEMFC 电池堆产生的直流电，通过逆变器转换成交流电，与商用电力联供使系统运转。家用 PEMFC 热电的联供取代了原有的热水器，不仅解决家庭使用热水的问题，同时产生的电供应住宅内的电器设备而得到了充分的利用。

#### 5.4.1.13 燃料电池便携系统

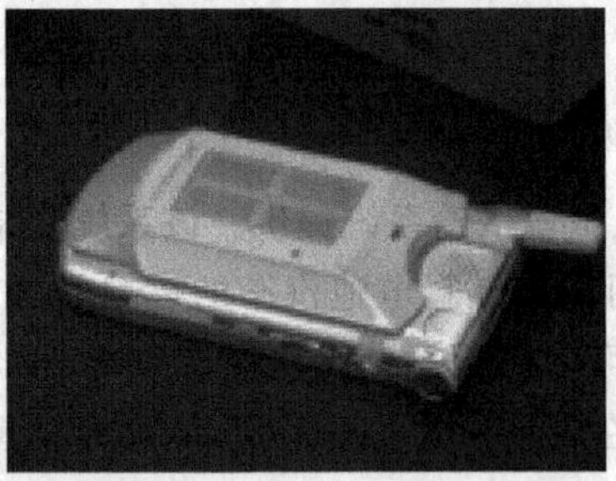

图 5-7 手机的直接甲醇燃料电池

燃料电池作为紧急备用电源和二次电池的替代品，广泛地应用于手机、个人电脑等终端电源中。图 5-7 是用于手机的 DMFC。燃料电池的使用避免了二次电池的回收和再利用技术等环境课题。使用甲醇的燃料电池，每单位重量的能量密度是锂电池的 10 倍，只要更换燃料就能继续发电。

### 5.4.2 氢内燃机

氢内燃机是一种将氢作为燃料的发动机。目前有两种氢内燃机，一种是全烧氢汽车，另一种是氢气与汽油混烧的掺氢汽车。掺氢汽车的发动机只要稍加改变或不改变，即可提高燃料利用率和减轻尾气污染。掺氢汽车的特点是氢气和汽油的混合燃料能改善整个发动机的燃烧状况。在交通拥挤的城市，汽车发动机多处于部分负荷下运行，采用掺氢汽车比较有利。

## 5.5 氢能安全

氢的各种内在特性，决定了氢能系统有不同于常规能源系统的危险特征。与常规能源相比，氢有很多特性。宽的着火范围、低的着火能、高的火焰传播速度、大的扩散系数和浮力。

(1) 泄漏性　氢是最轻的元素，比液体燃料和其他气体燃料更容易泄漏。在燃料电池汽车（FCV）中，它的泄漏程度与储气罐的大小和位置的不同而不同。从高压储气罐中大量泄漏，氢气会达到声速，泄漏得非常快。由于天然气的容积能量密度是氢气的 3 倍多，所以泄漏的天然气包含的总能量要多。众所周知，氢的体积泄漏率大于天然气，但天然气的泄漏能量大于氢。

(2) 爆炸性　氢气是一种最不容易形成可爆炸气雾的燃料，但一旦达到爆炸下限，氢气最容易发生爆燃、爆炸。氢气火焰几乎看不到，在可见光范围内，燃烧的氢放出的能量也很少。因此，接近氢气火焰的人可能感受不到火焰的存在。此外，氢燃烧只产生水蒸气，而汽油燃烧时会产生烟和灰，增加对人的伤害。

(3) 扩散性　发生泄漏，氢气会迅速扩散。与汽油、丙烷和天然气相比，氢气具有更大的浮力和更大的扩散性。氢的密度仅为空气的 7%，所以即使在没有风或不通风的情况下，它们也会向上升，在空气中可以向各个方向快速扩散，迅速降低浓度。

(4) 可燃性　在空气中，氢的燃烧范围很宽，而且着火能很低。氢-空气混合物燃烧的范围是 4%～75%(体积)。而其他燃料的着火范围要窄得多，着火能也要高得多，因为氢的浮力和扩散性很好，可以说氢是最安全的燃料。

### 5.5.1 燃料电池汽车的安全

燃料电池汽车是一种电动汽车，它是用燃料电池发动机代替了动力电池组，并增加了供氢系统，目前燃料电池汽车示范项目绝大多数采用了车载高压储氢。耐高压的储氢压力容器技术较成熟的是合金铝容器，外用碳纤维缠绕加强，内胆为抗氢脆的聚合物材料。

氢气是无色无味的气体，与空气混合能形成爆炸混合物；氢气扩散性强，易泄漏不易被察觉。研究表明，氢泄漏事故是影响燃料电池汽车安全的主要问题。由于氢气密度很低，当氢向一个敞开的空间泄漏后，会迅速扩散，而汽油燃料泄漏后向地面滴落，还会渗入缝隙，燃烧迅速、猛烈。因此，燃料电池汽车的储氢技术比汽油储存要安全，只要有完善配套的氢泄漏探测、报警和紧急切断装置，氢用作燃料是安全的。

燃料电池汽车的氢安全系统主要包括：氢供应安全系统、整车氢安全系统、车库安全系统、防静电设施等。在氢供应安全系统，应该在储氢瓶的出口处，应当安装过流保护装置、

在储氢瓶的总出口处，安装电磁阀，当整车氢报警系统的任意一个探头检测到车内氢浓度达到报警标准时，将自动切断氢气供应；在整车氢安全系统，安装氢泄漏监测及报警处理系统；在车库安全系统中，装有氢泄漏监测及报警处理系统以及自动送、排风设施。

氢是一种非导电物质，不论是液氢还是氢气，流动时由于摩擦都会带电，由于静电积累，当静电位升高到一定数值时就会产生放电现象。为防止静电积累，燃料电池汽车应当在车体底部安装接地导线，将加氢时以及车辆行驶过程中产生的静电放回大地，以保证安全。

此外，燃料电池汽车上的氢检测传感器都应选用防爆型，氢安全系统报警时，严禁使用电源插座、接触器、继电器及机械开关等可能引起电弧的装置，以确保安全。

### 5.5.2 加氢站的安全

标准加氢站主要由：氢源、氢气压缩机、储氢罐、高压氢气加注器、泄漏检测报警装置等组成。加氢站应当综合考虑站内氢气压缩机房、储氢罐（高压储氢瓶组）、氢气加注机及加注器之间的安全距离，合理安排站内停车场和车辆行走路线，分开设置车辆进出口，要避免进站加氢的车辆堵塞高压氢气（液氢）专用运输车辆的行驶车道，以保证发生事故时高压氢气（液氢）专用运输车辆能够迅速撤离。

对于氢气压缩机房建设应当按照 GB 50016—2006《建筑设计防火规范》要求独立设置并采用钢筋混凝土或钢框架、排架承重结构。为便于快速泄压和避免产生二次危害，泄压设施应当采用轻质屋面板、轻质墙体和易于泄压的门窗，并优先采用轻质屋面板的全部或局部作为泄压面积，同时，机房的顶棚应尽量平整、避免死角，上部空间应当通风良好；设置送风机，防止氢气积聚，设置氢泄漏监测及报警处理系统。

对于储氢罐（高压储氢瓶组），其位置应与其他建筑保持足够间距，应安装压力表、安全阀，并保证可靠。氢气加注器作为一个相对独立的装置，类似于压缩天然气加注器，除质量流量计以外，还应当安装温度和压力传感器，其设计压力应当根据燃料电池汽车储氢罐的压力确定，并限制加注流量。为防止氢气泄漏形成爆炸性的混合物，加注机设置在室外。同时，加注机附近应设防撞柱或栏杆，以防止意外事故撞击。

加氢站内的储氢罐、氢气压缩机房、氢气加注机等部位应当配置灭火器材、消防给水系统，在加氢站内设置消火栓，以用于火灾时的冷却和灭火。可选择使用的灭火剂包括：雾状水、泡沫、$CO_2$、干粉。使用 $CO_2$ 灭火时要特别当心，因为氢气能有可能将 $CO_2$，还原为一氧化碳而使人中毒。

## 5.6 氢能应用展望

氢能是二次能源，它的普及应用必然涉及原料来源、储运和市场。我国目前使用的氢绝大部分由化石燃料制取而来，制造技术与工艺成熟。但制取过程成本大，能量转化效率低，同时向大气排放温室气体，污染环境不利。随着化石燃料的枯竭，太阳能制氢、生物质制氢、核能制氢等应该是化石矿物燃料制氢的有效补充。除了开发满足能量密度大、比重小、反应速度快、常温低压下操作性好等要求的储氢材料外，还应提高现存的高压氢气和液氢商业化技术，不断降低成本、满足制造业者和终端用户的要求。

燃料电池在无污染、节省能源及燃料的多样化方面与以前的发电方式相比有许多优越性。各种燃料电池的技术特点不同，其技术水平也不同，但在走向实用化上有许多相同点，经济性也是共同的重要课题。为了进一步实现以保护环境为目的、降低有害气体和温室化气体的排出量，国家政策性经济援助制度积极地推进燃料电池的市场开发，是很有效的。

### 思考题

1. 谈谈氢能作为二次能源在我国经济发展中的地位。
2. 详细说明不同的制氢方式在我国推广应用的前景。
3. 谈谈储氢材料在氢能应用中的作用。
4. 燃料电池作为一种新型发电装置在我国国民经济发展中具有什么重要性？
5. 氢安全在氢能作为二次能源中的意义是什么？

## 参考文献

[1] 毛宗强．氢能——21世纪的绿色能源．北京：化学工业出版社，2005.

[2] 毛宗强．我国发展氢能的战略建议——从“浅绿”到“深绿”（上）（下）．太阳能产业论坛，2009.

[3] 冯文，王淑娟，倪维斗，陈昌和．氢能的安全性和燃料电池汽车的氢安全问题．太阳能学报，2003，24（5）．

[4] 谢晓峰，范星河译．燃料电池技术．北京：化学工业出版社，2004.

[5] 黄倬．碳纳米管储氢研究现状．稀有金属，2005，29（6）．

[6] 郑宏，王绍青，成会明．化学势对模拟计算单壁纳米碳管储氢的影响．中国科学（B辑），2003，33（6）：467.

[7] 周亚平，冯奎，孙艳，周理．述评碳纳米管储氢研究．化学进展，2003，15（5）．

[8] 陈长聘，王新华，陈立新．燃料电池车车载储氢系统的技术发展与应用现状．太阳能学报，2005，26（3）．

[9] 李文兵，齐智平．甲烷制氢技术研究进展．天然气工业，2005，25（2）：165-168.

[10] 阎桂焕，孙立，许敏．几种生物质制氢方式的探讨．能源工程，2004，5.

[11] 冯进来，王宝辉，王志涛．太阳能制氢技术及其进展．可再生能源，2004，5.

[12] 张平，于波，陈靖，徐景明．热化学循环分解水制氢研究进展．化学进展，2005，17（4）．

[13] 王娟娟，马晓燕，梁国正．储氢材料研究进展．金属功能材料，2004，11（1）．

[14] 周其凤，范星河，谢晓峰．耐高温聚合物及其复合材料——合成、应用与进展．北京：化学工业出版社，2004.

[15] Ashcroft A T，Cheetham A K，Ford J S，et al. Selective oxidation of methane to synthesis gas using transition metal catalysts. Nature，1990，344（6264）：319.

[16] Fuiishi A，Honda K. Electrochemical hotolysis of Water at a Semiconductor Electrode. Nature，1972，37（1）：238.

[17] 司戈．氢能源应用的消防安全初探．消防技术与产品信息，2008年第1期．

[18] 李冬燕．制氢技术研究进展．河北化工，2008，31（4）．

# 第6章 新型核能

## 6.1 概述

按照现有的科学知识，大约在137亿年之前发生了形成宇宙的“大爆炸（big bang）”。在大爆炸之后约$10^{-13}\sim10^{-4}$s，质子和中子在称为“重子起源过程（baryogenesis）”中产生，从此标志了宇宙“核时代（nuclear age）”的开始。然而，宇宙又经过大约35万年的演变，才产生了第一个氢原子；再经历了100万～200万年的历程，才产生了恒星；之后宇宙又演变了数百万年，才发生第一颗超新星爆炸，并在整个宇宙中撒布碳、氮、氧以及铀等重元素。大约在50亿年前，在我们现在这个太阳系的附近发生了这样一颗超新星的爆炸，并提供了形成太阳系的原始材料，而我们今天的地球大约形成了40亿～50亿年。伴随地球的形成，也为地球带来了今天核裂变能的主要燃料铀元素。

自1896年法国科学家贝可勒发现天然放射性现象，人类开始步入原子核领域的科学探索。在随后的半个世纪，与原子核相关的科学研究工作取得了辉煌的成就。居里夫妇（P. Curie和M. Curie）在1998年发现天然放射性元素镭和钋，这些新发现引起人们对这类陌生的天然放射性现象进行研究的广泛关注。爱因斯坦（Albert Einstein）在1905年建立狭义相对论质能关系，为定量描述原子核在核反应的过程发生质能转换并释放核能奠定了理论基础。卢瑟福（E. Rutherford）在1911年提出有原子核的原子结构模型。玻尔（N. Bohr）在1913年建立氢原子的量子化壳模型、解释了氢原子光谱，并在1935年提出原子核反应的液滴核模型，查德威克（J. Chadwick）在1932年发现中子。中子的发现在核物理领域具有里程碑意义，在核物理和核技术领域引起三个方面的重大进展：确立了原子核的质子-中子结构模型；激发了一系列的新发现，其中包括中子慢化、人工放射性和核裂变；打开了实际利用核能的技术途径。

费米（Enrico Fermi）在1934年发现中子慢化现象并创建中子物理学基础。哈恩（O. Hahn）与斯特拉斯曼（F. Strassmann）在1938年发现铀核裂变，随后德国科学家迈特纳和弗利胥（Lise Meitner，Otto Frisch）在哈恩与斯特拉斯曼的实验结果的启发下，用玻尔以前提出的“液滴核模型”解释了中子轰击铀靶可能发生核裂变的原因，并预测发生裂变时也许会释放巨大的能量。

上述开创性科学成果，为20世纪后半叶，人类开发核能技术及和平利用核能奠定了坚实的理论基础。1941年12月，费米带领的研究小组在芝加哥大学的一座运动场的看台下的网球场开始建造世界第一座试验性的原子裂变反应堆，标志人类已经掌握一种新型能源——核能大规模利用的手段，人类的核能时代就此诞生。从科技史的角度看，核能技术的发展的初因动力确实是与军事需要紧密相关的。在第二次世界大战的阴影下，人类的“原子能时代”在发展核武器的竞赛跑道上开始闪亮登场。1954年6月，苏联在莫斯科附近的奥勃宁斯克建成了世界上第一座试验核电厂，采用压力管式石墨水冷堆，发电功率为5MW。这一成就事实上标志人类已敲开了以商业规模开发核能产业的大门。

20 世纪 50 年代初，美国在潜艇动力堆技术的基础上，于 1957 年 12 月建成了希平港压水堆核电厂，于 1960 年 7 月建成了德累斯顿沸水堆核电厂，为轻水堆核电厂的发展开辟了道路。英国于 1956 年 10 月建成了卡德霍尔生产发电两用的石墨气冷堆核电厂。加拿大于 1962 年建成 NPD 天然铀重水堆核电厂。通过这些核电厂的建设，证实了核电厂能够安全、经济、稳定地运行，为以后 70～80 年代核电较大规模的商用发展打下了基础。

早期人们对核能的预期相当高，在经济利益驱动下，核电工业迅速扩张，掩盖了其技术的固有安全缺陷和隐患。不幸的是 1979 年 3 月 28 日凌晨，美国宾州三哩岛核电厂发生了反应堆堆芯熔化的严重事故和 1986 年 4 月 26 日发生在苏联切尔诺贝利核电厂的第 4 号反应堆的核灾难对全球核能发展造成严重冲击。虽然事故在发生后很短的时间内就得到控制，但切尔诺贝利核灾难的直接后果是诱发了全球、特别是欧洲的反核势力的迅速增长，导致新电厂附加安全设施的直接投资快速增加、安全评审过程更为复杂、建造工期延长，新建核电的经济竞争力明显下降。

然而，核能在逆境中经受住了挫折的打击，在面临全面退出的社会压力下，依靠不断提高安全性和经济性，成功地保存了世界核能工业赖以生存的规模。截止到 2009 年 11 月底，世界上 31 个国家和地区共有 437 座核电厂在运行，装机容量为 3.73 亿千瓦电功率，积累了近 14000 堆年的运行经验。从已运行的核电厂装机容量来看，美国居首位，约占全世界的 1/4，其次是法国、日本、德国和俄罗斯。从发展速度来看，法国、日本、韩国和中国保持着较高的发展速度，目前法国核能发电量已占总发电量的 79%。世界核电工业的发展规模使核电厂在技术上已趋成熟，在经济上已显现极强的竞争能力。世界能源发展 50 年的经验表明，核能是一种清洁、安全、经济的能源。

在人们高度关注全球气候变暖、积极呼吁减排 $CO_2$ 的、并寻求可持续能源发展的当今国际环境下，核能再次迎来了发展的春天。中国经济高速发展需要推进产业转型之机，借世界核电发展的春风，正通过多边合作引领世界核电技术的产业化发展。在 21 世纪第二个十年到来之际，中国已经发展成为在建核电厂数目最多的国家，这将极大地推动世界核能工业的快速复苏。预计到 2030 年，核发电量将占世界总发电量的 1/3。

核能的可持续发展将依赖铀资源的利用效率。从地质学的观点看，铀元素算不上稀有。铀是一种高密度金属，在地壳中的丰度是百万分之 2～3，比金的丰度大 600 倍，大约与锡的丰度相同。海水中大约含有 40 亿吨铀（4000 百万吨），浓度约是十亿分之三。此外，可替代铀的钍资源的储量估计是铀的 3 倍。因此，只要发展先进的核能技术，进一步提高铀资源和钍资源的利用效率、就能实现核能长期大规模可持续发展。

核能利用的另一途径是实现可控的核聚变。人类用试爆原子弹的方式，在 1945 年首次实现了大规模释放核裂变能，其后仅过了 7 年，就又以实现了试爆氢弹的方式，首次实现了大规模释放聚变能。不同的是，在首次试爆原子弹之前，人类就已经掌握了可控的自持链式核裂变的方法，而至今还没有找到能够长时间稳定控制热核聚变的有效方法。实现可控热核聚变反应，需要在 10keV($10^8$K) 以上的温度条件下，目前地球上最可能实现 DT 等离子体约束，按约束机理可分为磁约束和惯性约束。

1950 年苏联物理学家萨哈罗夫和塔姆提出用环流器（tokamak）约束等离子体的概念最有希望。1957 年英国物理学家劳森（L. D. Lawson）导出热核聚变反应堆发电达到能量得失相当所需的条件，称为劳森判据。1992 年 11 月以来，在世界最大的一代托克马克装置上都成功进行了等离子体放电实验，工况接近劳森判据，且聚变功率从 7.5MW 提升到 10MW，意味开发核聚变能的科学可行性初步得到证实。国际热核聚变试验堆 ITER 的前期研发工作也取得很大的进展，已决定在法国卡达拉什选定的厂址上建造世界第一座热核聚变试验堆。

1960 年固体激光器研制成功，为实现等离子体的惯性约束提供了另一手段。苏联科学家巴索夫（N. G. Basov）于 20 世纪 60 年代，首先提出惯性约束核聚变设想。在过去的几十年中，惯性约束核聚变的研发工作也取得了非常大的进步。美国在 20 世纪 90 年代初就开始了称为“国家点火装置（NIF）”的用于惯性约束核聚变的超级激光系统的研制计划。既可用于模拟氢弹爆炸、检验战略核武器的性能，又可作为许多高能和高密度激光物理的研究试验平台，并有助于对利用惯性核聚变能发电的探索。中国最早在 20 世纪 60 年代，由物理学家王淦昌独立提出惯性约束的概念并倡导研究惯性核聚变，取得了令人鼓舞的成功，我国独立研制的“神光”系列激光打靶装置的性能都达到同时期世界先进水平。

## 6.2 原子核物理基础

核能技术的物理理论基础是原子核物理，在世界第一座核反应堆建成以前的几十年，原子核物理经历了快速发展的黄金时期，其研究成果大都代表当时物理学前沿方向的最新进展。本节简述与原子核的裂变与聚变相关的核物理理论基础。

### 6.2.1 原子与原子核的结构与性质

#### 6.2.1.1 原子与原子核的结构

现代物理知识已经清楚世界上一切物质都是由原子构成。任何原子都由原子核和绕原子核旋转的电子构成。原子核比较重，带有正电荷；电子则轻得多，带有负电荷，它们位于围绕核的满足量子态条件的各轨道上。原子核本身又由带正电荷的质子和不带电的中子两种核子组成。质子的电荷与电子的电荷量值相等而符号相反。原子核中的质子数称为原子序数，它决定原子属于何种元素，质子数和中子数之和称为该原子核的质量数，用符号 $A$ 表示。

#### 6.2.1.2 原子与原子核的质量

原子质量采用原子质量单位，记作 u(是 unit 的缩写)。一个原子质量单位的定义是：$1u={}^{12}C$原子质量/12，叫做原子质量碳单位。原子质量单位与 g 或 kg 单位间的转换关系为 $1u=12/(12N_A)=1.6605387\times10^{-27}$ kg。其中，$N_A=6.022142\times10^{23}$个原子/mol，是阿伏伽德罗常量。

核素用下列符号表示：${}^{A}_{Z}X_N$，其中 X 是核素符号，$A$ 是质量数，$Z$ 是质子数，$N$ 是中子数，且 $A=N+Z$。质子数相同，中子数不同的核素称为同位素，如${}^{235}U$ 和${}^{238}U$ 是铀的两种天然同位素。

#### 6.2.1.3 原子核的半径与密度

实验表明，原子核是接近与球形的。通常采用核半径表示原子核的大小，其宏观尺度很小，数量级为 $10^{-13}\sim10^{-12}$cm。核半径是通过原子核与其他粒子相互作用间接测得的，有两种定义，即：核力作用半径和电荷分布半径。实验测得核力作用半径 $R_N$ 可近似为：

$$R_N\approx r_0A^{1/3} \tag{6-1}$$

式中，$r_0=(1.4\sim1.5)\times10^{-13}$cm$=(1.4\sim1.5)$fm。

核内电荷分布半径就是质子分布半径 $R_C$，实验经验关系表示为：

$$R_C \approx 1.1A^{1/3} \ (\mathrm{fm}) \tag{6-2}$$

显然，电荷分布半径 $R_C$ 比核力作用半径 $R_N$ 要小一些。

### 6.2.2 放射性与核的稳定性

#### 6.2.2.1 放射性衰变的基本规律

1896 年，贝可勒尔（Hendrik Antoon Becquerel）发现铀矿物能发射出穿透力很强、能使照相底片感光的不可见的射线。在磁场中研究该射线的性质时证明它是由下列三种成分组成：①在磁场中的偏转方向与带正电的离子流的偏转相同；②在磁场中的偏转方向与带负电的离子流的偏转相同；③不发生任何偏传。这三种成分的射线分别称为 α、β 和 γ 射线。α 射线是高速运动的氦原子核（又称 α 粒子）组成的，它在磁场中的偏转方向与正离子流的偏转相同，电离作用大，穿透本领小；β 射线是高速运动的电子流，它的电离作用较小，穿透本领较大。γ 射线是波长很短的电磁波，它的电离作用小，穿透本领大。

原子核自发地放射出 α 射线或 β 射线等粒子而发生的核转变称为核衰变。在 α 衰变中，衰变后的剩余核 Y(通常叫子核）与衰变前的原子核 X(通常叫母核）相比，电荷数减少 2，质量数减少 4。可用式(6-3) 表示：

$$^{A}_{Z}\mathrm{X} \longrightarrow {}^{A-4}_{Z-2}\mathrm{Y} + {}^{4}_{2}\mathrm{He} \tag{6-3}$$

β 衰变可细分为 3 种，放射电子的称为 $\beta^-$ 衰变；放射正电子的称为 $\beta^+$ 衰变；俘获轨道电子的称为轨道电子俘获。子核和母核的质量数相同，只是电荷数相差 1，是相邻的同量异位素。三种 β 衰变可分别表示为：

$$^{A}_{Z}\mathrm{X} \longrightarrow {}_{Z+1}^{A}\mathrm{Y} + e^- ;\ ^{A}_{Z}\mathrm{X} \longrightarrow {}_{Z-1}^{A}\mathrm{Y} + e^+ ;\ ^{A}_{Z}\mathrm{X} + e^- \longrightarrow {}_{Z-1}^{A}\mathrm{Y} \tag{6-4}$$

其中 $e^-$ 和 $e^+$ 分别代表电子和正电子。γ 放射性既与 γ 跃迁相联系，也与 α 衰变或 β 衰变相联系。α 和 β 衰变的子核往往处于激发态。处于激发态的原子核要向基态跃迁，这种跃迁称为 γ 跃迁。γ 跃迁不导致核素的变化。

实验表明，任何放射性物质在单独存在时都服从指数衰减规律：

$$N(t) = N_0 e^{-\lambda t} \tag{6-5}$$

式中，比例系数 λ 称为衰变常量，是单位时间内每个原子核的衰变概率，$N_0$ 是在时间 $t=0$ 时的放射性物质的原子数。放射性衰变的指数衰减律只适用于大量原子核的衰变，对少数原子核的衰变行为只能给出概率描述。实际应用感兴趣的是放射性活度 $A(t)$，且有：

$$A(t) = \frac{\mathrm{d}N(t)}{\mathrm{d}(t)} = \lambda N(t) = \lambda N_0 e^{-\lambda t} = A_0 e^{-\lambda t} \tag{6-6}$$

放射性活度和放射性核数具有同样的指数衰减规律。半衰期 $T_{1/2}$ 是放射性原子核数衰减到原来数目的一半所需的时间，平均寿命 $\tau$ 是放射性原子核平均生存的时间。$T_{1/2}$，$\tau$，$\lambda$ 不是各自独立的，并有如下关系：$T_{1/2} = \ln 2/\lambda = \tau \ln 2 = 0.693\tau$。

原子核的衰变往往是一代又一代地连续进行，直到最后达到稳定为止，这种衰变叫做递次衰变，或叫连续衰变。例如：Thorium(钍) -Radium(镭) -Actinium(锕)

$$^{232}\mathrm{Th} \xrightarrow[1.41\times10^{10}]{\alpha} {}^{228}\mathrm{Ra} \xrightarrow[5.76\alpha]{\beta^-} {}^{228}\mathrm{Ac} \xrightarrow[6.13\mathrm{h}]{\beta^-} {}^{228}\mathrm{Th} \xrightarrow[1.913\alpha]{\alpha} \cdots \longrightarrow {}^{208}\mathrm{Pb} \tag{6-7}$$

箭头下面的数字表示半衰期。在任何一种放射性物质被分离后都满足指数规律，但混在一起就很复杂，按如下递次规律衰变：

$$N_t(t)=N_t(0)e^{-\lambda_1 t},N_2(t)=\frac{\lambda_1}{\lambda_2-\lambda_1}N_1(0)(e^{-\lambda_1 t}-e^{-\lambda_2 t}),\cdots,N_n(t)=N_1(0)\Big[\sum_i^n h_i e^{-\lambda_i t}\Big]$$

$$h_i=\prod_{j=1}^{n-1}\lambda_j/\prod_{j\in(1,\cdots,n),j\neq i}(\lambda_j-\lambda_i),i=1,2,\cdots,n \tag{6-8}$$

人们关注放射性物质的多少通常不用质量单位，而是其放射性活度，即单位时间的衰变数的大小。由于历史的原因，过去放射性活度的常用单位是居里（Curie，简计 Ci）。1950年以后定义：1 居里放射源每秒产生 $3.7\times10^{10}$ 次衰变。因此，$1Ci=3.7\times10^{10}s^{-1}$。国际标准 SI 制用 Becequerel 为放射性活度的单位，简记 Bq，衰变次数/s，它与居里的换算关系是 $1Ci=3.7\times10^{10}Bq$。

在实际应用中，经常用到“比活度”和“射线强度”这两个物理量。比活度是放射源的放射性活度与其质量之比，它的大小表明了放射源物质的纯度的高低。射线强度是指放射源在单位时间放出某种射线的个数。如果某放射源（$^{32}P$）一次衰变只放出一个粒子，那么射线强度与放射性活度相等。对某些放射源，一次衰变放出多个射线粒子，如 $^{60}Co$，一次衰变放两个 γ 光子，所以它的射线强度是放射性活度的 2 倍。

**6.2.2.2 原子核的结合能**

根据相对论，具有一定质量 $m$ 的物体，它相应具有的能量 $E$ 可以表示为：

$$E=mc^2=\frac{m_0c^2}{\sqrt{1-(u/c)^2}} \tag{6-9}$$

式中，$c$ 是真空中的光速和粒子运动速度的极限，称为质能联系定律。式中，$m_0$ 是该粒子的静止质量。以速度 $u$ 运动的粒子动量 $p$ 的表达式为：

$$p=mu \tag{6-10}$$

联立式(6-9) 和式(6-10)，可导出：

$$E^2=p^2c^2+m_c^{2\,4} \tag{6-11}$$

此式表示运动粒子的总能量 $E$、动量 $p$ 和静止质量 $m_0$ 之间的关系，是相对论的重要公式。以速度 $u$ 运动的粒子的动能 $E_k$ 是总能量 $E$ 与静止质量对应的能量 $m_0c^2$ 之差：

$$E_k=E-m_0c^2 \tag{6-12}$$

对于运动速度远小于光速（$u\ll c$）的经典粒子，可导出 $p^2c^2\ll m_0^2c^4$，与经典力学结论相同。

$$E_k=E-m_0c^2=m_0c^2\left[\left(1+\frac{p^2c^2}{m_0^2c^4}\right)^{1/2}-1\right]\approx\frac{p^2}{2m_0} \tag{6-13}$$

对于光子，它的静止质量为零，$m_0=0$，有：

$$E_k=E=cp \tag{6-14}$$

虽然光子的静质量为零，但它的质量不为零，由光子的能量 $E$ 所确定，即有 $m=E/c^2$。对于高速电子，它的静止质量虽不为零，但 $u\approx c$，它的能量很大 $E\gg m_0c^2$，它的动能 $E_k$ 近似等于 $pc$，与光子的情况相近。

考虑到光速是一个常量，对式(6-9) 中第一等式两边取差分，可得：

$$\Delta E=\Delta mc^2 \tag{6-15}$$

此式表明物质的质量和能量有密切关系，只有其中一种属性的物质是不存在的。1u 质量对应的能量很小。原子核物理中，通常用电子伏特（eV）作为能量单位，它与焦耳（J）的换算关系是，$1eV=1.60217646\times10^{-19}J$。可以算出 $1u=931.494MeV/c^2$。对静止质量

$m_e=5.4858\times10^{-4}u=0.51100\ MeV/c^2$，或者 $E_e=m_ec^2=511.0KeV$。实验发现，原子核的质量总是小于组成它的核子的质量和。具体计算总涉及核素的原子质量，通用的表示规则是：

$$M(Z,A)=m(Z,A)+Zm_e-Be(Z)/c^2 \tag{6-16}$$

式中，$M$ 是核素对应的原子质量；$m$ 是核的质量；$Be$（$Z$）是电荷数为 $Z$ 的元素的电子结合能。因为电子结合能对总质量亏损的贡献很小，一般不考虑电子结合能的影响。通常把组成某一原子核的核子质量与该原子核质量之差称为原子核的质量亏损，即：

$$\Delta M(Z,A)=ZM(^1H)+(A-Z)m_n-M(Z,A) \tag{6-17}$$

实验发现，所有的原子核都有正的质量亏损，$\Delta M(Z,A)>0$。质量亏损 $\Delta M$ 对应的核体系变化前后的动能变化是：

$$\Delta E=\Delta Mc^2 \tag{6-18}$$

$\Delta M>0$，变化后质量减少，$\Delta E>0$，称放能变化。对 $\Delta M<0$ 的情况，体系表化后静止质量增大，相应有 $\Delta E<0$，这种变化称吸能变化。自由核子组成原子核所释放的能量称为原子核的结合能。核素的结合能通常用 $B(Z,A)$ 表示，根据相对论质能关系：

$$B(Z,A)=\Delta M(Z,A)c^2 \tag{6-19}$$

不同核素的结合能差别很大，一般核子数 $A$ 大的原子核结合能 $B$ 也大。原子核平均每个核子的结合能称为比结合能，用 $\varepsilon$ 表示：

$$\varepsilon\equiv B(Z,A)/A \tag{6-20}$$

比结合能的物理意义是，如果要把原子核拆成自由核子，平均对每个核子所需要做的功。对稳定的核素 $^A_ZX$，以 $\varepsilon$ 为纵坐标、$A$ 为横坐标作图，可联成一条曲线，称为比结合能曲线（图 6-1）。从比结合能曲线的特点，可以找到核素比结合能的一些规律，总结如下。① 当 $A<30$ 时，曲线的趋势是上升的，但有明显的起伏。（$A<25$ 时的横坐标刻度拉长了）。有峰的位置都在 $A$ 为 4 的整倍数处，称为偶偶核，它们的 $Z$ 和 $N$ 相等，表明对于轻核可能存在 α 粒子的集团结构。②当 $A>30$ 时，比结合能 $\varepsilon$ 约为 8 左右，$B$ 几乎正比于 $A$。说明原子核的结合是很紧的，而原子中电子被原子核的束缚要松得多。③曲线的形状是中间高，两端低。说明当 $A$ 为 50～150 的中等质量时，比结合能 $\varepsilon$ 较大，核结合得比较紧，很轻和很重的核（$A>200$）结合得比较松。正是根据这样的比结合能曲线，物理学家预言了原子能的利用。

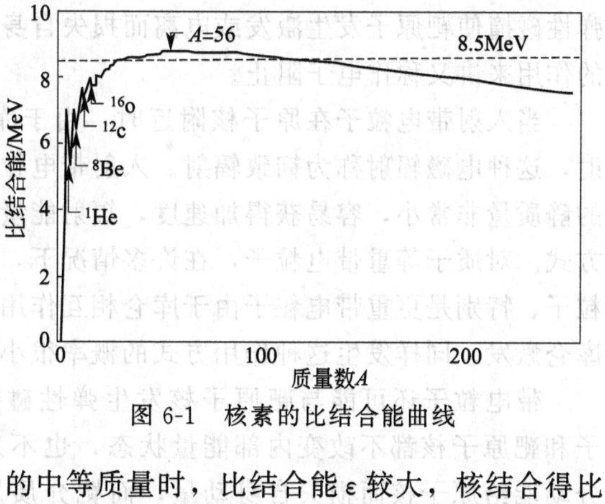

图 6-1　核素的比结合能曲线

### 6.2.2.3　原子核的稳定性规律

核素的 β 稳定性都集中在 $Z$-$N$ 图的一条狭长的区域内。对 $A<40$ 的原子核，β 稳定线近似为直线，原子核的质子数与中子数相等，$N/Z=1$。对 $A>40$ 的原子核，β 稳定线的中质比 $N/Z>1$。β 稳定线可用下列经验公式表示：

$$Z=\frac{A}{1.98+0.0154A^{2/3}} \tag{6-21}$$

在β稳定线左上部的核素，具有$\beta^-$放射性。在β稳定线右下部的核素，具有电子俘获EC或在$\beta^+$放射性。

β稳定线表示原子核中的核子有中子、质子对称相处的趋势，即中子数N和质子数Z相等的核素具有较大的稳定性，这种效应在轻核中很显著。对重核，因核内质子增多，库仑排斥作用增大了，要构成稳定的原子核就需要更多的中子以抵消库仑排斥作用。

稳定核素中有一大半是偶偶核。奇奇核只有5种，$^2H$、$^6Li$、$^{10}B$、$^{14}N$和丰度很小的$^{108m}_{73}Ta$。$A$为奇数的核有质子数$Z$为奇数和中子数$N$为奇数两类，稳定核素的数目差不多，介于稳定的偶偶核和奇奇核之间。这表明质子、中子各有配对相处的趋势。

### 6.2.3 射线与物质的相互作用

射线与物质的相互作用与射线的辐射源和辐射强度有关。核辐射是伴随原子核过程发射的电磁辐射或各种粒子束的总称。

#### 6.2.3.1 带电粒子与物质的相互作用

具有一定动能的带电粒子射进靶物质（吸收介质或阻止介质）时，会与靶原子核和核外电子发生库仑相互作用。如带电粒子的动能足够高，可克服靶原子核的库仑势垒而靠近到核力作用范围（约$10^{-12}$cm～10fm），它们也能发生核相互作用，其作用截面（约$10^{-26}$cm$^2$）比库仑相互作用截面（约$10^{-16}$cm$^2$）小很多，在分析带电粒子与物质相互作用时，往往只考虑库仑相互作用。

用带电粒子轰击靶核时，带电粒子与核外电子间可发生弹性和非弹性碰撞。这种非弹性碰撞会使核外电子改变其在原子中的能态。发生靶原子被带电粒子激发、受激发的原子很快（$10^{-9}$～$10^{-6}$s）退激到基态，并发射X射线、靶原子核被带电粒子电离，并发射特征X射线或俄歇（Auger electron）电子等物理现象。带电粒子在靶介质中，因与靶核外电子的非弹性碰撞使靶原子发生激发或电离而损失自身的能量，称为电离损失；从靶介质对入射离子的作用来讲又称作电子阻止。

当入射带电粒子在原子核附近时，由于库仑相互作用将获得加速度，伴随发射电磁辐射，这种电磁辐射称为韧致辐射。入射带电粒子因此会损失能量，称为辐射能量损失。电子的静质量非常小，容易获得加速度，辐射能量损失是其与物质相互作用的一种重要能量损失方式。对质子等重带电粒子，在许多情况下，辐射能量损失可以忽略。靶原子核与质子、α粒子、特别是更重带电粒子由于库仑相互作用，有可能从基态激发到激发态，这个过程称为库仑激发。同样发生这种作用方式的概率很小，通常也可忽略。

带电粒子还可能与靶原子核发生弹性碰撞，碰撞体系总动能和总动量守恒，带电粒子和靶原子核都不改变内部能量状态，也不发射电磁辐射。但入射带电粒子会因转移部分动能给原子核而损失自身动量，而靶介质原子核因获得动能发生反冲，产生晶格位移形成缺陷，称辐射损伤。入射带电粒子的这种能量损失称为核碰撞能量损失，从靶核来讲又称核阻止。

带电粒子受靶原子核的库仑相互作用，速度$v$会发生变化而发射电磁辐射。由于电子的质量比质子等重带电粒子小3个量级以上，如果重带电粒子穿透靶介质时的辐射能量损失可以忽略的话，那么必须考虑电子产生的辐射能量损失。电子在靶介质铅中，电离和辐射两种能量损失机制的贡献变得大致相同，差不多都为1.45keV/$\mu$m，对能量大于9MeV的电子，在铅中的辐射能量损失迅速变成主要的能量损失方式。现在已知，带电粒子穿过介质时会使原子发生暂时极化。当这些原子退极时，也会发射电磁辐射，波长在可见光范围（蓝色），称为契仑科夫辐射，在水堆停堆过程中很容易观察到。

#### 6.2.3.2 γ 射线与物质的相互作用

γ 射线、X 射线、正负电子结合发生的湮没辐射、运动电子受阻产生的韧致辐射构成了一种重要的核辐射类别，即电磁辐射。它们都由能量为 $E$ 的光子组成。从与物质相互作用的角度看，它们的性质并不因起源不同而异，只取决于其组成的光子的能量。本节只以 γ 射线与物质的相互作用为例，可推广到其他类似光子的情况。

γ 射线与物质相互作用原理明显不同于带电粒子，它通过与介质原子核和核外电子的单次作用损失很大一部分能量或完全被吸收；γ 射线与物质相互作用主要有 3 种：光电效应、康普顿散射和电子-正电子对产生。其他作用，如瑞利散射、光核反应等，在通常情况下截面要小得多，所以可以忽略，高能时才须考虑。准直 γ 射线透射实验发现，经准直后进入探测器的 γ 相对强度服从指数衰减规律：

$$I/I_0 = e^{\mu d} \tag{6-22}$$

$I/I_0$ 是穿过吸收介质 $d$ 后，γ 射线的相对强度。$\mu$ 是 γ 穿过吸收介质的总线性衰减系数（$cm^{-1}$），包括 γ 真正被介质吸收和被散射离开准直束两种贡献。总衰减系数 $\mu$ 可以分解为相对于光电效应、康普顿散射和电子对效应三部分，即：$\mu=\tau+\sigma+k$。通常采用半衰减厚度 $x_{1/2}$ 描述 γ 射线穿过吸收介质被吸收的行为。$x_{1/2}$ 是使初始 γ 光子强度减小一半所需某种吸收体的厚度，它与总线性衰减系数 $\mu$ 之间有如下关系：

$$x_{1/2} = \ln 2/\mu = 0.693\mu \tag{6-23}$$

在实际应用中，常使用质量厚度 $d=\rho x(g/cm^2)$ 描述靶介质对 γ 射线的吸收特性，而 $\mu$ 转换成 $\mu/\rho(cm^2/g)$。因为正电子在介质中只有很短的寿命，当它被减速到静止时会与介质中的一个电子发生湮没，从而在彼此成 180°方向发射两个能量各为 0.511MeV 的 γ 光子，探测湮没辐射是判断正电子产生的可靠实验证据。

### 6.2.4 原子核反应

#### 6.2.4.1 原子核反应概述

原子核与其他粒子（例如中子、质子、电子和 γ 光子等）或者原子核与原子核之间相互作用引起的各种变化叫做核反应，其能量变化甚至可以高达几百兆电子伏特。核反应发生的条件是，原子核或者其他粒子（中子，γ 光子）充分接近另一个原子核，一般来说需要达到核力的作用范围（量级为 $10^{-13}$cm）。可以通过 3 个途径实现核反应：①用放射源产生的高速粒子轰击原子核；②利用宇宙射线中的高能粒子来实现核反应，其能量很高，但强度很低，主要用于高能物理的研究；③利用带电粒子加速器或者反应堆来进行核反应，是实现人工核反应的主要手段。核反应一般表示为：

$$A+a \longrightarrow B+b[\text{或简写为 } A(a,b)B] \tag{6-24}$$

式中，A，a 为靶核与入射粒子；B，b 为剩余核与出射粒子。

按出射的粒子不同，核反应可以分为两大类：核散射和核转变。按粒子种类不同，核反应又可分为：中子核反应（包括中子散射、中子俘获）；带电粒子核反应；光核反应和电子引起的核反应。此外，核反应还可根据入射粒子的能量分为：低能、中能和高能核反应。在包括加速器驱动清洁核能系统（ADS）在内的新型核能的可利用范围，通常只涉及低中能核反应。大量实验表明，核反应过程遵守的主要守恒定律有：电荷守恒、质量数守恒、能量守恒、动量守恒、角动量守恒以及宇称守恒。

#### 6.2.4.2 核反应的反应能

核反应过程释放出来的能量，称为反应能，常用符号 $Q$ 来表示。$Q>0$ 的反应是放能反应，$Q<0$ 的反应称吸能反应。考虑了反应能后的核反应可表示为：

$$A+a \longrightarrow B+b+Q \tag{6-25}$$

可利用质量亏损 $\Delta m$ 计算 $Q$

$$Q=\Delta mc^2=(M_A+M_a-M_B-M_b)c^2 \tag{6-26}$$

每次裂变反应产生的平均反应能大约为 200MeV，因为裂变碎片衰变成裂变产物和过剩中子非裂变俘获都要产生能量。1g $^{235}$U 完全裂变所产生的能量约为 0.948MWd(兆瓦日)，考虑到非裂变俘获，产生 1MWd 的裂变能大约需要消耗 1.23g $^{235}$U。

#### 6.2.4.3 核反应截面与产额

当一定能量的入射粒子轰击靶核时，可能以各种概率引发多种类型的核反应。为了建立分析核反应过程的理论和进行实验测量，因此引入反应性截面的概念。对一个厚度很小的薄靶，入射粒子垂直通过靶子时，其能量变化可以忽略。假设单位面积内的靶核数为 $N_s$($cm^{-2}$)，单位时间的入射粒子数为 $I$($s^{-1}$)，单位时间内入射粒子与靶核发生的反应数 $N'$($s^{-1}$) 可表示为：$N'=\sigma IN_s$。比例系数 $\sigma$ 就称为核反应截面或有效截面，量纲为 $cm^2$，其物理意义表示一个入射粒子同单位面积靶上一个靶核发生反应的概率。$\sigma$ 是一个很小的量，大多数情况它都小于原子核的横截面，约为 $10^{-24}cm^2$ 的数量级，用"靶恩（或靶）"为单位，记为"barn 或 b($1b=10^{-24}cm^2$)"。

入射粒子在靶中引起的反应数与入射粒子数之比，称为核反应产额 $Y$，与反应截面、靶的厚度、纯度、靶材料等有关。对大于粒子在靶中的射程 $R$ 的厚靶，有时用平均截面来表示反应产额，其定义如下：$Y=NR\overline{\sigma(E)}$，其中 $\overline{\sigma(E)}=\int_0^R \sigma(E)\mathrm{d}x/R$。

#### 6.2.4.4 核反应过程和反应机制

外斯柯夫（V.F.Weisskopf）于 1957 年提出了核反应过程分为三阶段描述的理论，如图 6-2 所示，它描绘了核反应过程的粗糙图像。核反应的 3 个阶段是：独立粒子阶段；复合系统阶段；复合系统分解阶段。直接作用机制作用时间较短，一般为 $10^{-22}\sim10^{-20}$s，发射粒子的能谱为一系列单值的能量，角分布既不具有对称性；复合核作用时间较长，可长达 $10^{-15}$s，发射出粒子的能谱接近于麦克斯韦分布，角分布各向同性的或有 90°对称性。

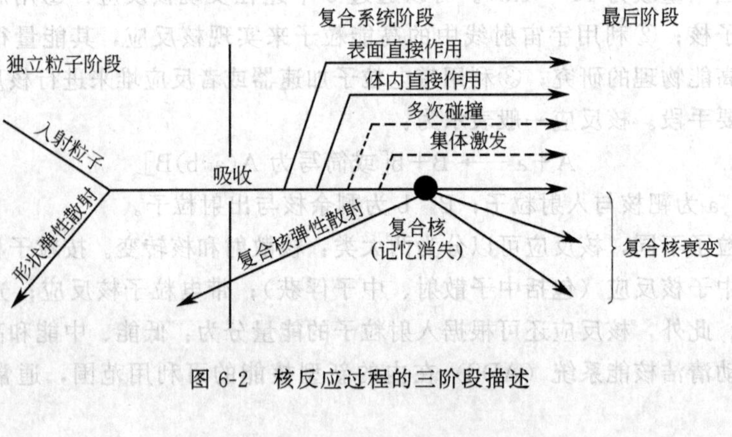


图 6-2 核反应过程的三阶段描述

图 6-3 描述了核反应过程各种截面之间的关系。其中，$\sigma_t$ 是总的有效截面；$\sigma_{pot}$ 是势散射截面；$\sigma_{SC}$ 是弹性散射截面；$\sigma_{res}$ 是共振散射截面；$\sigma_a$ 是进入复合系统的吸收截面；$\sigma_{CN}$ 是复合核形成截面；$\sigma_r$ 是反应截面或叫去弹性散射截面；$\sigma_D$ 是直接反应截面。由图，$\sigma_t=\sigma_{pot}+\sigma_a$；$\sigma_t=\sigma_{SC}+\sigma_r$；$\sigma_{SC}=\sigma_{pot}+\sigma_{res}$；$\sigma_a=\sigma_{CN}+\sigma_D$。$\sigma_{CN}$ 一般不等于 $\sigma_r$，只有当 $\sigma_{res}$ 和 $\sigma_D$ 可忽略时，两者才相等。玻尔于 1936 年提出的复合核模型的思路与描述核结构的液滴模型相似，把原子核比拟成液滴，并假设低能核反应分为两个独立的阶段：复合核形成与复合核衰变，则：

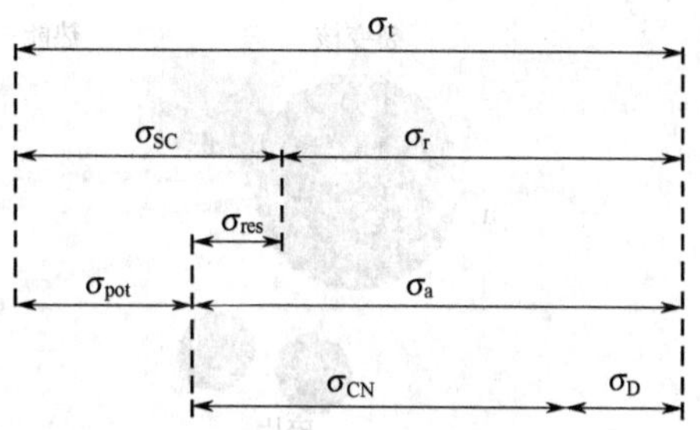


图 6-3　核反应各种截面之间的关系

$$A_i+a_i \longrightarrow C \longrightarrow B_j+B_j\text{；}\sigma_{a_ib_j}=\sigma_{CN}(E_{ai})W_{bj}(E^*) \qquad (6\text{-}27)$$

式中，C 为复合核，下标 i 和 j 分别对应所有可能的入射反应道和核衰变道，$\sigma_{ab}$ 是反应的截面，$\sigma_{CN}$（$E_{ai}$）是复合核的形成截面，$W_b$（$E^*$）为复合核通过发射粒子 b 的衰变概率。利用复合核模型可解释核反应共振现象，计算共振峰处的反应截面，复合核反应过程以及发射粒子能谱等。

## 6.3　商用核电技术

核能的利用从第二次世界大战期间发展核武器开始，到核电的第一次大规模发展仅用了不到三十年的时间。世界核电技术，经历了从 20 世纪 50 年代早期普选各种可能的核电原型堆的技术研发阶段，到逐步形成以轻水堆为主、气冷堆和重水堆为辅的商用核电技术的第一核纪元的历史演变。在经历了 1979 年美国三哩岛严重事故和 1986 年苏联切尔诺贝利核灾难之后，世界核能的发展历经沧桑，但商业规模的核电工业毕竟得以幸存，至今仍然有 437 座核电厂在商业运行中，为人类经济发展提供了约 17% 的电力。

### 6.3.1　核能发电的基础知识

#### 6.3.1.1　中子物理基础

从目前的技术可能性看，人类获取核能的手段仍然是通过重核裂变和轻核聚变，如图 6-4 所示。在重核裂变和轻核聚变的物理过程中，中子都扮演了重要的角色。中子存在于除氢以外的所有原子核中，是构成原子核的重要成分。中子整体电中性，具有极强的穿透能力，基本不会使原子电离和激发而损失能量，比相同能量的带电粒子具有强得多的穿透能力；中子源主要有：加速器、反应堆和放射性中子源。

用数百 MeV 的脉冲强流电子束或质子束轰击 $^{238}U$ 等重靶，可产生具有连续能谱的强中子源，称“白光”中子源。用裂变反应堆链式反应可不断产生通量高（$10^{12}\sim10^{15}\,s^{-1}\,cm^{-2}$）和能谱复杂的体中子源。用放射性核素衰变放出的射线轰击某些轻靶核发生产生（α，n），（γ，n）反应，也可放出中子。

中子与原子核的作用，根据中子的能量，可以产生弹性散射、非弹性散射、辐射俘获和裂变等，用 $\sigma_s$、$\sigma_s'$、$\sigma_\gamma$、$\sigma_f$ 表示其截面；总截面 $\sigma_t=\sigma_s+\sigma_s'+\sigma_\gamma+\sigma_f+\cdots$，吸收截面 $\sigma_a=\sigma_\gamma+$

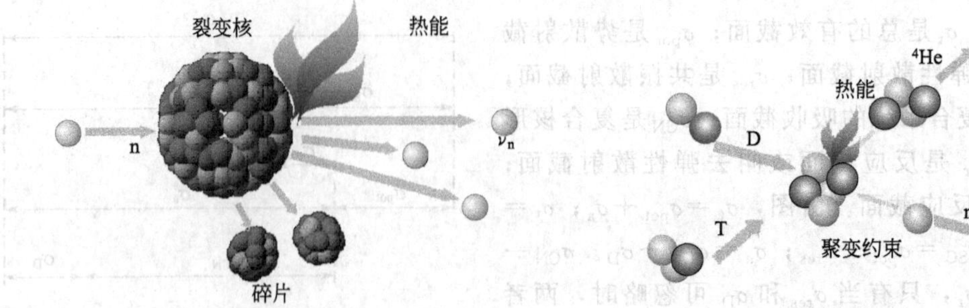


(a) 重核裂变　　　　(b) 轻核聚变

图 6-4　核裂变和核聚变示意

$\sigma_f$。在中子物理中，$\sigma$ 常称微观截面，而微观截面 $\sigma$ 与核子密度 $N$ 的乘积称宏观截面，且有：

$$\Sigma = N\sigma = \sum_j N_j \sigma_j \tag{6-28}$$

设强度为 $I_0$ 的中子束，射入厚度为 $D$ 的靶，在靶深度为 $x$ 处，中子束强度变为 $I$，总微观截面 $\sigma_t$，靶核子密度 $N$，根据中子平衡，中子在靶介质中穿过距离 $x$ 不发生碰撞的概率可表示为 $I(x)/I_0=e^{-\Sigma_t^x}$，在 $x-x+dx$ 范围发生碰撞的概率为 $-dI/I(x)=\Sigma_t dx$，那么中子在靶介质中穿过距离 $x$ 不发生碰撞，但在 $x\sim x+dx$ 范围发生碰撞的概率 $P(x)dx$ 可由式(6-29）导出：

$$I(x)=I_0 e^{-\Sigma_t x} \Rightarrow P(x)dx=\Sigma_t e^{-\Sigma_t x}dx \tag{6-29}$$

由此，可分别获得总反应、散射反应和吸收反应的平均自由程：

$$\lambda_t = \int_0^\infty xP(x)dx = \frac{1}{\Sigma_t};\lambda_s = \frac{1}{\Sigma_s} = \frac{1}{N\sigma_s};\lambda_a = \frac{1}{\Sigma_a} = \frac{1}{N\sigma_a} \tag{6-30}$$

由于各种反应截面都是中子能量 $E_n$ 的函数，所以平均自由程也是中子能量的函数。

中子与靶介质碰撞会损失动能而减速，这种将能量高的快中子变成能量低的慢中子物理过程称为中子的慢化，对应的靶介质称为慢化剂。一般核反应产生的中子的能量都在 MeV 量级，称快中子。但在有些实际应用，如热堆、同位素生产等，常要求能量为 eV 量级的中子，称慢中子；常选用散射截面大而且吸收截面小的轻元素作慢化剂，如氢、氘和石墨等。氢、氘没有激发态，中子与其作用损失能量的主要机制是弹性散射。$^{12}C$ 的最低激发态为 4.44MeV，当中子的能量低于反应阈能 $E_{th}=4.8MeV$ 时，在石墨上也只发生弹性散射。平均对数能损失和平均碰撞次数是描述中子慢化特征的重要参数。理论和实验表明：动能为几 eV～几 MeV 的中子与原子核的弹性散射，在质心系中是各向同性的，单位立体角分布是等概率的，则：

$$f(\theta_c)d\theta_c=\frac{2\pi\sin\theta_c d\theta_c}{4\pi}=\frac{1}{2}\sin\theta_c d\theta_c \tag{6-31}$$

中子一次碰撞的平均能量损失为：

$$\overline{\Delta E} = \int_0^\pi \Delta E f(\theta_c)d\theta_c = \frac{1}{2}E_1(1-\alpha)\int_0^\pi(1-\cos\theta_c)\sin\theta_c d\theta_c = \frac{1}{2}E_1(1-\alpha) \tag{6-32}$$

连续多次碰撞过程中，中子一次碰撞的平均对数能降为：

$$\xi=\left(\ln\frac{E_1}{E_2}\right)=1+\frac{(A-1^2)}{2A}\ln\left(\frac{A-1}{A+1}\right) \tag{6-33}$$

中子能量从 $E_i$ 减少到 $E_f$ 平均碰撞的次数为：

$$\overline{M}=\frac{1}{\xi}\ln(E_i/E_f) \tag{6-34}$$

用氢做慢化剂，能量从 2MeV 减少到 0.025eV，需要 18.2 次碰撞；$^{12}C$，115 次；$^{238}U$，2172 次。乘积 $\xi\Sigma_s=\xi N\sigma_s$ 用来表示慢化剂的慢化本领，其意义是：该乘积越大，中子在相同能量损失下在介质中经过的路程就越短。减速比是慢化与吸收的比率，即：$\zeta=\xi\Sigma_s/\Sigma_a=\xi\sigma_s/\sigma_a$。以水和重水的比较为例，虽然轻水的平均对数能降大，对轻水 $\zeta=71$，对重水 $\zeta=5670$，表明重水慢化的中子经济性能更好。

对无限大介质中的单能点中子源，中子从 $E_i$ 慢化到 $E_f$ 过程中穿行的距离的均方值为：

$$R^2=6\tau\Rightarrow\tau=\int_{E_f}^{E_i}\frac{\lambda_s^2}{3\varepsilon(1-\overline{\cos\theta_L})}\frac{dE}{E} \tag{6-35}$$

$\tau$ 称为费米年龄，随中子慢化时间单调增加，具有面积的量纲，而非时间量纲。式中实验室参考系中散射角的余弦对方向的平均值可利用前面的知识求得：

$$\overline{\cos\theta_L}=\frac{2}{3A}\Rightarrow\tau=\frac{\lambda_s^2}{3\varepsilon\left(1-\frac{2}{3A}\right)}\ln(E_i/E_f)\Rightarrow L_m\equiv\sqrt{\tau}=\sqrt{\frac{R^2}{6}} \tag{6-36}$$

式中，符号 $L_m$ 称为慢化长度。

中子扩散就是热中子从密度大的地方不断向密度小的地方迁移的过程。从中子源发出的中子一般是快中子，经过慢化后变成热中子。当 $\Sigma_s\gg\Sigma_a$ 的时，即 $\lambda_s\ll\lambda_a$ 时，热中子不会马上消失，还会在介质中不断运动，并和介质中的原子核不断碰撞。直到中子能量和介质能量交换达到平衡。在反应堆物理中，中子通量 $\phi$(neutron flux，又称中子通量密度）和中子流 $J$ 是经常使用的重要物理量。中子通量的一般定义为：

$$\phi(r,E,t)=vn(r,E,t) \tag{6-37}$$

式中，$r$ 是空间位置矢量；$E$ 是中子的能量；$v$ 是中子运动的速率；$t$ 是时间。

表示单位时间从空间各个方向穿过在空间位置为 $r$ 处的单位面积的中子总数。中子通量是一个标量，其量纲为 $m^{-2}s^{-1}$；中子流 $J(r,E,t)$ 与中子通量不同，描述的是单位时间从空间某个方向投射到空间位置 $r$ 处的垂直单位面积上的、其运动方向与垂直面法线方向相同的净中子数，它是一个矢量。按此一般定义，单位时间从空间某个方向投射到空间位置 $r$ 处的法线方向为 $n$ 的单位面积上的净中子数为 $J(r,E,t)=J\cdot n$ 是一个标量。在扩散理论中，中子流 $J$ 由斐克定律确定，即：

$$J(r,E,t)=-D\nabla\phi(r,E,t) \tag{6-38}$$

式中，比例系数 $D$ 叫做扩散系数，且 $D=\lambda_{tr}/3$，$\lambda_{tr}$ 是中子输运平均自由程。如果热中子能谱遵守麦克斯韦分布 $f(E)$，可用能谱平均的扩散系数代替斐克定律中的 $D$，则：

$$\overline{D}=\int_0^\infty D(E)f(E)\sqrt{E}dE\Big/\int_0^\infty f(E)\sqrt{E}dE \tag{6-39}$$

在实际的反应堆中，中子的能谱很复杂，仅裂变中子的能谱 $\chi(E)$ 一项，根据核裂变液滴模型的蒸发能谱，基本上是能量的麦克斯韦分布函数。不同类型的反应堆，因为中子慢化剂的慢化本领不同、采用的核燃料的组分不同以及核燃料与慢化剂的空间布置不同，将会使反应堆的实际中子能谱变得非常复杂。例如，通常热中子反应堆的能谱，按中子的能量可相略地分为三个典型的能区，即热中子、中能中子区和快中子区。在中子能量 $E_n<0.1eV$ 时的热中子能区，中子的能谱可用一定温度 $T$ 的麦克斯韦分布拟合；在中子能量 $1eV<E<$

0.1MeV 的中能中子谱的范围，中子的能谱近似为 $1/E$ 分布；在 $E_n>0.1\text{MeV}$ 的快中子谱范围，中子的能谱近似为裂变谱。在 $0.1\text{eV}<E_n<1\text{eV}$ 的能量范围，中子的能谱分布与麦克斯韦分布和 $1/E$ 分布都有一定的偏差，一般讲这个能量范围的中子也归为热中子。除了反应堆中子能谱复杂外，所有相关的核反应的反应截面随中子能量分布的变化也非常复杂。因此，单能中子扩散方程一般很难满足实际反应堆物理设计的要求。

描述与时间和连续能量分布相关的中子扩散方程可写为：

$$\frac{\partial n(r,E,t)}{\partial t}=(F_p-M)\phi(r,E,t)+S \tag{6-40}$$

其中，$\phi(r,E,t)=n(r,E,t)v(r,E,t)$ 是 $t$ 时刻 $r$ 处能量为 $E$ 的中子通量，$n(r, E, t)$ 是对应的中子密度，$v(r, E, t)$ 是对应的中子的速率，$S$ 是外中子源，算符 $F_p$ 与 $M$ 分别表示对应的中子产生算符和移出算符，可分别写为：

$$F_p\phi(r,E,t)=\chi(E)\int_0^{\infty}\nu\Sigma_f(r,E',t)\phi(r,E',t)\mathrm{d}E'$$

$$M\phi(r,E,t)=-\nabla\cdot D(r,E,t)\nabla\phi(r,E,t)+\Sigma_t(r,E,t)\phi(r,E,t)-\int_0^{\infty}\Sigma_s(r,E'\to E,t)\phi(r,E',t)\mathrm{d}E'$$

在实际裂变反应堆物理的计算中，经常采用多能群中子扩散模型近似，以便按中子能谱分群确定各群的核反应截面及其他群参数。描述中子能量具有某种分布且介质中没有外中子源的多群中子扩散方程的一般形式可表示为：

$$\frac{\partial n_g(r,t)}{\partial t}=\nabla\cdot D_g\nabla\phi_g(r,t)-(\Sigma_{t,g}-\Sigma_{g\to g})\phi_g(r,t)+\sum_{g'=1,g'\neq g}^{G}\Sigma_{g'\to g}\phi_{g'}(r,t)+\chi_g\sum_{g'=1}^{G}(\nu\Sigma_f)_{g'}\phi_{g'}(r,t) \tag{6-41}$$

在上述多群扩散方程中，等式的左端是单位体积第 $g$ 群中子随时间的变化率；右端第一项是单位体积第 $g$ 群中子的泄漏率；右端第二项是单位体积第 $g$ 群中子的移出率，包括通过散射和吸收从第 $g$ 群移出的中子；右端第三项是单位体积通过散射从别的所有能却进入第 $g$ 群的移入率；右端最后一项是所有能群的中子引起的核裂变产生的第 $g$ 群中子的产生率，其物理意义非常明确。涉及的参量包括：群中子密度 $n_g$，群中子通量能谱 $\phi_g$ 和群参数 $\Sigma_{g'\to g}$、$D_g$、$\Sigma_{t,g}$($\Sigma_{x,g}$，$x=a,s$)、$\chi_g$ 及 $(\nu\Sigma_f)_g$ 等。其分别定义为：

$$n_g(r,t)=\int_{E_g}^{E_{g-1}}v^{-1}(E)\phi(r,t)\mathrm{d}E;\ \phi_g(r,t)=\int_{E_g}^{E_{g-1}}\phi(r,E,t)\mathrm{d}E;\ \chi_g=\int_{E_g}^{E_{g-1}}\chi(E)\mathrm{d}E;$$

$$D_g=\frac{\int_{E_g}^{E_{g-1}}D(E)\nabla^2\phi(r,E,t)\mathrm{d}E}{\int_{E_g}^{E_{g-1}}\nabla^2\phi(r,E,t)\mathrm{d}E}=\frac{1}{\phi_g}\int_{E_g}^{E_{g-1}}D(E)\phi(E)\mathrm{d}E;\ \phi_g=\int_{E_g}^{E_{g-1}}\phi(E)\mathrm{d}E;$$

$$\Sigma_{t,g}=(\Sigma_{s,g}+\Sigma_{a,g})=\frac{\int_{E_g}^{E_{g-1}}(\Sigma_s+\Sigma_a)\phi(r,E,t)\mathrm{d}E}{\int_{E_g}^{E_{g-1}}\phi(r,E,t)\mathrm{d}E}=\frac{1}{\phi_g(r,t)}\int_{E_g}^{E_{g-1}}(\Sigma_s+\Sigma_a)\phi(r,E,t)\mathrm{d}E;$$

$$(\nu\Sigma_f)_g=\frac{1}{\phi_g(r,t)}\int_{E_g}^{E_{g-1}}(\nu\Sigma_f)\phi(r,E,t)\mathrm{d}E;$$

$$\Sigma_{g'\to g}=\frac{\sum_{n\subset g}\sum_{n'\subset g'}\Sigma_{n'\to n}\phi_{n'}}{\sum_{n'\subset g'}\phi_{n'}},\ g,g'=1,2,\cdots,G$$

其中，$\chi_g$ 是裂变中子出现在 $g$ 能群内的概率，也称中子的裂变能谱；$G$ 是能群的总数。所有相关群常数通常都是能谱平均参数。此外，在计算群参数时，中子通量分布函数 $\phi(r, E, t)$，假设可按自变量完全分离，即应用了 $\phi(r,E,t)=\varphi(r,t)\phi(E)$ 的假设。

在实际反应堆物理计算中，计算群参数是一个非常繁杂，但非常重要的工作。需要考虑复杂的中子能谱和各种反应截面与其他群参数随中子能量的变化。对包含对中子有共振吸收的介质材料，还要根据共振峰的能谱特性进行特殊处理。

如果求解核反应堆堆芯中子通量的稳态分布 $\phi(r, E)$，式(6-41) 演变为：

$$\nabla\cdot D_g\nabla\phi_g(r)-(\Sigma_{t,g}-\Sigma_{g\to g})\phi_g(r)+\sum_{g'=1,g'\neq g}^{G}\Sigma_{g'\to g}\phi_{g'}(r)+\frac{\chi_g}{k}\sum_{g'=1}^{G}(\nu\Sigma_f)_{g'}\phi_{g'}(r)=0 \tag{6-42}$$

与式(6-41) 对应相比较，方程的第四项，即裂变中子的产生率项，多除以了一个常数 $k$，称为方程的本征值，目的是数学上确保能获得齐次方程组 (6-42) 关于 $\phi_g$ 的非零解。本征值 $k$ 的大小，确定了反应堆的临界状态。

实际反应堆的中子通量分布计算相当复杂。如果采用扩散模型，需要经过从燃料栅元计算多群参数，到并群计算燃料组件的少群参数，再到计算反应堆堆芯的中子通量分布等多个计算过程。如果可以保证群参数的计算准确性，通过多群扩散模型并群的少群扩散模型基本上能够满足现有裂变能核电反应堆的堆芯设计要求。例如，目前采用棒束燃料组件构建成堆芯，而且燃料和慢化剂布置得比较均匀的大型核电站轻水堆的堆芯设计，求解两能群（分为快中子能群和热中子能群）的中子扩散方程就可以求得满足工程要求的堆芯中子通量的分布，并由此可以确定精确度很高的反应堆堆芯功率分布。因为高温气冷堆的中子能量分布的空间效应更强，通常计算高温气冷堆的堆芯中子通量分布采用 4 能群的扩散方程。如果要考虑中子与物质相互作用在反应堆中任意位置的各向不同性特性，则应当采用更精确的中子输运方程。

#### 6.3.1.2　链式反应与裂变反应堆

如图 6-5 所示，反应堆燃料组件中的易裂变核吸收一个中子发生裂变，裂变又产生中子、又引起裂变，形成链式反应：

$$^{235}U+n\longrightarrow{}^{236}U^{*}\longrightarrow\begin{cases}^{144}Ba+{}^{89}Kr+3n\\ ^{140}Xe+{}^{94}Sr+2n\end{cases} \tag{6-43}$$

在纯$^{235}$U 体系中，如体积或质量太小，不会达到维持链式裂变的条件；体积太大，大部分中子会再引起裂变，链式反应过剧烈或引起核爆，所以裂变反应堆都不采用纯易裂变材料建造反应堆，按国际原子能机构的规定，民用核反应堆的燃料中的易裂变材料的富集度（燃料中易裂变材料与重金属材

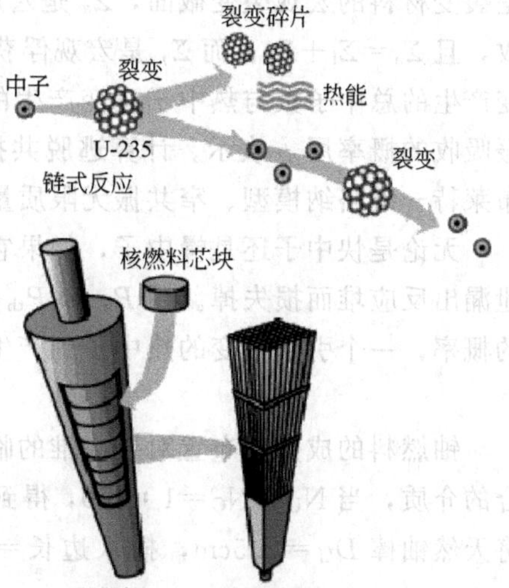

图 6-5　裂变反应堆链式裂变反应的示意

料的质量百分比）都不允许超过20%，所以商用核电反应堆在任何情况下都不会发生核爆。核电厂采用能实现可控制链式反应的核反应堆把核能转换成热能，再通过冷却剂把热能载到能量转换系统转换成电能。热中子引起裂变的反应堆，称热中子堆；快中子引起裂变的反应堆，称快中子堆。目前全世界仍在运行的商用核电反应堆都是热中子堆。

热中子堆实现自持链式反应的条件：中子密度在链式反应中不随时间减少。中子由产生到最后被物质吸收，称为中子的一代，所经过的时间称代时间，用 $\Lambda$ 表示；在无限大的介质中，一个中子经一代所产生的中子数称为中子的增殖因数，用 $k_\infty$ 表示：

$$k_\infty=\frac{\text{单位时间生成的中子数}}{\text{单位时间吸收的中子数}} \tag{6-44}$$

$k_\infty=1$，表示无限大介质自持链式反应临界条件。对有限几何尺寸的反应堆，自持链式反应的临界条件要求 $k_\infty>1$，因有部分中子会从反应堆表面泄漏，有效增殖因素 $k_{\mathrm{eff}}$ 可写为：

$$k_{\mathrm{eff}}=\frac{\text{单位时间生成的中子数}}{\text{单位时间(被吸收+泄漏)的中子数}} \tag{6-45}$$

$k_{\mathrm{eff}}=1$，是自持链式反应临界条件或反应堆临界条件；$k_{\mathrm{eff}}>1$，称超临界；$k_{\mathrm{eff}}<1$，称次临界。形象描述无穷大热谱反应堆的临界条件的有著名的4因子公式。在热谱反应堆中，部分热中子被 $^{235}U$ 或 $^{233}U$, $^{239}Pu$ 等易裂变核吸收，引起核裂变或发生俘获吸收；还有部分热中子被 $^{238}U$ 或 $^{232}Th$ 等可裂变材料、慢化剂和结构材料吸收。一代中子在链式核裂变过程中将经历如下几步：①热中子被吸收，②热中子被核燃料吸收后引起核裂变发出裂变中子，③裂变发出的高能快中子被核燃料吸收后引起核裂变发出倍增的中子，④快中子在慢化成热中子的过程中逃逸核燃料共振吸收。综合上述4个序列步中子的增减比例，无限大反应堆的中子增殖因数 $k_\infty$ 可用如下4因子公式计算：

$$k_\infty=f\eta\varepsilon p \tag{6-46}$$

其中，对均匀介质的热中子利用因数 $f=\Sigma_{a,U}/(\Sigma_{a,U}+\Sigma_{a,M}+\Sigma_{a,C}+\Sigma_{a,S})$，下标U，M，C，S分别表示铀燃料、慢化剂、冷却剂和结构材料；一个热中子被核燃料吸收后发出的平均中子数 $\eta=\nu\Sigma_{f,U}/\Sigma_{a,U}=\nu\sigma_{f,U}/(\sigma_{f,U}+\sigma_{\gamma,U})$，$\nu$ 是复合核发生裂变时平均放出的中子数，$\Sigma_f$ 是裂变材料的宏观裂变截面，$\Sigma_a$ 是宏观吸收截面，包括 $^{235}U$、$^{238}U$、$^{239}Pu$ 等所有重金属的吸收，且 $\Sigma_a=\Sigma_f+\Sigma_\gamma$，而 $\Sigma_\gamma$ 是宏观俘获截面；快中子裂变因数 $\varepsilon$ 是快中子和热中子引起的裂变产生的总中子数与热中子裂变产生的中子数之比，根据该定义，所以 $\varepsilon>1$。中子逃脱共振吸收的概率用 $p$ 表示。计算逃脱共振的方法是根据共振吸收峰的形状和分布建立的，如布莱特－维格纳模型、窄共振无限质量近似等。

无论是快中子还是慢中子，如果它们穿过尺寸有限的反应堆表面时，就会有一部分中子泄漏出反应堆而损失掉。用 $P_F$ 和 $P_{th}$ 分别表示快中子和热中子不净泄漏出有限尺寸反应堆的概率，一个引起裂变的热中子到产生下一代裂变的热中子的中子增殖因数 $k_{\mathrm{eff}}$ 为：

$$k_{\mathrm{eff}}=f\eta\varepsilon P_F P_{th} \tag{6-47}$$

铀燃料的成分和布置对反应堆的临界条件有很大的影响。例如，用天然铀与石墨均匀混合的介质，当 $N_U:N_C=1:400$，得到的最大 $k_\infty=0.78$，达不到链式反应的临界条件；而将天然铀棒 $D_U=2.5$cm，插入边长＝11cm方纯石墨块中心孔中，并按栅格排列，有 $\varepsilon=1.028$，$p=0.905$，$f=0.888$，$\eta=1.308$，$k_\infty=1.0806$。后一种情况下，$k_\infty>1$ 极有可能搭建出一座可以达到临界的尺寸有限（直径约5.5m）的反应堆。

#### 6.3.1.3　裂变反应堆动力学

假设一座反应堆堆芯时空相关的中子密度 $n(r,t)$ 或通量 $\phi(r,t)$ 可以分离变量表示成空间本征函数和时间相关函数的乘积，即：$n(r,t)=\phi(r)n(t)$ 或 $\phi(r,t)=\phi(r)n(t)$，$\phi(r)$ 称为形状函数，不随空间变化的部分 $n(t)$ 称为幅值函数，描述空间平均的中子密度或通量变化。在考虑了 6 组先驱核的缓发中子后，$n(t)$ 可用下列点堆动态方程描述：

$$\rho\equiv\frac{k-1}{k};\Lambda=\frac{1}{k}\Rightarrow\frac{\mathrm{d}n}{\mathrm{d}t}=\frac{\rho-\beta}{\Lambda}n(t)+\sum_{i=1}^{6}\lambda_iC_i(t);\ \frac{\mathrm{d}C_i}{\mathrm{d}t}=\frac{\beta_i}{\Lambda}n(t)-\lambda_iC_i(t);i=1,\cdots,6 \quad (6\text{-}48)$$

式中，$t$ 是中子的寿命；$\Lambda$ 是中子代时间；$\rho$ 是反应性；$C_i$ 是第 $i$ 组裂变先驱核浓度；$\beta_i$ 是第 $i$ 组缓发中子的份额；$\beta$ 是缓发中子的总份额。

反应性 $\rho$ 随反应堆温度的相对变化 $\mathrm{d}\rho/\mathrm{d}T$ 叫做反应性的温度系数，包括慢化剂的温度系数 $\alpha_m$，以及核燃料的温度系数，即多普勒（Doppler）系数 $\alpha_D$。反应性系数的量纲是 pcm/℃（1pcm$=10^{-5}$），$\alpha_m$ 主要由两个影响因数：温度变化引起的慢化剂密度变化和其吸收性能的变化。对水堆，如果水与铀的核子数比过大，就可能出现正温度系数。$\alpha_D$ 是由燃料的多普勒效应引起的，中子与燃料核相互作用时核的热运动使核对中子的共振吸收峰展宽，中子共振吸收增加，因此 $\alpha_D$ 总是负值。商用反应堆设计一般要求反应堆运行在负温度系数或负功率系数范围，保证反应堆在温度升高时，功率反馈为负反馈。我国大亚湾核电站只有在硼浓度大于 2000ppm 时，才会在冷停堆状态下出现正反应性系数，目前都运行在 1300ppm 以下。此外，反应性 $\rho$ 随慢化剂空泡份额的相对变化 $\mathrm{d}\rho/\mathrm{d}\alpha$ 叫做反应性的空泡系数，对水堆在水铀比太大时可能为正值。

反应堆在运行过程中，随燃耗的加深，裂变碎片会逐渐积累。在裂变产物中有两种核素 $^{135}Xe$ 和 $^{149}Sm$ 对很大的中子吸收截面，前者的总产额为 5.9%，其大部分（5.6%）从 $^{135}I$ 衰变而来；后者产额为 1.3%。因 $^{135}Xe$ 的半衰期只有 9.2h，所以当反应堆运行足够长时间后，它的浓度就会达到一个饱和值，由 $^{135}Xe$ 的积累引起的反应堆反应性减少通常称为“氙中毒”。反应堆停堆后，堆内积累的 $^{135}I$ 会继续衰减成 $^{135}Xe$，其半衰期为 6.2h，比 $^{135}Xe$ 衰减得快，结果导致 $^{135}Xe$ 的浓度会在停堆后的一段时间内达到峰值，然后随 $^{135}Xe$ 的进一步衰减和 $^{135}I$ 的剩余核不断减少又会逐渐降低，直到几乎消失。如果在此过程中，$^{135}Xe$ 引起的负反应性在某段时间内比反应堆本身的全部后备反应性（没有控制棒的反应堆）还大，那么反应堆就不能临界，称反应堆“掉入碘坑”。如果不插入负反应性足够大的中子吸收体，$^{135}Xe$ 的浓度变化还可能出现振荡，也称“氙振荡”，振荡周期与反应堆本身的特性有关。大亚湾核电站反应堆的氙振荡是收敛的，周期约 30h。因为 $^{149}Sm$ 和其他产物的影响相对较小，但其积累可能影响堆功率分布和后备反应性。

#### 6.3.1.4　反应堆释热与冷却

在一个反应堆堆芯内，热的释放率和运行功率，是受系统传热的限制，又称热工限制，而不受核限制。反应堆的释热功率必须限制在反应堆堆芯冷却系统的排热能力的限制之内，使反应堆堆芯内最高温度和最大面热流不超过规定的安全限制。单位时间和单位体积内由核反应释放的能量称为体积发热率 $q'''$，量纲为 W/m³。反应堆的体积发热率主要由核燃料的裂变引起，与中子通量 $\phi$ 和核反应的能谱平均宏观裂变截面 $\overline{\Sigma}_f$ 成正比，比例系数是每次裂变释放的能量 $G$（约 200MeV），因此有：

$$q'''=\overline{G\phi\Sigma_f}=G\phi N_f\bar{\sigma}_f \quad (6\text{-}49)$$

式中，$N_f$ 为裂变材料的核子密度；$\bar{\sigma}_f$ 为能谱平均微观裂变截面。裂变过程释放的能量分配包括：瞬发的裂变碎片的动能（80.5%），新生快中子的动能和裂变释放的γ能（5%），缓发能量（约11%，其中约5%的伴随β衰变的中微子的能量无法回收），以及过剩中子引起的（$n$，$\gamma$）反应的能量（3.5%）。因此，通过反应堆物理计算获得反应堆堆芯中子通量分布 $\phi(r)$ 后，就可确定反应堆的堆芯体积发热率分布。堆芯体积发热率分布还可用来导出燃料元件表面热流密度的分布，确定冷却系统是否能提供足够的冷却能力，保证反应堆燃料元件在功率运行范围内不出现传热危机或临界热流密度，并保证温度不超过燃料原件材料允许的最高温度。按反应堆的安全要求，反应堆的热工设计还要保证反应堆具有适当的热工安全裕度。例如，美国 EPRI 和欧洲 EUR 文件都要求新建先进轻水堆应当具有15%的热工安全裕度。

按保守设计，通常假设堆芯发热全部从燃料材料中发出。因此可以近似地将燃料材料与堆芯的体积比作为比例因子，把反应堆的体积发热率 $q'''$ 分布转换成反应堆燃料材料的体积发热率 $q'''_h$ 分布，可以近似为：

$$q'''_{\mathrm{h}}(r)=q'''(r)\frac{\Delta V}{\Delta V_{\mathrm{F}}} \tag{6-50}$$

式中，$\Delta V_F$ 和 $\Delta V$ 分别表示反应堆堆芯位置为 $r$ 处的计算控制体中燃料所占的体积和计算控制体的体积。如果燃料与堆芯的体积比在全堆芯各栅元（如典型的燃料与冷却剂组成的燃料组件获燃料棒栅元）基本相等，那么 $q'''_{\mathrm{h}}\approx q'''V/V_{\mathrm{F}}$，$V_F$ 和 $V$ 是堆芯燃料的总体积和堆芯的总体积。根据反应堆采用的堆芯燃料和冷却流道的布置不同，堆芯体积发热率分布还可用来导出燃料元件表面热流密度分布 $q''_{\mathrm{h}}(r)$、线热流密度分布 $q'_{\mathrm{h}}(r)$ 和体积发热率之间的关系：

$$q''_{\mathrm{h}}(r)P_{\mathrm{h}}/A_{\mathrm{F}}=q'_{\mathrm{h}}A_{\mathrm{F}}=q'''_{\mathrm{h}} \tag{6-51}$$

式中，$P_h$ 是燃料元件的热周，m；$A_F$ 是燃料元件截面的面积，$m^2$。

如果燃料与堆芯的体积比在全堆芯各栅元（如典型的燃料与冷却剂组成的燃料组件获燃料棒栅元）基本相等，那么，$V_F$ 和 $V$ 是堆芯燃料的总体积和堆芯的总体积。在确定了燃料的体积释热率分布及燃料元件的结构后，就可以计算燃料和燃料包壳内的温度分布，采用如下的热传导方程：

$$\frac{\partial T_{\mathrm{F}}}{\partial t}=\frac{1}{\rho_{\mathrm{F}}C_{\mathrm{p,F}}}\nabla\cdot(k_{\mathrm{F}}\nabla T_{\mathrm{F}})+\frac{q'''_{\mathrm{h}}}{\rho_{\mathrm{F}}C_{\mathrm{p,F}}};\ \frac{\partial T_{\mathrm{C}}}{\partial t}=\frac{1}{\rho_{\mathrm{C}}C_{\mathrm{p,C}}}\nabla\cdot(k_{\mathrm{C}}\nabla T_{\mathrm{C}}) \tag{6-52}$$

其中第一式用于燃料区，第二式用于燃料包壳区。定解条件是在燃料与包壳界面，以及包壳与冷却剂界面传热条件。在反应堆热工设计中，通常都采用牛顿换热公式：

$$q'''_{\mathrm{c,w}}=h(T_{\mathrm{c,w}}-T_{\mathrm{f}}) \tag{6-53}$$

其中 $h$ 是燃料包壳外表面与冷却剂主流体之间换热关系式，一般采用无量纲经验关系式，具体的经验关系式因燃料原件的几何结构、冷却剂冲刷方式等不同变化很大，有兴趣者可参考有关反应堆热工的文献。

水堆热工设计的一个最重要的安全准则是最小偏离泡核沸腾比 MDNBR，其定义为：

$$\mathrm{MDNBR}=\min[q'''_{\mathrm{CHF}}(r)/q''_{\mathrm{C,W}}(r)] \tag{6-54}$$

也就是堆芯燃料元件某点表面的基于实验数据的临界热流密度与该点实际热流密度之比的最小值。涉及基于实验数据整理的临界热流密度的经验关系式 $q'''_{\mathrm{CHF}}$ 和从名义热流密度计算实际热流密度计算时必须考虑的各种不利因素引起的不确定性。安全设计要求 MDNBR>1，为了留有安全裕度，目前商用核电站的 MDNBR 约1.1～1.3。

反应堆停堆后功率不会马上停下来，而是首先迅速衰减到一个较低的功率水平后，并较长时间保持在放射性裂变碎片的衰减释热（余热）的功率水平上。所以核电站反应堆系统还设置有余热排除系统，对反应堆进行长期冷却。可用式(6-55) 计算：

$$\frac{Q_s(t)}{Q(0)}=[0.1(t+10)^{-0.2}-0.087(t+2\times10^7)^{-0.2}]$$
$$-[0.1(t+t_0+10)^{-0.2}-0.087(t+t_0+2\times10^7)^{-0.2}] \quad (6\text{-}55)$$

式中，$Q_s(t)/Q(0)$表示余热功率与停堆时的功率比；$t_0$ 是反应堆在 $Q(0)$ 功率下运行的时间，s；$t$ 是停堆后的时间，s。目前在工程上有专门计算余热的程序和数据库，可以进行更精确的计算。冷却系统不但要保证正常运行，还要保证事故停堆后反应堆堆芯获得足够的冷却。

### 6.3.2 商用核电站的工作原理

一个 100 万千瓦的核电站每年只需要补充 30t 左右的核燃料，而同样规模的烧煤电厂每年要烧煤 300 万吨。图 6-6 为典型 CPR1000 压水堆 PWR，我国大亚湾核电站采用这种反应堆。目前我国在建的核电厂大部分也采用这种堆型，基本实现了这种先进的二代加压水堆设计、加工、建造的国产化。反应堆堆芯由燃料组件构成，安装在能承受高压的压力容器内，冷却水在主冷却泵的驱动下流过堆芯将堆芯释热载出，通过一回路管道流进蒸发器内，再通过蒸发器内的传热管将热量传递给蒸发器二次侧产生蒸汽，蒸汽再推动汽轮机发电。

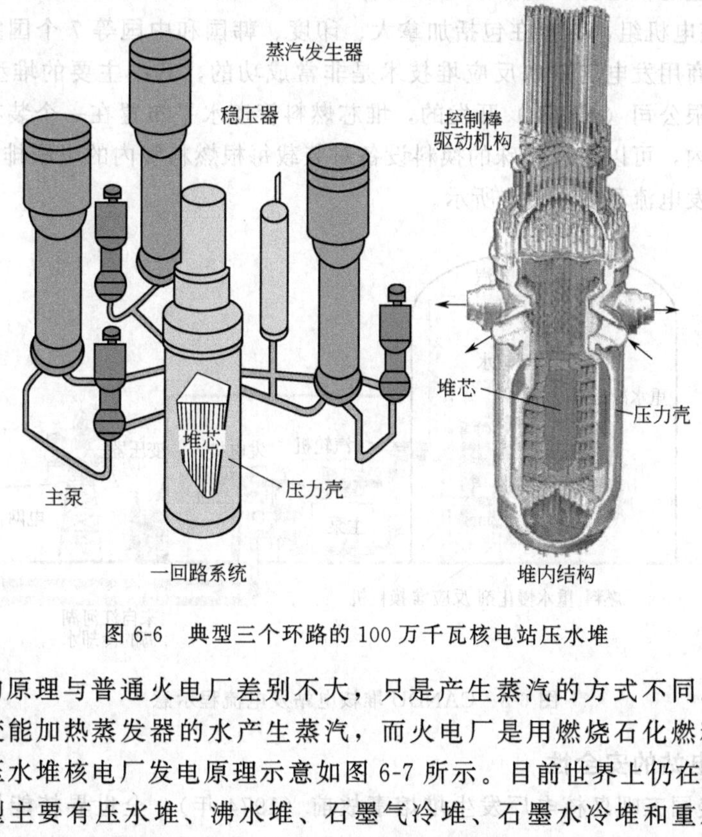


图 6-6　典型三个环路的 100 万千瓦核电站压水堆

核能发电的原理与普通火电厂差别不大，只是产生蒸汽的方式不同。核电厂用核燃料释放出的裂变能加热蒸发器的水产生蒸汽，而火电厂是用燃烧石化燃料加热锅炉里的水产生蒸汽。压水堆核电厂发电原理示意如图 6-7 所示。目前世界上仍在运行的商用核电站的反应堆类型主要有压水堆、沸水堆、石墨气冷堆、石墨水冷堆和重水堆。压水堆和沸水堆都用轻水做冷却剂和慢化剂；石墨气冷堆用石墨做慢化剂，用 $CO_2$ 气体做冷却剂；

石墨水冷堆则用石墨做慢化剂，用轻水或重水做冷却剂；而重水堆则用重水做慢化剂和冷却剂。正常运行时，压水堆冷却堆芯的水工作在高温高压的单相水状态，不直接产生蒸汽，而是将堆芯的核裂变能载到蒸发器，然后通过传热的方式将蒸发器两侧的冷却剂加热并产生蒸汽。

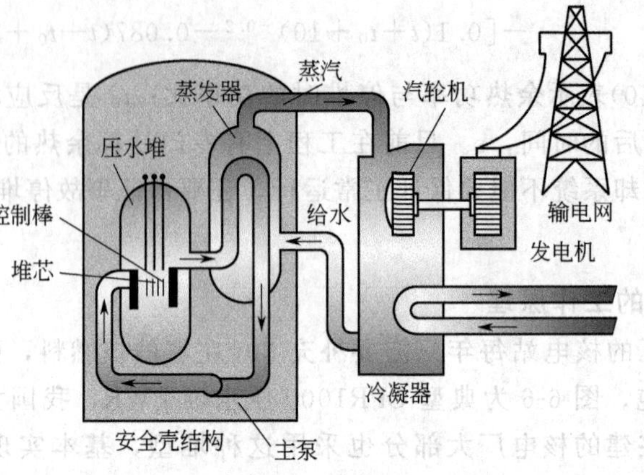


图 6-7　压水堆核电厂发电原理示意

中国已经建成的 13 台机组中，有 11 台机组是压水堆机组。世界核电工业的压水堆核电机组为 250 多台，约占总数的 60%。沸水堆机组约有 90 台，约占 20%。英国还有 40 座石墨气冷堆核电机组还在运行，前苏联地区还有 17 座石墨水冷堆还在运行，世界上大约还有近 40 台重水堆核电机组，分布在包括加拿大、印度、韩国和中国等 7 个国家，其中中国有两台机组。用于商用发电的重水反应堆技术是非常成功的，其中主要的堆型 CANDU 是由加拿大原子能有限公司（AECL）开发的，堆芯燃料管道水平布置在一个装有重水慢化剂的水平放置的容器内，可以通过特殊的换料设备对装载每根燃料管内的串联排列的燃料元件实行连续换料，其发电流程如图 6-8 所示。

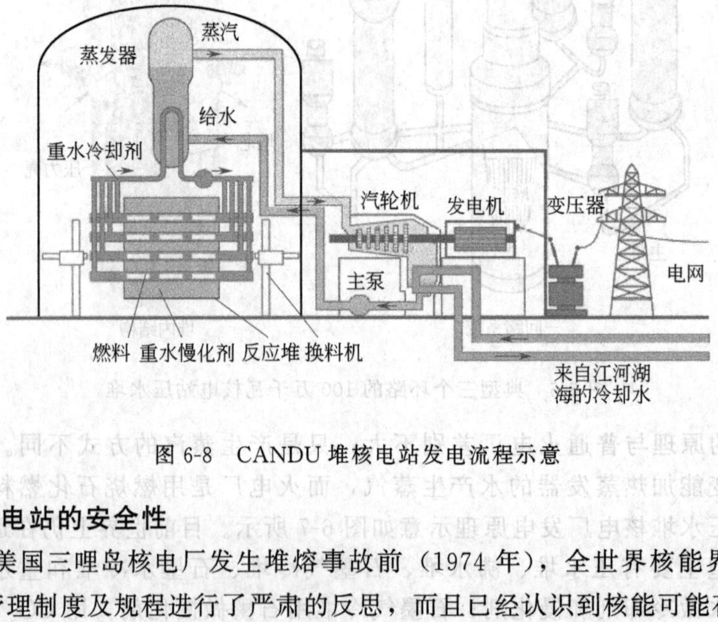


图 6-8　CANDU 堆核电站发电流程示意

### 6.3.3　商用核电站的安全性

在 1979 年美国三哩岛核电厂发生堆熔事故前（1974 年），全世界核能界就对已有核电反应堆技术和管理制度及规程进行了严肃的反思，而且已经认识到核能可能存在出现严重事故的风险，提出了希望从技术上进行革新，设计一种不会发生堆芯熔化的固有安全反应堆。1986 年 4 月苏联切尔诺贝利核电站 4 号机组发生解体的核灾难迫使核工业界采取了行动，把“固有安全反应堆”称为“具有非能动安全特性”的革新型反应堆，并都相继开展了具有商业规模的研发和设计工作（表 6-1）。

**表 6-1　几种可供近期部署选择的新一代核电反应堆**

| 堆型 | 供应商 | 特点 |
| --- | --- | --- |
| ABWR | GB | 1350MWe,沸水堆,美国核管会认证,已在日本运行 |
| ESBWR | GE | 1380MWe,沸水堆,非能动安全,正在进行商业规模研发 |
| APR1400 | KHNP | 1400MWe,压水堆,设计满足韩国要求、已出口阿联酋 |
| APWR | 三菱 | 1600MWe,压水堆,设计满足美国、日本要求,已在美国申请认证 |
| EPR | ARIVA | 1600MWe,压水堆,设计满足欧洲要求,芬兰已开建 |
| AP1000 | 西屋 | 1090MWe,非能动安全压水堆,美国核管会认证,中国浙江、山东已开建 |
| IRIS | 西屋 | 100～300MWe,一体化压水堆,正在商业规模开发 |
| HTR-PM | INET | 2×100MWe,包覆颗粒燃料球床模块化,蒸汽循环,正在中国山东建造 |
| GT-MHR | GA | 288MWe,包覆颗粒燃料棱柱模块化,氦气直接循环,正研发在俄罗斯建造 |

在随后的几十年里，技术创新路线和管理制度创新路线都得到了具体实践。可是，由于世界核电市场的急剧和持久的不振，这些革新设计的反应堆的研发虽然都取得令人鼓舞的技术进步，但只有 ABWR、AP1000 和 EPR 等少数堆型，才在近几年获得了进入市场参与竞争的机会。然而，管理制度创新路线的实践却取得了实质性的成功，美国核管会的监管技术和监管法规得到了有效的加强，以概率风险分析（PSA）为代表的技术和配套的管理法规在核电安全管理制度和文化的建立中起到了关键作用，美国和法国等世界核电大国的核安全记录在最近 15 年一直保持在优质的水平，再没有出现重大核事故，机组的平均可用率已经逐渐从 20 年前的不足 70％提高到目前的 90％左右。

事实上，商用核电反应堆的安全性始于其工程设计阶段。首先现有核电系统都要求遵守多层实体屏障的设计准则，设置防止放射性物质外泄的多道实体屏障。对轻水堆，主要包括三道实体屏障：燃料芯块与包壳、压力壳与一回路压力边界和安全壳。只要有一道实体屏障是完整的，就不会发生放射性物质对环境的泄漏，造成对公众的辐照伤害和对环境的污染。核电站安全管理策略也遵从纵深防御的原则，从设备和措施上提供多层次的重叠保护，确保反应堆的功率能得到有效控制，堆芯得到足够的冷却，裂变产物被有效包容。纵深防御层次描述如下：①在核电站设计和建造中，采用保守设计，进行质量保证和监督，使核电站设计、建造质量和安全得到有效保证；②监察运行，及时正确处理不正常状况，排除故障；③必要时启动由设计提供的安全系统和保护系统，防止设备故障和人因差错演变成事故；④启用核电站安全系统，加强事故中的电站管理，防止事故扩大，保护安全壳厂房；⑤发生严重事故，并有放射性物质对外泄漏时，启动厂内外应急响应计划，努力减轻事故对环境和居民的影响。遵从纵深防御的管理原则，可以使互相支持的保护层有效地起作用，系统不会因某一层次的保护措施失效而酿成灾难性的损坏，从而增强核电站的安全性。各国对新建的第三代先进轻水堆的安全标准也普遍提高。目前国际上广泛采用的定量安全目标是美国核管会 1986 年提出，即：对紧邻核电厂的正常个体成员来说，由于反应堆事故所导致立即死亡的风险不应该超过美国社会成员所面对的其他事故所导致的立即死亡风险总和的千分之一；对核电厂邻近区域的人口来说，由于核电厂运行所导致的癌症死亡风险不应该超过其他原因所导致癌症死亡风险总和的千分之一。

为了使核电厂设计者更方便地操作以确认满足定量安全目标，NRC 推荐了一个通用指导值：因反应堆事故所导致的向环境大规模放射性释放的总频率每运行堆年应该低于 $10^{-6}$。由于大量的研究表明安全壳可以将大规模放射性释放的频率降低大约一个数量级，所以又演化出了另外一个概率安全目标，即核电厂发生严重堆芯损坏的频率每运行堆年应该低于 $10^{-5}$。

这两个定量的概率安全目标值比目前美国和世界其他已有第二代核电厂平均的大规模放射性释放概率低了约一个数量级。要把核电站的核安全风险控制在这个概率安全目标值以下，按照目前国际上通行的实践是必须通过改进核电厂的设计或增加专设安全系统的冗余使新建核电厂满足安全目标值的要求，并对达不到这个核安全目标值的已运行核电厂的专设安全系统进行合理可行的改进（back-fitting），且用概率风险评价和确定论分析相结合的方法确认其核安全性能、特别是抵御严重事故和缓解其后果的安全性能得到了明显的提高。

## 6.4 核能的新纪元

### 6.4.1 核裂变发电技术的选择

新的 21 世纪伊始，在世界经济可持续发展要求和全球变暖的环境压力为核能的发展开辟了新的机遇。ABWR、AP1000、EPR、HTR-PM 等新一代商用核电技术基本成熟；气冷快堆、钠冷快堆、铅冷快堆、超常高温气冷堆、超临界轻水堆、熔盐堆等性能指标更高的第四代新型核裂变堆的研发已经启动（表 6-2）；核能制氢、海水淡化、供热等多用途核能利用技术已获得高度关注。核能的第二春天已经来临。

表 6-2 几种选定的 GEN-Ⅳ反应堆

| 堆型 | 缩写 | 能谱 | 燃料循环 |
|---|---|---|---|
| 气冷快堆 | GFR | 快 | 闭式 |
| 铅合金冷却堆 | LFR | 快 | 闭式 |
| 熔盐堆 | MSR | 热 | 闭式 |
| 钠冷快堆 | SFR | 快 | 一次 |
| 超临界水冷堆 | SCWR | 热和快 | 一次/闭式 |
| 超高温堆 | VHTR | 热 | 闭式 |

从全球资源的可持续性和减排 $CO_2$ 的要求分析，目前世界以石化能源为主体的供应的模式是不可持续的，必须进行重大调整。这种产业结构的调整，也为中国核电迎来了快速发展的机会。中国的核电始于 20 世纪 80 年代，在世界核电国家中起步比较晚，其后发优势是起点高，可以借鉴国际上已有的经验，避免重复失败的研发投入。中国从开始投建商业核电厂的同时，也进行了中长期核电技术的研发，制定了从压水堆-快堆-聚变堆的核电发展路线和研发高温气冷堆的计划。

目前国际核电发展的主流意见是：近期部署已经基本完成商业研发的新一代核电反应堆，主要是第三代先进轻水堆和高温气冷堆，主要的堆型包括 AP1000（图 6-9）、EPR（图 6-10）、ESBWR、APR1400、APWR 和 HTR-PM 以及目前已经在日本投入运行的 ABWR 等；中远期部署能够在 2030 年左右完成商业技术开发的第四代先进核能系统。

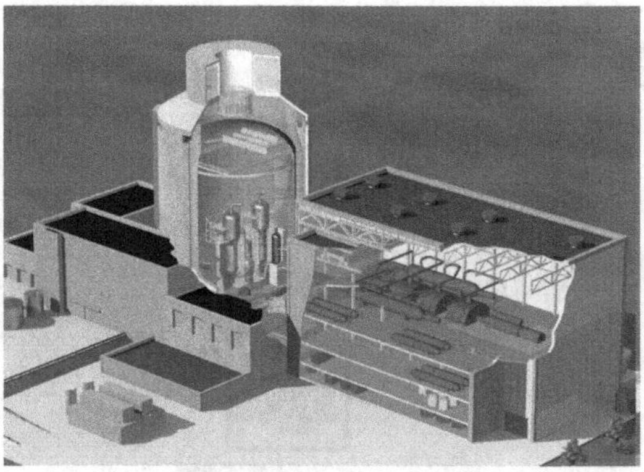

图 6-9 AP1000 设计布置

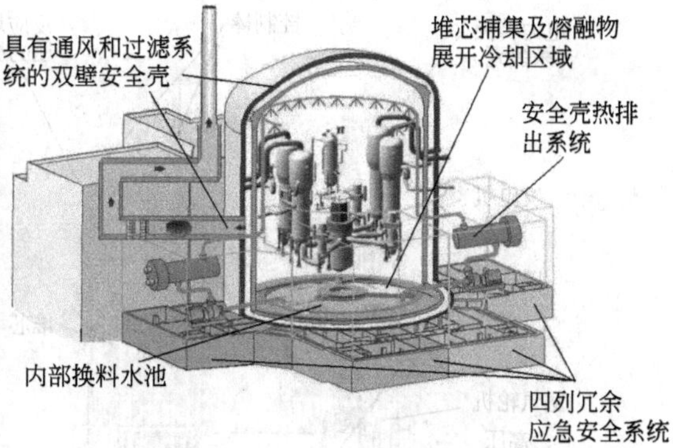


图 6-10 EPR 核岛设计布置

在预期近期可投入市场开发的各种先进反应堆中，除 GT-MHR 和 HTR-PM 外，都是基本达到可进行商业建造水平的技术成熟的革新型先进轻水堆。AP1000 是美国西屋公司研发的 1000MWe 非能动先进压水堆，设计采用非能动安全余热排出系统、非能动安全壳系统保证核电厂在事故条件下的安全性，利用自然循环、自然对流、凝结和蒸发、辐射和导热来实现余热对最终热阱的排放，大大提高了核电厂的安全可靠性；AP1000 还采用在压力壳内滞留熔融堆芯的严重事故缓解技术，保证安全壳的完整性。这些革新的安全设计，实际上大大降低了堆芯严重损坏事故发生和放射性产物对环境大规模释放的风险。EPR 欧洲核电供应商 ARIVA 开发的革新型压水堆，采用了双层安全壳和压力壳底部堆芯捕集器的设计，从而增强了保证安全壳完整性的可靠性、大大降低了严重事故下放射性产物对环境大规模释放的风险。中国已引进了 AP1000 技术，成为建造世界上首座 AP1000 核电厂的国家。

在 2020 年以后的内陆核电厂的大规模建造中，AP1000 有可能成为中国核电发展的主力堆型。此外中国队建造 EPR 核电厂和俄国先进的 VVER 压水堆核电厂也基本持开放的态度，如果能否显示技术的先进性和经济性，这些先进核电厂在中国仍然有适当的发展空间。

HTR-PM 球床堆和 GT-MHR 棱柱堆是两种技术比较成熟的石墨慢化和氦气冷却的热中子谱高温气冷堆堆（图 6-11、图 6-12）。

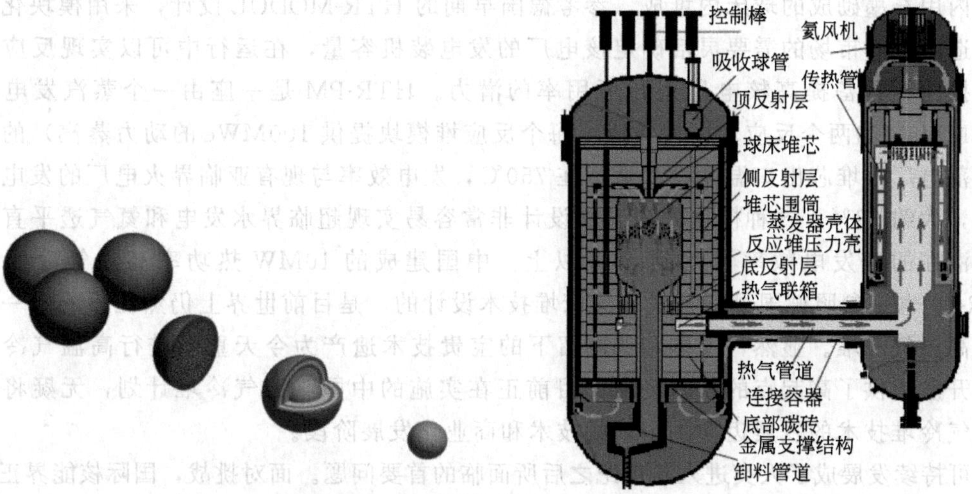


图 6-11 包覆颗粒燃料、燃料球和 HTR 球床堆结构布置

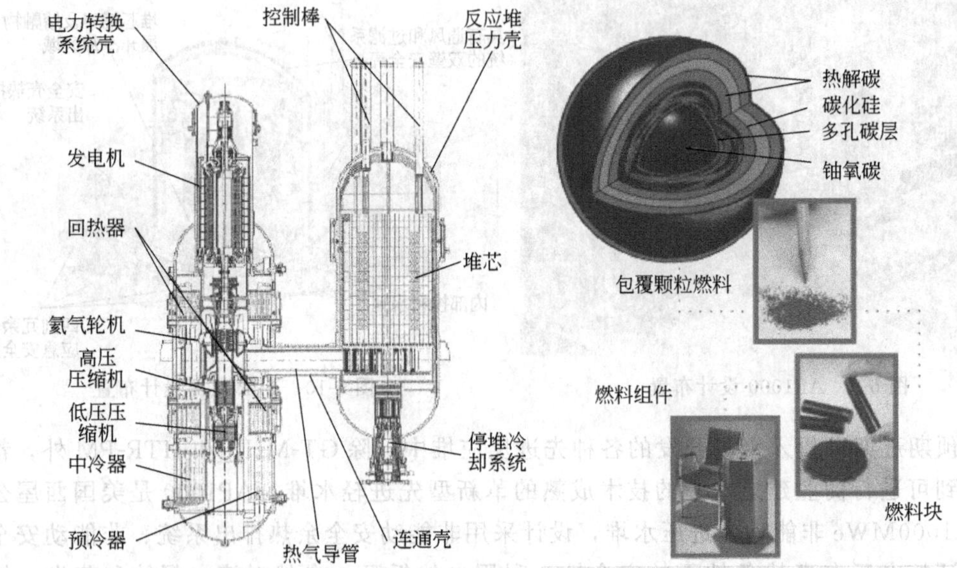


图 6-12　GT-MBR 结构布置、包覆颗粒燃料、燃料块和燃料组件

GT-MHR 主要基于美国 AG 公司开发的柱状高温气冷堆技术（1974 年关闭的 40MWe 的桃花谷-1 和 1989 年关闭的 330MWe 圣福伦堡堆）。日本原子能研究院（JAERI）从 1990 年开始筹建热功率为 30MW 的棱柱高温气冷实验堆 HTTR，并于 1998 年首次达到临界，2002 年开始在 850℃堆芯出口温度下进行满功率稳定运行，2004 年堆芯出口温度在满功率的条件下完成从 850℃升高到 950℃的运行实验，是继德国 46MW 热功率实验高温气冷堆 AVR 于 1974 年 2 月到达过 950℃的堆芯出口温度之后，世界第 2 座高温气冷试验堆达到过这样高的温度，也是目前世界上唯一能达到 950℃的堆芯出口温度的先进反应堆。HTR-PM 的技术主要基于德国早期开发的球床堆技术（在 1988 年关闭的约 300MWe 的示范高温气冷堆 THTR 和 13MWe 的实验高温气冷堆 AVR），包覆颗粒燃料被弥散地封装在直径为 60mm 的燃料球内，堆芯由几十万个这样的燃料球在一个压力容器内用石墨砌成的球床内堆成，参考德国早期的 HTR-MODUL 设计，采用模块化设计和建造，可按市场的需要灵活确定核电厂的发电装机容量，在运行中可以实现反应堆的连续换料，具备提高核电厂运行可用率的潜力。HTR-PM 是一座由一个蒸汽发电机组（200MWe）和两个反应堆模块组成（每个反应堆模块提供 100MWe 的动力蒸汽）的高温堆示范电厂，堆芯出口温度设计运行在 750℃，发电效率与现有亚临界火电厂的发电效率相当，大约 38%。这种模块式高温堆设计非常容易实现超临界水发电和氦气透平直接发电，潜在的净发电效率可达到 44%以上。中国建成的 10MW 热功率高温气冷实验堆 HTR-10 也是参照德国早期开发的球床堆技术设计的，是目前世界上仍然在役的唯一的球床式高温气冷堆。显然，美国和德国留下的宝贵技术遗产为今天重新进行高温气冷堆的商用开发提供了高起点的技术平台。目前正在实施的中国高温气冷堆计划，无疑将推动高温气冷堆技术的发展迈向一个新的技术和商业化发展阶段。

可持续发展成了人类进入新世纪之后所面临的首要问题。面对挑战，国际核能界正在进行多方面的研究和调整，其中一项举措就是对第四代核能系统（以下简称 Gen-Ⅳ）的研发。

按广泛被接受的观点，已有的核能系统分为三代：①20 世纪 50 年代末至 60 年代初世界上建造的第一批原型核电站；②60 年代至 70 年代世界上大批建造的单机容量在 600～1400MWe 标准型核电站，它们是目前世界上正在运行的 437 座核电站的主体；③80 年代开始发展、在 90 年代末开始投入市场的 ALWR 核电站。Gen-Ⅳ的概念最先是在 1999 年 6 月召开的美国核学会年会上提出的。随后在 2000 年组建了 Gen-Ⅳ国际论坛，目标是在 2030 年左右，向市场上提供能很好解决核能经济性、安全性、废弃物处理和防止核扩散问题的第四代核能系统。

### 6.4.2 Gen-Ⅳ的研发目标与原则

研发 Gen-Ⅳ的目标有三类：可持续能力、安全可靠性和经济性。

#### 6.4.2.1 可持续能力目标

可持续能力目标 1：为全世界提供满足洁净空气要求、长期可靠、燃料有效利用的可持续能源。可持续能力目标 2：产生的核废料量极少；采用的核废料管理方式将既能妥善地对核废料进行安全处置，又能显著减少工作人员的剂量，从而改进对公众健康和环境的保护。可持续能力目标 3：把商业性核燃料循环导致的核扩散可能性限定在最低限度，使得难以将其转为军事用途，并为防止恐怖活动提供更有效的实体屏障。

#### 6.4.2.2 安全可靠性目标

安全可靠性目标 1：在安全、可靠运行方面将明显优于其他核能系统。这个目标是通过减少能诱发事故和人因问题的数量来提高运行的安全性和可靠性来提高核能系统的经济性、支持提高核能公信度。安全可靠性目标 2：Gen-Ⅳ堆芯损坏的可能性极低；即使损坏，程度也很轻。这一目标对业主是至关重要的。多年来，人们一直在致力于降低堆芯损坏的概率。安全可靠性目标 3：在事故条件下无厂外释放，不需要厂外应急。

#### 6.4.2.3 经济性目标

经济目标 1：Gen-Ⅳ在全寿期内的经济性明显优于其他能源系统，全寿期成本包括四个主要部分：建设投资、运行和维修成本、燃料循环成本、退役和净化成本。经济目标 2：Gen-Ⅳ的财务风险水平与其他能源项目相当。

### 6.4.3 选定的 Gen-Ⅳ反应堆

在六种最有希望的 Gen-Ⅳ概念中，快中子堆有三或四种。我国核电发展的战略路线也是近期发展热中子反应堆核电站，中长期发展快中子反应堆核电站。热中子反应堆不能利用占天然铀 99%以上的 U-238，而快中子增殖反应堆利用中子实现核裂变及增殖，可使天然铀的利用率从 1%提高到 60%～70%。根据赵仁恺院士分析，裂变热堆如果采用核燃料一次通过的技术路线，则中国的铀资源仅够数十年所需；如果采用铀钚循环的技术路线，发展快中子增殖堆，铀资源将可保证中国能源可持续发展。总体来看，快堆技术仍需相当规模的研发。

#### 6.4.3.1 气冷快堆（GFR）

GFR 是快中子能谱反应堆，采用氦气冷却、闭式燃料循环。与氦气冷却的热中子能谱反应堆一样，GFR 的堆芯出口氦气冷却剂温度很高，可达 850℃。可以用于发电、制氢和供热。氦气气轮机采用布雷顿直接循环发电，电功率 288MWe，热效率可达 48%。产生的放射性废物极少和有效地利用铀资源是 GFR 的两大特点。

技术上有待解决的问题有：用于快中子能谱的燃料、GFR 堆芯设计、GFR 的安全性研究（如余热排除、承压安全壳设计等）、新的燃料循环和处理工艺开发、相关材料和高性能氦气气轮机的研发。GFR 概念设计如图 6-13 所示。

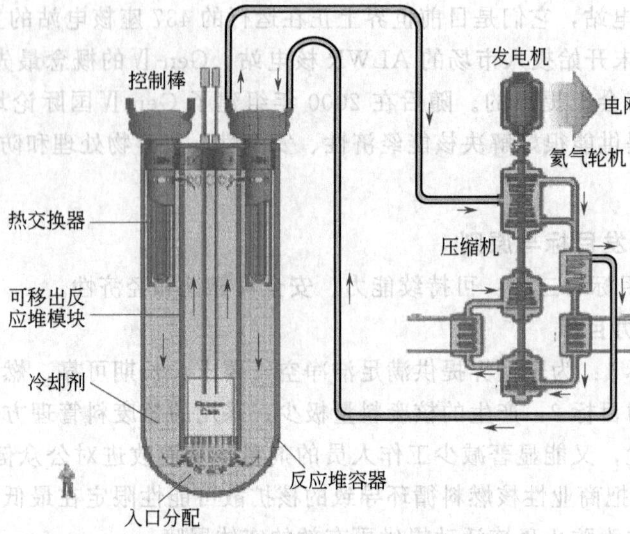


图 6-13 气冷快堆示意

### 6.4.3.2 铅冷快堆（LFR）

LFR 是采用铅或铅/铋共溶低熔点液态金属冷却的快堆。燃料循环为闭式，可实现铀 238 的有效转换和锕系元素的有效管理。LFR 采用闭式燃料循环回收锕系元素，核电厂当地燃料循环中心负责燃料供应和后处理。可以选择一系列不同的电厂容量：50～150 MWe 级、300～400 MWe 级和 1200MWe 级。燃料是包含增殖铀或超铀在内的重金属或氮化物。LFR 采用自然循环冷却，反应堆出口冷却剂温度 550℃，采用先进材料则可达 800℃。在这种高温下，可用热化学过程来制氢。LFR 概念设计如图 6-14 所示。

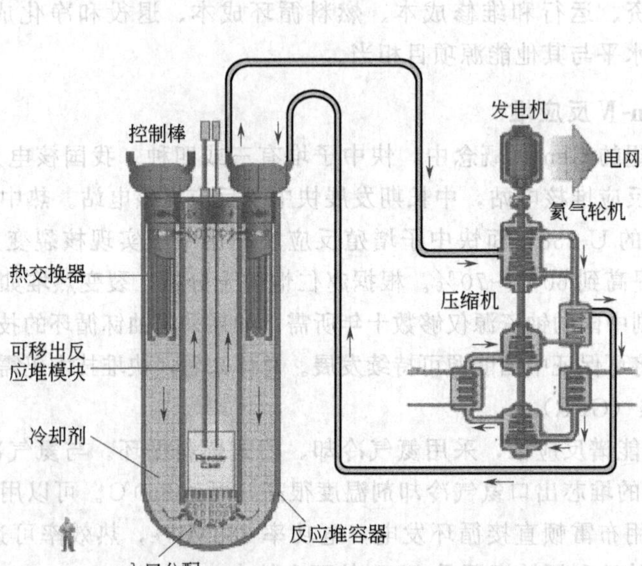


图 6-14 铅冷快堆示意

50～150 MWe 级的 LFR 是小容量交钥匙机组，可在工厂建造，以闭式燃料循环运行，配备有换料周期很长（15～20 年）的盒式堆芯或可更换的反应堆模块。符合小电网的电力生产需求，也适用于那些受国际核不扩散条约限制或不准备在本土建立燃料循环体系的国家。

LFR 技术上有待解决的问题有：堆芯材料的兼容性，导热材料的兼容性。研发内容有：传热部件设计所需的基础数据、结构的工厂化制造能力及其成本效益分析、冷却剂的化学检测和控制技术、开发能量转换技术以利用新革新技术，研发核热源和不采用兰金（Rankine）循环的能量转换装置间的耦合技术。

**6.4.3.3 熔盐反应堆**（MSR）

由于熔融盐氟化物在喷气发动机温度下具有很低的蒸汽压力，传热性能好，无辐射，与空气、水都不发生剧烈反应，20 世纪 50 年代人们就开始将熔融盐技术用于商用发电堆。参考电站的电功率为百万千瓦级，堆芯出口温度 700℃，也可达 800℃，以提高热效率。MSR（图 6-15）采用的闭式燃料循环能够获得钚的高燃耗和最少的锕系元素。熔融氟化盐具有良好的传热特征和低蒸汽压力，降低了容器和管道的应力。

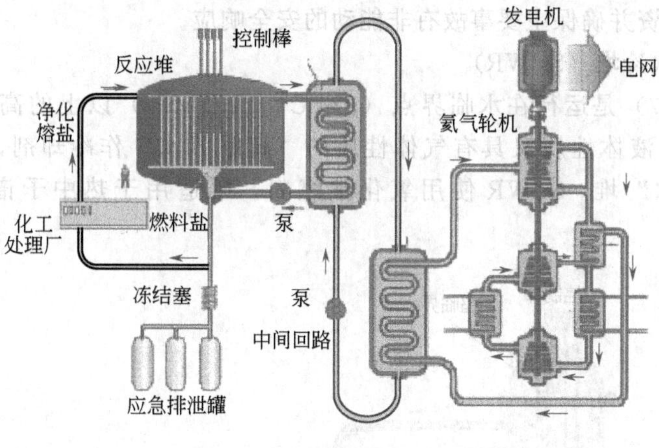


图 6-15 熔盐堆（MSR）示意

MSR 技术上有待解决的问题有：锕系元素和镧系元素的溶解性，材料的兼容性，盐的处理、分离和再处理工艺，燃料开发，腐蚀和脆化研究，熔盐的化学控制，石墨密封工艺和石墨稳定性改进和试验。

**6.4.3.4 钠冷快堆**（SFR）

SFR（图 6-16）是用金属钠作冷却剂的快谱堆，采用闭式燃料循环方式，能有效管理锕系元素和铀-238 的转换。燃料循环采用完全锕系再循环，所用的燃料有两种：中等容量以下（150～500 MWe）的钠冷堆，使用铀-钚-少锕元素-锆金属合金燃料；中等到大容量（500～1500MWe）的钠冷堆，使用 MOX 燃料，两者的出口温度都近 550℃。钠在 98℃时熔化，883℃时沸腾，具有高于大多数金属的比热和良好的导热性能，而且价格较低，适合用作反应堆的冷却剂。SFR 是为管理高放废物、特别是管理钚和其他锕系元素而设计的。

SFR 技术上有待解决的问题有：99%的锕系元素能够再循环，燃料循环的产物具有很高的浓缩度，不易向环境释放放射性，并确保在燃料循环的任何阶段都无法分离出钚元素；

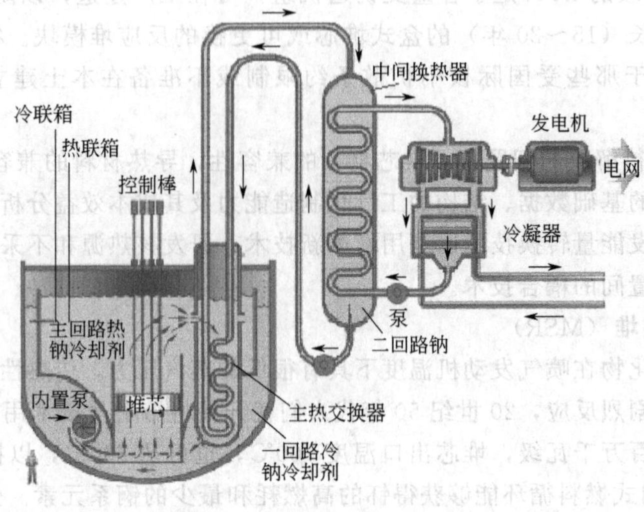


图 6-16　钠冷快堆（SFR）示意

完成燃料数据库，包括用新燃料循环工艺制造的燃料的放射性能数据，研发在役检测和在役维修技术；降低投资并确保主要事故有非能动的安全响应。

### 6.4.3.5　超临界水冷堆（SCWR）

SCWR（图 6-17）是运行在水临界点（374℃，22.1MPa）以上的高温、高压水冷堆。SCWR 使用既具有液体性质又具有气体性质的“超临界水”作冷却剂，44％的热效率远优于普通的“轻水”堆。SCWR 使用氧化铀燃料，既适用于热中子谱，也适用于快中子谱。

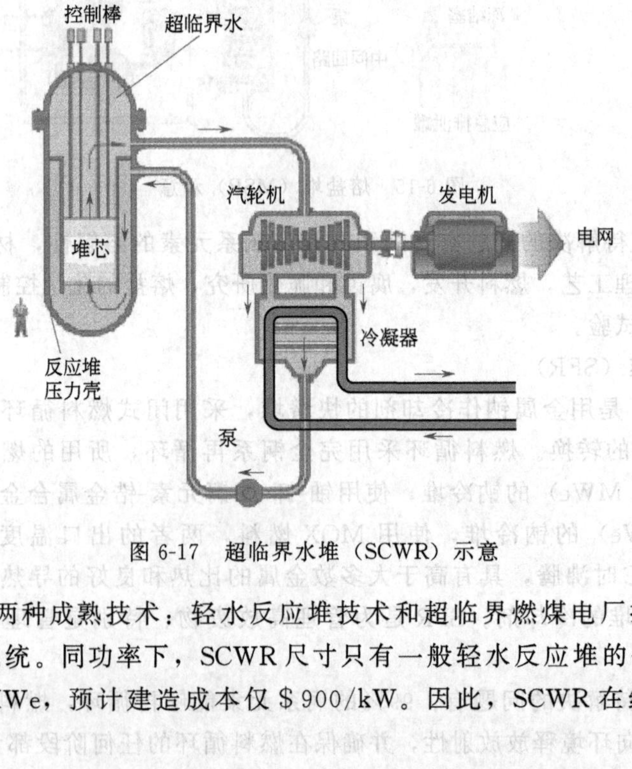


图 6-17　超临界水堆（SCWR）示意

SCWR 结合了两种成熟技术：轻水反应堆技术和超临界燃煤电厂技术，可以大大简化堆构件和 BOP 系统。同功率下，SCWR 尺寸只有一般轻水反应堆的一半大小，所以单堆功率可达 1700MWe，预计建造成本仅＄900/kW。因此，SCWR 在经济上有极大的竞争力。

SCWR 技术上有待解决的技术问题有：①结构材料、燃料结构材料和包壳结构材料要能耐极高的温度、压力，以及堆芯内的辐照、应力腐蚀断裂、辐射分解和脆变和蠕变；②SCWR的安全性；③运行稳定性和控制；④防止启动出现失控；⑤SCWR 核电站的工程优化设计。

#### 6.4.3.6　超常高温气冷堆系统（VHTR）

VHTR（图 6-18）是模块化高温气冷堆的进一步发展，采用石墨慢化、氦气冷却、铀燃料一次通过。燃料温度可承受高达 1800℃，冷却剂出口温度可达 1000℃以上，热功率为 600MW，有良好的非能动安全特性，热效率超过 50%，易于模块化，能有效地向碘-硫（I-S）热化学或高温电解制氢工艺流程提供或其他工业提供高温工艺热、经济上竞争力强。

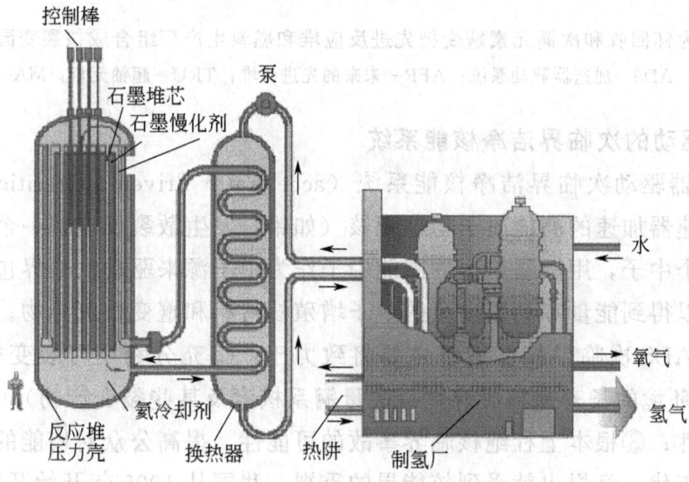


图 6-18　超常高温气冷堆（VHTR）示意

## 6.5　未来的新型核能

遵照经济和社会发展的规律，只有保证有能力为未来的经济和社会提供充足和廉价的能源，人类的经济发展和生活环境才能维持高标准的繁荣和和谐。如果把未来人类能源安全的赌注全部押在可再生能源上，将是极不明智的。保持技术上的其他选择是必要的，而且核裂变技术和热核聚变技术都可能成为保持未来世界可持续能源供应的技术选择。

### 6.5.1　核裂变能园区

前述 Gen-Ⅳ 核能系统的研发目标或许过于理想，使任何单一裂变堆型都难以完全满足所有目标。Gen-Ⅳ计划的另一技术概念是在同一个厂址优化组建核裂变能园区（图 6-19），包括各种先进反应堆和燃料加工厂，使园区作为一个整体满足 Gen-Ⅳ 的可持续性、安全可靠性和经济性的全部目标。核裂变园区可由两个层次的系统组成：第一个层次是优化组合有经济竞争力的，并能高效利用核燃料的核能系统。第二层次是建立辅助的长寿期核废物焚烧器和燃料转换装置，主要是组合了加速器驱动的次临界裂变反应堆。

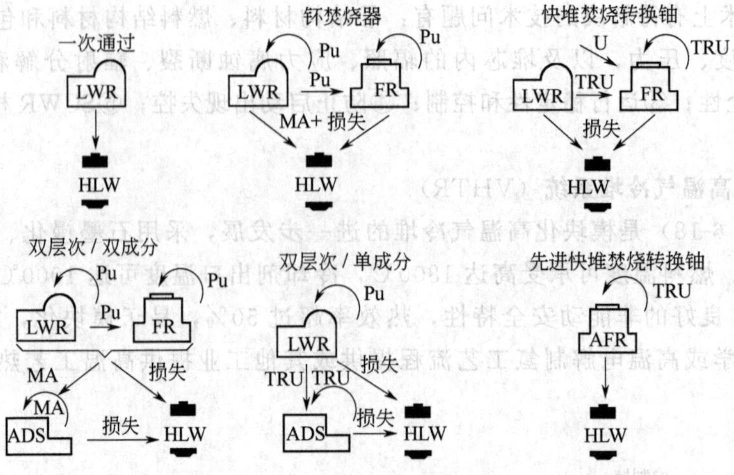


图 6-19 为钚回收和次锕元素嬗变把先进反应堆和燃料生产厂组合成核裂变园区的模式

FR—快堆；ADS—加速器驱动系统；AFR—未来的先进快堆；TRU—超铀元素；MA—次锕元素

### 6.5.2 加速器驱动的次临界洁净核能系统

ADS是加速器驱动次临界洁净核能系统（accelerator driven sub-critical system）的缩写，它是利用加速器加速的高能质子与重靶核（如铅）发生散裂反应，一个质子引起的散裂反应可产生几十个中子，用散裂产生的高能中子作为中子源来驱动次临界包层系统，使系统维持链式反应，以得到能量和利用多余的中子增殖核材料和嬗变核废弃物。

设计和研发ADS次临界核能系统主要将致力于：①充分利用可裂变核材料$^{238}U$和$^{232}Th$；②嬗变危害环境的长寿命核废弃物（次量锕系核素及某些裂变产物），降低放射性废弃物的储量及其毒性；③根本上杜绝核临界事故的可能性，提高公众对核能的接受程度。该思想在20世纪90年代一经提出就受到核能界的重视。我国从1995年开始开展ADS系统物理

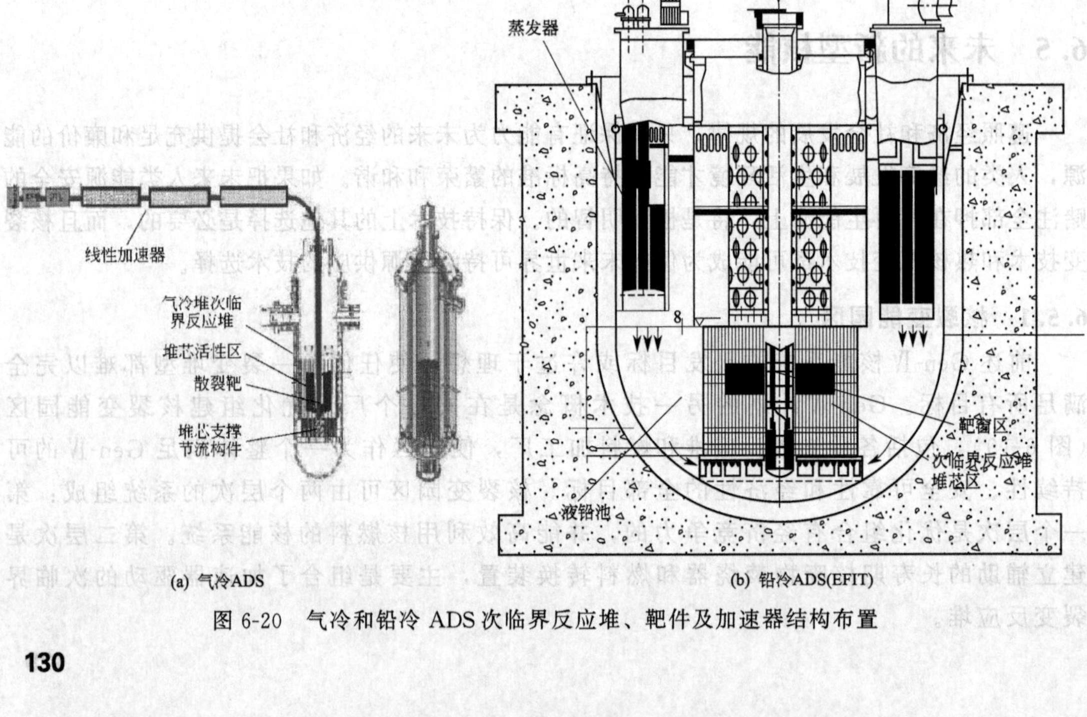


图 6-20 气冷和铅冷ADS次临界反应堆、靶件及加速器结构布置

可行性和次临界堆芯物理特性为重点的研究工作，对开展 ADS 研究的战略意义做了充分的肯定。ADS 可用气冷堆、铅冷堆和熔盐堆都与质子加速器或高能电子加速器相耦合，实现焚烧靶件中的次锕元素。图 6-20 是气冷和铅冷 ADS 系统的示意。

### 6.5.3 核聚变点火与约束

从核物理的基本知识已知，轻核、特别是核素表最前面几个核的比结合能很低。氘核的比结合能仅为 1.112MeV，而$^{4}He$的比结合能是 7.075MeV。因此，当 4 个氢核或 2 个氘核聚变成一个氦核时，将释放出巨大的能量，分别为每个核子 7MeV 和 6MeV。

轻核的聚变能放出比重核裂变更大的比结合能。世界石化能源的储量有限（约 $40\times10^{21}$ J），而裂变能（约 $575\times10^{21}$J）的储量比石化能储量多 10～15 倍，海水的聚变能几乎取之不尽，约 $5\times10^{31}$J。显然，核聚变能是人类可持续发展的最终解决方案之一。矿物燃料的燃烧污染空气并排放二氧化碳；核裂变会产生高放射水平的放射性废弃物；收集微弱的太阳能需要大量的水泥、钢铁、玻璃和其他材料，其生产也有大量的污染排放。地球上容易实现的核聚变是 D-T 和 D-D 核聚变：

$$\mathrm{D+T} \longrightarrow \mathrm{He}+17.58\mathrm{MeV};\mathrm{D+D} \longrightarrow \begin{cases} ^{3}\mathrm{He}+3.27\mathrm{MeV} \\ \mathrm{T+p}+4.04\mathrm{MeV} \end{cases} \tag{6-56}$$

其核聚变反应截面和入射氘核的能量 $E_d$ 间的经验关系式可分别表示为：

$$\sigma_{\mathrm{D\text{-}T}}=\frac{6\times10^{4}}{E_d}\exp(-47.4/\sqrt{E_d})；\sigma_{\mathrm{D\text{-}D}}=\frac{2.88\times10^{2}}{E_d}\exp(-45.8/\sqrt{E_d}) \tag{6-57}$$

D 是天然存在的，可从海水中提取。天然材料$^{6}Li$和$^{7}Li$在地球上的储量很大，已探明质量好的 Li 矿可供人类使用超过百年，总储量可供人类数百万年的消耗。D-T 核聚变仅是聚变能利用的开始，一旦 D-D 核聚变取得成功，人类将彻底解决可持续发展的能源供应问题。处于等离子态的物质称第 4 态物质，把等离子约束在一定区域，维持一段时间，使轻核产生核聚变反应，称热核反应。为达到热核聚变，对产生的轻核等离子体的温度、密度和约束时间将有一定的要求，称为劳森（Lawson）判据：

$$3nkT+P_b\tau\leqslant P_R\tau \tag{6-58}$$

其中，假定等离子体中具有相同密度 $n$ 和温度 $T$，$k$ 是玻尔兹曼常量。系统的输出能量来源于热核聚变，聚变功率为 $P_R$，韧致辐射功率为 $P_b$，等离子体约束时间为 $\tau$，通常把满足劳森判据等号的条件称为点火条件。

轻核聚变没有链式反应堆那样对燃料的装载有临界质量的要求，原则上只要能产生让两个参与聚变反应的核接近到能够克服核外电子库仑散射的条件（约 fm），任何质量的参与聚变反应的两个核就可以发生聚变反应。因此，很早就有科学家建议用小型氢弹爆炸进行开山凿河等和平利用目的，例如“氢弹之父”泰勒就建议用“和平核爆”的方法在封闭性很好的岩盐内凿洞进行小当量冲击波很小的氢弹爆炸，然后通过在洞壁布置能量吸收包壳的方式吸收爆炸能量，并通过常规热机循环装置转换为电能。这种方式在技术上应没有多大的难度，但从防止核武技术扩散的角度和有核国家承担的国际禁爆义务看，这种方法是难以实施的。

### 6.5.4 聚变-裂变混合堆系统

为提高核裂变堆的燃料利用率，可以利用包层中填充了可转换材料（$^{238}U$或$^{232}Th$）的托卡马克核聚变装置既作为增殖材料的生产装置，又作为核裂变能释放装置，称为聚变-裂变混合堆。混合堆对核聚变反应条件的要求比纯聚变堆低得多，因此降低了关键工程技术研发的难度，有比纯聚变堆更早投入实际应用的潜力。从现实核聚变反应的角度看，因为核聚变放出的中子能量很高，同等功率下混合堆核燃料增殖效果比裂变堆更好。可作为实现纯聚变能源的一种过渡，以促进核聚变能工业的早日建立。

早在1953年。美国洛伦兹·利沃莫国家实验室（LLNL）就提出过建造聚变-裂变混合堆的建议，后遭长期搁置，直到20世纪70年代后期才重新受到重视。聚变-裂变混合堆还曾被视为增殖核燃料的重要途径之一，后来因各种原因美国放弃了对混合堆的支持，直到最近才又有复苏的迹象。中国在国家863高技术计划的支持下，在已有几十年核聚变研究的技术基础上对混合堆进行了初步的研发，取得令世界瞩目的成就（图6-21）。显然，混合堆在继承了聚变堆的优势的同时，也继承了裂变堆的固有弱点，其放射性裂变产物释放的风险和核燃料被转移的风险不可低估。

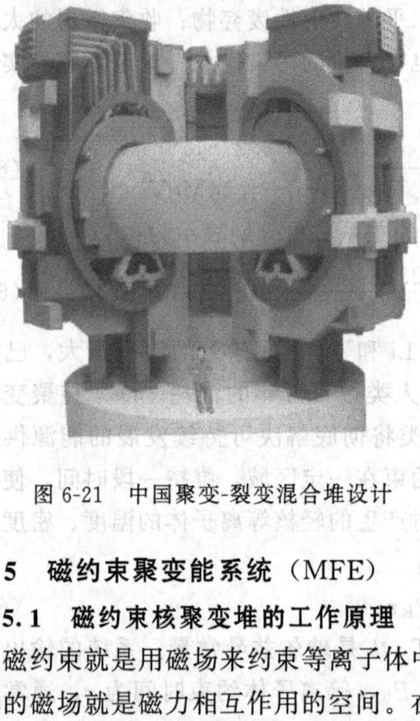

图 6-21　中国聚变-裂变混合堆设计

图 6-22　托卡马克装置磁约束原理

### 6.5.5　磁约束聚变能系统（MFE）

#### 6.5.5.1　磁约束核聚变堆的工作原理

磁约束就是用磁场来约束等离子体中的带电粒子使其不逃逸出约束体的方法。约束等离子体的磁场就是磁力相互作用的空间。在电磁学里磁场通常用磁力线描述，带电粒子不能横越磁力线运动，所以带电粒子在垂直于磁场的方向上被约束住了，但仍可在磁力线方向自由运动。产生带有剪切的环形螺旋磁力线是磁约束等离子体的一种很好的方式，这种装置叫做托卡马克（Tokamak），图6-22表示托卡马克磁约束原理和约束磁场线圈布置。

#### 6.5.5.2　ITER 计划

美苏首脑1985年提出了设计和建造国际热核聚变实验堆ITER（International Thermonuclear Experimental Reactor）的倡议。1998年，美国、俄罗斯、欧洲、日本四方共同完成了工程设计（EDA）及部分技术预研。根据EDA设计，预计建设投资为100亿美元。ITER四方在1998年接受工程设计报告后开始考虑修改原设计，力求在满足主要目标的前提下，大幅度降低建设投资。1999年美国宣布退出ITER计划，欧洲、日本、俄罗斯经过三年努力，完成了ITER-FEAT（ITER-Fusion Energy Advanced Tokamak）的设计及大部分部件与技术的研发，将造价降至约46亿美元，并建议建造一个新的试验装置ITER（其设计如图6-23所示），使之能够持续数分钟产生几十万千瓦的聚变能。目前，国际上

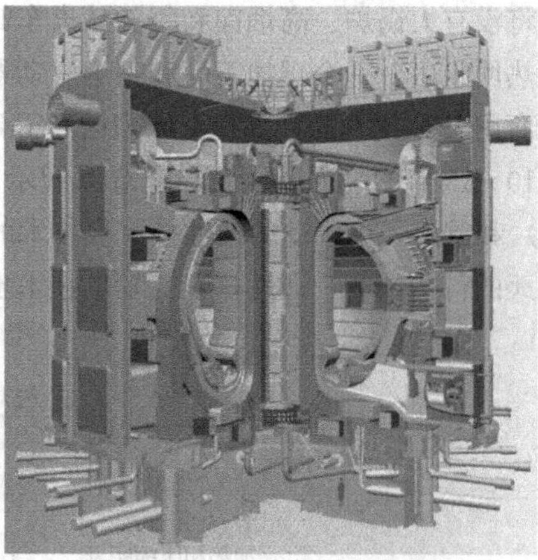

图 6-23　ITER 装置总体布置

参加 ITER 计划的正式成员国家包括欧洲、日本、俄国、中国、韩国、美国和印度。2005 年正式选定法国 Cadarache 为 ITER 的厂址，计划于 2018 年左右建成，ITER 计划的实施已经进入实质性阶段。

ITER 是基于超导托卡马卡概念的装置，其磁场由浸泡在 −269℃ 的低温液氦中的超导线圈产生。ITER 计划的等离子放电间隔是 400s，足以提供令人信服的科学和技术示范。等离子体中的环流达到 1 千 5 百万安培。等离子体采用电磁波或高能粒子束加热，允许等离子体在堆芯被加热到超过 1 亿度，核聚变反应由此热量产生。注入 ITER 装置的热功率是 50MW，产生的核聚变功率是 500MW，能量增加 10 倍。ITER 装置的燃料是氘和氚。ITER 作为世界第一个热核聚变实验堆，它将为人类发展聚变动力提供在重要的工程实验平台。

#### 6.5.5.3　磁约束核聚变能发电的前景

由于 ITER 的国际合作框架已经确定、厂址已经选定、国际合作研发协定也已经签署。虽然，全球科学界主流对 ITER 能否达到预期的验证“磁约束核聚变发电可行性”的目标持乐观的态度，但同时也有一部分人持谨慎的怀疑。目前中国在磁约束核聚变领域的研究也取得了世界领先的研究成果，中科院等离子体物理研究所成功建造了世界首台全超导中型托卡马克装置，并成功实现长脉冲运行和 H-模运行，为进一步在 ITER 装置上开展燃烧等离子体，实现聚变点火运行打下了坚实的技术基础。

### 6.5.6　惯性约束聚变能系统（IFE）

容易实现的惯性核聚变是由高能激光束直接或间接烧蚀由表面凝结有 D、T 核素的靶丸，产生高温高压的约束力，并在等离子态约束 D、T 核，引发核聚变，核聚变释放的热又进一步在等离子体状态使 D、T 核保持约束和产生有效的 D-T 核聚变（图 6-24）。1000MWe 的惯性聚变能电厂将最可能使用类似于大多数燃煤电厂用的蒸汽透平和发电机（图 6-25）。

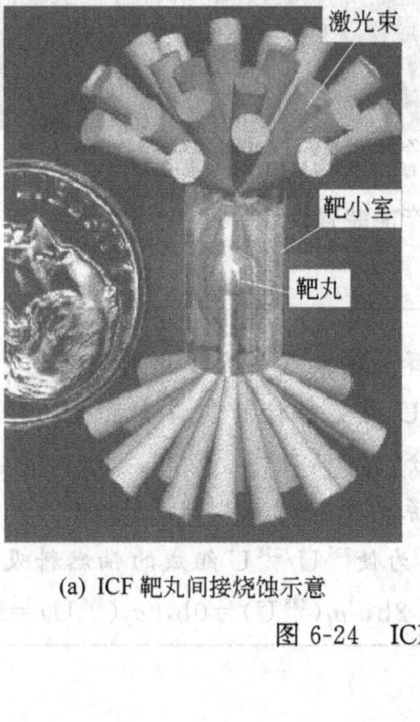


(a) ICF 靶丸间接烧蚀示意

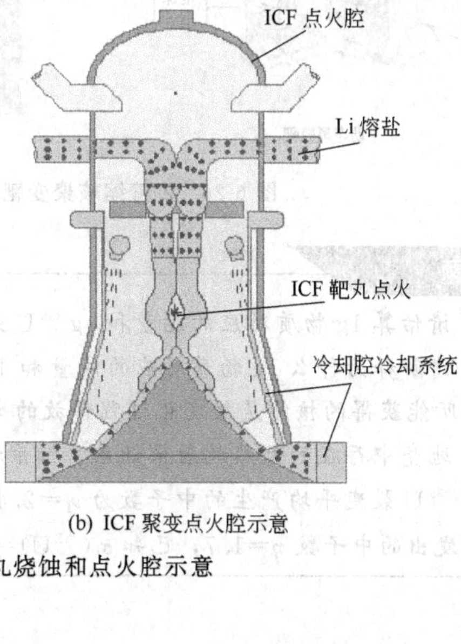


(b) ICF 聚变点火腔示意

图 6-24　ICF 靶丸烧蚀和点火腔示意

它将没有大锅炉、高烟囱和每天从火车卸8000吨煤的设备，但它有3个分开的设施，即一个靶腔与热回收厂、一个靶加工厂和一个驱动器。NIF项目已经证明点火系统及相关技术基本可行，研发商用IFE技术的主要技术原理已经得到验证，但提高激光点火的重复率和能量转换效率仍然需要10～15年的高强度研发和建造原型示范装置，才能克服其主要技术障碍。采用Z-箍缩（图6-26）和重离子束驱动的惯性核聚变技术的研发也得到世界科技界的高度关注，只要坚持人类永不泯灭的科技创新，惯性核聚变发电技术也可为世界能源供应开辟出一条通向可持续发展的新路。

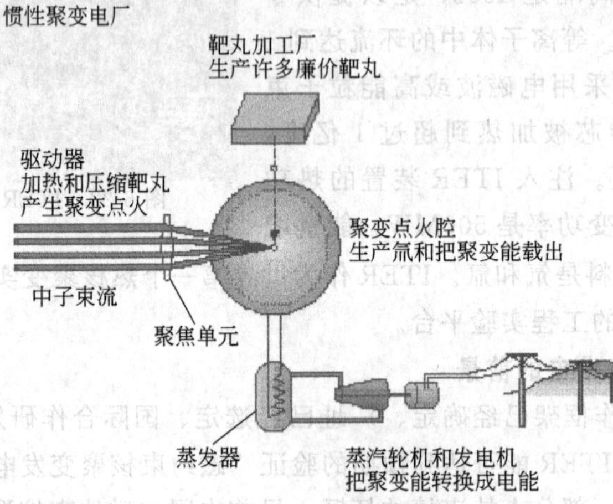


图6-25 惯性聚变能发电厂示意

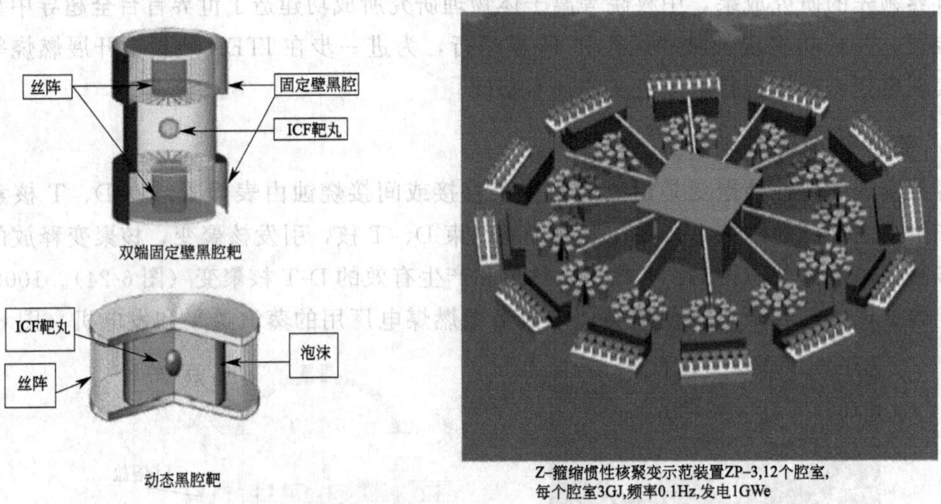


图6-26 Z-箍缩核聚变靶件及产能装置设计示意

## ◎思考题

1. 请估算1g物质对应的能量和1g $^{235}$U裂变释放的能量的大小分别是多少？

2. 请解释为什么1g物质对应的能量和1g $^{235}$U裂变释放的能量有巨大的差异？我们目前所能获得的核能是核变化过程释放的那部分？

3. 地壳中存在的天然放射系钍系、铀系和锕系的主要特点分别是什么？

4. $^{235}$U裂变平均产生的中子数为$\nu_f = 2.405$，为使$^{235}U/^{238}U$组成的铀燃料吸收一个热中子发出的中子数$\eta = 1.7$，已知$\sigma_f(^{235}U) = 582.2b$，$\sigma_f(^{238}U) = 0b$，$\sigma_\gamma(^{235}U) = 98.6b$，

$\sigma_{\gamma}(^{238}U)=2.7b$，试求铀燃料中$^{235}U$要浓缩到什么程度（可按核子数浓度或总量百分比计算）？

5. 为什么$^{235}U$在热中子的轰击下容易发生裂变，而$^{238}U$在热中子的轰击下几乎不裂变？

6. 请比较每次 D-T 核聚变和和每次$^{235}U$裂变沉降在中子上的能量占总释放能量的比例的分别是多少？

7. 思考相同功率的聚变堆和$^{235}U$裂变堆哪个装置每秒消耗的核燃料的质量大？

8. 请思考 D-T 或 D-D 核聚变与$^{235}U$核裂变产生的放射性物质有什么的主要区别？

9. 为什么聚变堆比裂变堆更清洁，更安全和更接近绿色能源？

10. 要使核裂变能真正成为清洁和可持续发展的能源，还应解决的主要问题是什么？

## 参 考 文 献


[1] Steve Kidd，Core Issues Disscting Nuclear Power Today，Nuclear Engineering International Special Publications，Progressive House，UK，2008.

[2] 宋英明，马远乐，周志伟．高温气冷堆中子时空动力学实时仿真计算．原子能科学技术，2010，2，44.2：188-192.

[3] Kamil Tucek. Neutronic and Burnup Studies of Accelerator-driven System Dedicated to Nuclear Waste Transmutation，Doctoral Thesis，KTH Physics，Stockholm，Sweden，2004.

[4] 卢希庭主编．原子核物理．修订版．北京：原子能出版社，2000.

[5] 郭奕玲，沈慧君编著．物理学史．第 2 版．北京：清华大学出版社，2005.

[6] 马栩泉编著．核能开发与应用．北京：化学工业出版社，2005.

[7] Deutch J，Moniz E. The Future of Nuclear Power，MIT Report，2003.

[8] Maeshall E. Is Friendly Atom Poised for a Comeback? Science，2005，309：1168-1169.

[9] 张亮．几经波折见曙光——国际热核聚变反应堆安家，科技日报，2005 年 6 月 30 日．

[10] 李福利编著．高等激光物理学．合肥：中国科学技术大学出版社，1992.

[11] Moses E I. the Path to Inertial Fusion Energy，IAEA FEC 2010，23rd IAEA Fusion Energy Conference，11-16 October 2010，Daejon，Republic of Korea，paper number IFE/1-3.

[12] 温伯格著．第一核纪元．吕应中译．北京：原子能出版社，1996.

[13] 谢仲生主编，罗经宇审校．核反应堆物理分析．上册．北京：原子能出版社，1994.

[14] 赵仁恺，阮可强，石定寰主编．八六三计划能源技术领域研究工作进展（1986－2000）．北京：原子能出版社，2001.

[15] 陈济东主编．大亚湾电站系统及运行．下册．北京：原子能出版社，1995.

[16] 于平安，朱瑞安编．核反应堆热工分析．北京：原子能出版社，1982.

[17] 韦基尔著，核反应堆热工学．陈叔平，马驰，李世昆译．北京：原子能出版社，1978.

[18] 林诚格主编．郁祖盛副主编，欧阳予主审．非能动安全先进压水堆核电技术．北京：原子能出版社，2010.

[19] USNRC：51FR30028，“Safety Goals for the Operation of Nuclear Power Plants；Policy Statement，republication，” 1986.

[20] Per. F. Peterson，Inertial Fusion Energy：a tutorial on the technology and economics，http：//www. nuc. berkeley. edu/thyd/icf/IFE. html，1998.

[21] DOE：Near Term Deployment Roadmap Summary Report，A Roadmap to Deploy New Nuclear Power Plant in the United States by 2010，Vol. Ⅰ Summary Report，Oct. 2001.

[22] DOE002－00，A Technology Roadmap for Generation Ⅳ Nuclear Energy Systems，2002.

[23] Kaname Ikeda，2010，ITER on the road to fusion energy，Nuclear Fusion，IOP publishing and IAEA，2010，50：014002.

# 第7章 新能源材料——基础与应用

## 7.1 新能源材料基础

### 7.1.1 概念

新能源材料是指实现新能源的转化和利用以及发展新能源技术中所要用到的关键材料，它是发展新能源技术的核心和其应用的基础。从材料学的本质和能源发展的观点看，能储存和有效利用现有传统能源的新型材料也可以归属为新能源材料。新能源材料覆盖了镍氢电池材料、锂离子电池材料、燃料电池材料、太阳能电池材料、反应堆核能材料、发展生物质能所需的重点材料、新型相变储能和节能材料等。新能源材料的基础仍然是材料科学与工程基于新能源理念的演化与发展。材料科学与工程研究的范围涉及金属、陶瓷、高分子材料（比如塑料）、半导体以及复合材料。通过各种物理和化学的方法来发现新材料、改变传统材料的特性或行为使它变得更有用，这就是材料科学的核心。材料的应用是人类发展的里程碑，人类所有的文明进程都是以其使用的材料来分类的，如石器时代、铜器时代、铁器时代等。21世纪是新能源发挥巨大作用的年代，显然新能源材料及相关技术也将发挥巨大作用。新能源材料之所以被称为新能源材料，必然在研究该类材料的时候要体现出新能源的角色。既然现在新能源的概念已经囊括到很多方面上，那么具体的某类新能源材料就要体现出其所代表的该类新能源的某个（些）特性。

### 7.1.2 新能源材料的应用现状

当前的研究热点和技术前沿包括高能储氢材料、聚合物电池材料、中温固体氧化物燃料电池电解质材料、多晶薄膜太阳能电池材料、新型储能材料等，可以概括为以下几个方面。①锂离子电池及其关键材料：锂离子电池及其关键材料的研究是新能源材料技术方面突破点最多的领域，在产业化工作方面也做得最好。在这个领域的主要研究热点是开发研究适用于高性能锂离子电池的新材料、新设计和新技术。在锂离子电池正极材料方面，研究最多的是具有$\alpha$-$NaFeO_2$型层状结构的$LiCoO_2$、$LiNiO_2$和尖晶石结构的$LiMn_2O_4$及它们的掺杂化合物。锂离子电池负极材料方面，商用锂离子电池负极碳材料以中间相碳微球（MCMB）和石墨材料为代表。②镍氢电池及其关键材料：镍氢电池是近年来开发的一种新型电池，与常用的镍镉电池相比，容量可以提高一倍，没有记忆效应，对环境没有污染。它的核心是贮氢合金材料，目前主要使用的是RE($LaNi_5$)系、Mg系和Ti系贮氢材料。我国在小功率镍氢电池产业化方面取得了很大进展，镍氢电池的出口量逐年增长，年增长率为30%以上。世界各发达国家大都将大型镍氢电池列入电动汽车的开发计划，镍氢动力电池正朝着方形密封、大容量、高比能的方向发展。③燃料电池材料：燃料电池材料因燃料电池与氢能的密切关系而显得意义重大。燃料电池可以应用于工业及生活的各个方面，如使用燃料电池作为电动汽车电源一直是人类汽车发展目标之一。在材料及部件方面，主要进行了电解质材料合成及薄膜化、电极材料合成与电极制备、密封材料及相关测试表征技术的研究，如掺杂的

$LaGaO_3$、纳米 YSZ、锶掺杂的锰酸镧阴极及 Ni-YSZ 陶瓷阳极的制备与优化等。采用廉价的湿法工艺，可在 YSZ＋NiO 阳极基底上制备厚度仅为 50μm 的致密 YSZ 薄膜，800℃用氢作燃料时单电池的输出功率密度达到 $0.3W/cm^2$ 以上。④太阳能电池材料：基于太阳能在新能源领域的龙头地位，美国、德国、日本等发达国家都将太阳能光电技术放在新能源的首位。美国、日本、欧洲等国家的单晶硅电池的转换效率相继达到 20％以上，多晶硅电池在实验室中转换效率也达到了 17％，引起了各方面的关注。砷化镓太阳能电池的转换效率目前已经达到 20％～28％，采用多层结构还可以进一步提高转换效率，美国研制的高效堆积式多结砷化镓太阳能电池的转换效率达到了 31％，IBM 公司报道研制的多层复合砷化镓太阳能电池的转换效率达到了 40％。在世界太阳能电池市场上，目前仍以晶体硅电池为主。预计在今后一定时间内，世界太阳能电池及其组件的产量将以每年 35％左右的速度增长。晶体硅电池的优势地位在相当长的时期里仍将继续维持和向前发展。⑤发展核能的关键材料：美国的核电约占总发电量的 20％。法日两国核能发电所占份额分别为 77％和 29.7％。目前，中国核电工业由原先的适度发展进入到加速发展的阶段，同时我国核发电量创历史最高水平。核电工业的发展离不开核材料，任何核电技术的突破都有赖于核材料的首先突破。发展核能的关键材料包括：先进核动力材料、先进的核燃料、高性能燃料元件、新型核反应堆材料、铀浓缩材料等。⑥其他新能源材料：我国风能资源较为丰富，但与世界先进国家相比，我国风能利用技术和发展差距较大，其中最主要的问题是尚不能制造大功率风电机组的复合材料叶片材料；电容器材料和热电转换材料一直是传统能源材料的研究范围，现在一些新的热电转换材料也可以当作新能源材料来研究。目前热电材料的研究主要集中在 $(SbBi)_3(TeSe)_2$ 合金、填充式 Skutterudites $CoSb_3$ 型合金（如 $CeFe_4Sb_{12}$）、Ⅳ族 Clathrates 体系（如 $Sr_4Eu_4Ga_{16}Ge_{30}$）以及 Half-Heusler 合金（如 $TiNiSn_{0.95}Sb_{0.05}$）；节能储能材料的技术发展也使得相关的关键材料研究迅速发展，一些新型的利用传统能源和新能源储能材料也成了人们关注的对象。如利用相变材料（Phase Change Materials，PCM）的相变潜热来实现能量的储存和利用，提高能效和开发可再生能源，是近年来能源科学和材料科学领域中一个十分活跃的前沿研究方向；发展具有产业化前景的超导电缆技术是国家新材料领域超导材料与技术专项的重点课题之一。我国已成为世界上第三个将超导电缆投入电网运行的国家，超导电缆的技术已跻身于世界前列，将对我国的超导应用研究和能源工业的前景产生重要的影响。

调整能源布局，强化新能源的地位，对新能源材料也提出了新的需求。坚持经济、社会与生态环境的持续协调发展，促进可持续发展战略与科教兴国战略的紧密结合。同时，新能源材料的研究涉及多种学科，是一项系统工程，需要多专业协同攻关才有可能取得突破性成果。

## 7.2　新型储能材料

### 7.2.1　储能、储能技术与应用

储能又称蓄能，是指使能量转化为在自然条件下比较稳定的存在形态的过程。它包括自然的和人为的两类：自然的储能，如植物通过光合作用，把太阳辐射能转化为化学能储存起来；人为的储能，如旋紧机械钟表的发条，把机械功转化为势能储存起来。按照储存状态下能量的形态，可分为机械储能、化学储能、电磁储能（或蓄电）、风能储存、水能储存等。

在能源的开发、转换、运输和利用过程中，能量的供应和需求之间，往往存在着数量上、形态上和时间上的差异。为了弥补这些差异，有效地利用能源常采取储存和释放能量的人为过程或技术手段，称为储能技术。储能技术有如下广泛的用途：①防止能量品质的自动恶化；②改善能源转换过程的性能；③方便经济地使用能量；④降低污染、保护环境。储能技术是合理、高效、清洁利用能源的重要手段，已广泛用于工农业生产、交通运输、航空航天乃至于日常生活。储能技术中应用最广的是电能储存、太阳能储存和余热的储存。储能系统本身并不节约能源，它的引入主要在于能够提高能源利用体系的效率，促进新能源如太阳能和风能的发展。

储热材料的种类很多，分为无机类、有机类、混合类等，对于它们在实际中的应用有下列的一些要求：①合适的相变温度；②较大的相变潜热；③合适的导热性能；④在相变过程中不应发生熔析现象；⑤必须在恒定的温度下熔化及固化，即必须是可逆相变，性能稳定；⑥无毒性；⑦与容器材料相容；⑧不易燃；⑨较快的结晶速度和晶体生长速度；⑩低蒸气压；⑪体积膨胀率较小；⑫密度较大；⑬原材料易购、价格便宜。其中①～③是热性能要求，④～⑨是化学性能要求，⑩～⑫是物理性能要求，⑬是经济性能要求。基于上述选择储能材料的原则，可结合具体储能过程和方式选择合适的材料，也可自行配制适合的储能材料。

材料的热物性及工作性能既是衡量其性能优劣的标尺，又是其应用系统设计及性能评估的依据。相变材料的热物性主要包括：热导率、比热容、热膨胀系数、相变潜热、相变温度。测定相变温度、相变潜热的方法可分为 3 类：①一般卡计法；②差热分析法（differential thermal analysis，简称 DTA）；③差示扫描量热法（differential scanning calorimetry，简称 DSC）。

气体水合物、水和冰、结晶水合盐、很多高分子材料等都是相变储能材料，其相变储能机理略有区别，如结晶水合盐 $AB\cdot mH_2O$ 的相变机理是：

$$AB\cdot mH_2O \underset{\text{准却}(T\ll T_m)}{\overset{\text{加热}(T\gg T_m)}{\rightleftharpoons}} AB\cdot mH_2O-Q$$

$$AB\cdot mH_2O \underset{\text{准却}(T\ll T_m)}{\overset{\text{加热}(T\gg T_m)}{\rightleftharpoons}} AB\cdot pH_2O+(m-p)H_2O-Q$$

式中，$T_m$ 为熔点；$Q$ 为熔解热。

相变材料在工业及一些新能源技术中得到了积极的应用，如：①在工业加热过程的余热利用。其中储热换热器在工业几热中是比较关键的材料；②在特种仪器、仪表中的应用，如航空、卫星、航海等特殊设备；③作为家庭、公共场所等取暖和建筑材料用。如利用太阳能让相变材料吸收屋顶太阳热收集器所得的能量，使得相变材料液化并通过盘管送到地板上储存起来，供无太阳时释放，达到取暖目的。美国管道系统公司应用 $CaCl_2\cdot 6H_2O$ 作为相变材料制成储热管，用来储存太阳能和回收工业中的余热。

### 7.2.2 新型相变储能材料制备基础及应用的研究进展

对于储热材料来说，相变储能材料有着更多的优势。目前在很多发达国家的建筑中都或多或少的使用了各种相变储能材料用来节约能源的使用，而我国在这方面还是有着一定的差距，所以研发优秀的相变储能材料，特别是建筑用相变储能材料，对我国能源问题的改观，以及社会的可持续发展，都将提供良好的支持。

近年来，复合相变储热材料应运而生，它既能有效克服单一的无机物或有机物相变储热材料存在的传热性能差以及不稳定的缺点，又可以改善相变材料的应用效果以及拓展其应用范围。因此，研制复合相变储热材料已成为储热材料领域的热点研究课题。复合相变储热材料的制备方法主要有：①胶囊化技术；②利用毛细管作用将相变材料吸附到多孔基质中；③与高分子材料的复合制备 PCM；④无机/有机纳米复合 PCM 的湿化学法。

使用硬脂酸作为相变材料，其参数相当理想，首先其相变温度接近于日常的温度；其次硬脂酸的相变焓大，也就是说硬脂酸的储热能力非常好。另外，硬脂酸的市场价格也是相当低廉的，这让我们对于硬脂酸的大规模应用有着非常积极的期待。尽管也有很多其他脂酸系的材料被研究过，但基于成本和性能等的综合考虑，硬脂酸仍然必将是最佳的相变材料之一。

由于硬脂酸本身强度低、易燃并且热导率低，所以硬脂酸不能单独被使用来制备储能材料。于是把硬脂酸作为相变储能材料附着在其他材料上的技术就应运而生。为了克服硬脂酸的上述问题，一般选取的基体材料为二氧化硅和二氧化锆。由于二氧化硅的空隙率高，并且硅酸四丁酯成本低，易于进行溶胶凝胶控制，所以有不少科研工作者都在研究使用溶胶凝胶法制备二氧化硅-硬脂酸相变储能复合材料。该方法制备的样品有以下两个优点：保持硬脂酸较高的相变焓；二氧化硅颗粒容易细化，容易被表面改性，并且与硬脂酸兼容性良好，不会影响硬脂酸本身的物理化学性质。使用溶胶凝胶法制备氧化硅-硬脂酸相变储能复合材料已经取得了不小的成就，但是使用溶胶凝胶法制备的氧化硅中含有大量的结构水，而且由于硬脂酸的存在，无法对氧化硅进行焙烧以排出结构水。这样就造成了一定的安全隐患——当温度稍高或者在比较高的温度下时间过长的时候，氧化硅会逐渐失去结构水，从而造成整个材料的坍塌。面对这样的问题，即使将氧化硅压制成块体等其他形貌的材料也是无济于事。高喆等通过煅烧制备出纳米无机 $ZrO_2$，将纳米颗粒进行表面处理后，通过三种方式制备 $ZrO_2$-硬脂酸系纳米复合相变储能材料，一是在水浴方式下将熔融的硬脂酸加入到无机盐中，二是在乳浊液状态下搅拌促使无机纳米颗粒对硬脂酸进行吸附，三是在喷雾状态下混合有机无机颗粒。然后可以采用静压制备块体材料，封装成能应用的相变储能材料模型，分析测试其可能的储能性质。实验采用直接混合法制备氧化锆-硬脂酸系相变储能材料。为使氧化锆尽量吸附多的硬脂酸，实验对部分氧化锆采用了预处理工艺。预处理工艺的方法为：向氧化锆中加入少量硬脂酸，并在四氯化碳、无水乙醇和氯仿的混合溶液中以 50℃恒温加热并搅拌 3h。他们提出了热熔因子的概念如下：

令
$$HCF=\frac{1}{m\cdot\frac{\mathrm{d}T}{\mathrm{d}T}}$$

用来表征复合材料热容的变化规律。由于热容因子与材料的热容成正比，所以热容因子的变化趋势代表了材料热容的变化趋势，并且对于相同环境下测试的样品，热容因子之间的大小比较及倍比关系等价于热容之间的大小比较及倍比关系。他们对氧化锆-硬脂酸系相变材料进行了研究，发现氯仿作为分散剂，更容易制备颗粒呈球形且分散均匀的复合材料，并且可以为材料的热容曲线增加很高的背底；足量氨水的加入，可以促使硬脂酸反应生成硬脂酸铵，这对于材料的防水性有一定的作用。如图 7-1 就表示了该样品的热容因子变化。

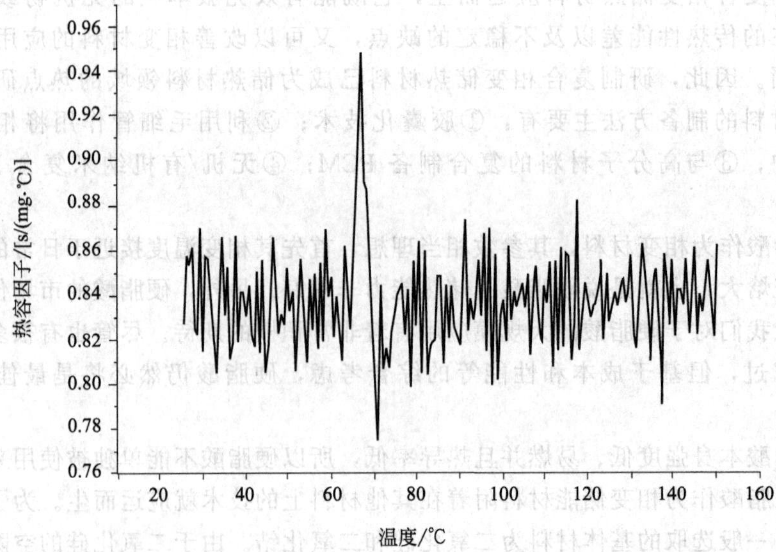


图 7-1 某氧化锆-硬脂酸系相变材料的热容因子变化曲线

## 7.3 锂离子电池材料

### 7.3.1 锂离子电池材料的应用基础

20 世纪 70 年代出现了以锂为负极的各种高比能量锂一次电池并得到了广泛应用。20 世纪 80 年代出现了二次锂离子电池（图 7-2），它是以金属锂为负极，$MnO_2$、$MnS_2$ 等为正极，$LiClO_4$ 的有机溶液为电解层。这类电池具有能量密度高的特点，但它存在安全性差和充放电寿命短的问题。20 世纪 90 年代初日本索尼公司首先推出了锂离子电池，它以锂在碳材料中的嵌入、脱嵌反应代替了金属锂的溶解、沉积反应，避免了电极表层上形成枝晶的问题，从而使锂离子电池的安全性和循环寿命远远高于锂蓄电池，实现了锂离子电池的商业化生产。

锂离子一次电池有以下几点特征：①高体积能量密度和高质量能量密度；②高电压，有 1.5V 级电池，大部分是 3V 级；③自放电少；④使用温度范围宽。为解决以上这些问题，研究人员开发了锂离子二次电池，通过使用能吸附锂的物质作为负极，解决了树枝状结晶生成的问题。对于锂离子二次电池的正极材料，钴酸锂（$LiCoO_2$）、镍酸锂（$LiNiO_2$）、尖晶石型锰/锂复合氧化物（$LiMn_2O_4$）等都比较适合，目前商用锂离子二次电池的正极材料大都使用 $LiCoO_2$；在 1 个钴原子和 2 个氧原子形成的层间里插入锂，充电时锂从层间脱出向负极方向移动，放电时则反过来从负极返回到正极层间。负极材料使用石墨等碳材料。碳材料也是具有层间结构的物质，不同的碳材料层间结构有不同程度的差别。充电时锂插入层间结构中，放电时锂从层间结构中脱出。插入碳材料中锂的存在形态，被 NMR 分析确认为锂离子。为了区别使用金属锂的电池，称这种电池为锂离子二次电池。正极一般使用铝箔涂活性物质的材料，负极一般使用铜箔涂活性物质的材料。由于电池电压高达 4.1～4.2V，水溶液不能作为电解液使用，因而使用有机溶剂作为电解质的溶解物。

锂离子电池是目前世界上最为理想，也是技术最高的可充电化学电池。锂离子电池可分

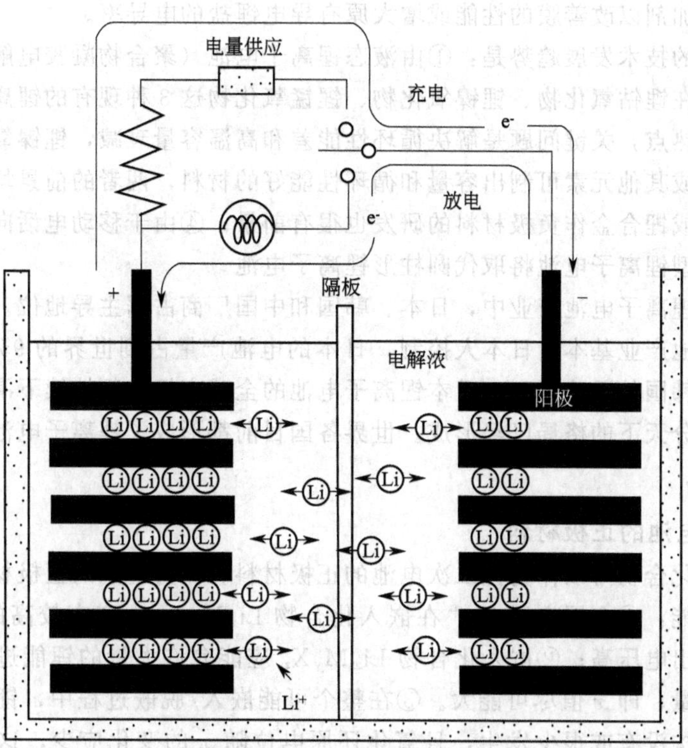


图 7-2　锂离子二次电池原理

为液态锂离子电池（LIB）和聚合物锂离子电池（LIP）两种。由于锂离子电池工作电压高，重量和体积比能量大，循环寿命长，无记忆效应以及与环境友好等特点，已广泛用于手提电话、便携计算机、PDA、摄像机、数码相机、电动自行车、卫星、导弹、鱼雷等领域。与现有其他二次电池不同，锂离子二次电池的充放电反应只是锂离子在正负极之间单纯移动的局部化学反应。由于充放电反应不伴随正极、负极和电解液之间的化学反应，因而长期稳定。其特点如下：①能量密度高；②循环特性好；③自放电每月在10%以下，不到镍镉和镍氢二次电池的1/2；④使用温度范围广，覆盖－20～45℃的范围；⑤因为不使用金属锂，所以安全性高；⑥没有镍镉和镍氢二次电池那样的“存储效果（或记忆效应)”。但同时锂离子二次电池也有它的缺点：①因为使用有机电解液，电池内部阻抗比水溶液系电池高，负荷特性差；②如果不限制充电电压进行充电时，电压将持续上升，因此，当充电器出现故障时，有可能在规定电压以上继续充电，电池自身加上了种种的过充电防护，但是，为了确保安全，有必要附加过充电控制电路；③通过过充放电，电压到达0V附近后，作为负极的集电体的铜箔开始发生熔析，电池性能显著恶化。

锂离子二次电池今后要取得更大的进展，必须注意如下方面。①降低材料开发成本。特别是有必要降低正极材料钴酸锂、隔膜、电解液、负极碳材料等的成本。②在重量能量密度方面，锂离子二次电池保持着优势，但镍氢二次电池的体积能量密度正得到改良。为了提高锂离子二次电池容量，硬碳材料负极蕴涵着很大的可能性，很有希望得到发展。③目前的锂离子二次电池，还需要通过材料开发等提高电池自身的可靠性和安全性，并简化电路。④加强原材料的研发。⑤注意新型电解质的开发。主要有3个途径：寻找合适的溶剂，改变电解质的成分和组成以提高电解质的电导率和改善电解质与碳负极的界面稳定性质；合成新的导电锂盐；制备添加剂以改善膜的性能或增大原有导电锂盐的电导率。

锂离子电池的技术发展趋势是：①由液态锂离子电池（聚合物凝胶电解液）向固态锂离子电池发展；②在锂钴氧化物、锂镍氧化物、锂锰氧化物这3种现有的锂离子电池中，锂锰氧化物是研究的热点，关键问题是解决循环性能差和高温容量衰减，锂镍氧化物也是关注的焦点，通过掺钴或其他元素可制出容量和循环性能好的材料，两者的前景均看好；③非碳负极材料、金属锂或锂合金作负极材料的研发也很有前景；④由于移动电话向小型、轻便方向发展的需要，方型锂离子电池将取代圆柱形锂离子电池。

目前在全球锂离子电池产业中，日本、韩国和中国厂商占据主导地位。在2000年以前，世界的锂离子电池产业基本由日本人控制，日本的电池产量占到世界的95%以上；2000年后，随着中国和韩国的迅速崛起，日本锂离子电池的全球市场份额持续下滑，世界锂离子电池产业中日韩三分天下的格局已经形成。世界各国目前都形成了锂离子电池及其关键材料的研究和开发热潮。

## 7.3.2 锂离子电池的正极材料

多种锂嵌入化合物可以作为锂二次电池的正极材料。作为理想的正极材料，锂嵌入化合物应具有以下性能：①金属离子 $M^{n+}$ 在嵌入化合物 $Li_xM_yX_z$ 中应有较高的氧化还原电位，从而使电池的输出电压高；②嵌入化合物 $Li_xM_yX_z$ 应能允许大量的锂能进行可逆嵌入和脱嵌，以得到高容量，即 $x$ 值尽可能大。③在整个可能嵌入/脱嵌过程中，锂的嵌入和脱嵌应可逆，且主体结构没有或很少发生，且氧化还原电位随 $x$ 的变化应少，这样电池的电压不会发生显著变化；④嵌入化合物应有较好的电子电导率（$\sigma_e$）和离子电导率（$\sigma_{Li}^{+}$），这样可减少极化，能大电流充放电；⑤嵌入化合物在整个电压范围内应化学稳定性好，不与电解质等发生反应；⑥从实用角度而言，嵌入化合物应该便宜，对环境无污染、重量轻等。正极氧化还原电对一般选用 $3d^n$ 过渡金属，一方面过渡金属存在混合价态，电子导电性比较理想，另一方面不易发生歧化反应。对于给定的负极而言，由于在氧化物中阳离子价态比在硫化物中更高，以过渡金属的氧化物为正极，得到的电池开路电压（VOC）比以硫化物为正极的要更高些。

作为锂二次正极材料的氧化物，常见的有氧化钴锂（lithium cobalt oxide）、氧化镍锂（lithium nickel oxide）、氧化锰锂（lithium mangense oxide）和钒的氧化物（vanadium oxide）。其他正极材料如铁的氧化物和其他金属的氧化物等亦作为正极材料进行了研究。最近人们对5V正极材料以及多阴离子正极材料表现出了浓厚的兴趣。

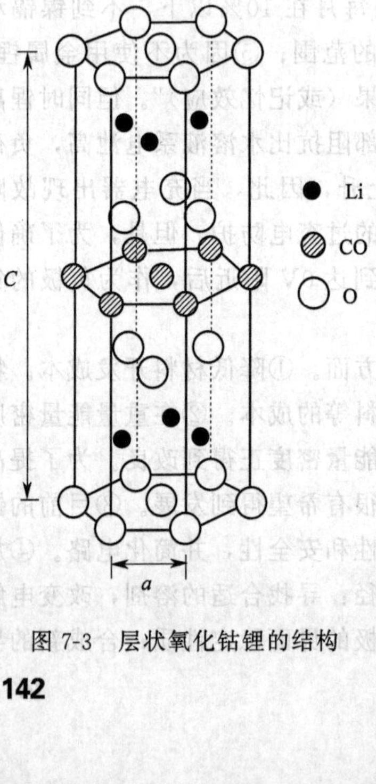

图7-3 层状氧化钴锂的结构

常用的氧化钴锂为层状结构（图7-3）。由于其结构比较稳定，研究比较多。而对于氧化钴锂的另外一种结构尖晶石型则常易被人们忽略，因为它结构不稳定，循环性能不好。在理想层状 $LiCoO_2$ 结构中，$Li^+$ 和 $Co^{3+}$ 各自位于立方紧密堆积氧层中交替的八面体位置，$c/a$ 比为4.899，但是实际上由于 $Li^+$ 和 $Co^{3+}$ 与氧原子层的作用力不一样，氧原子的分布并不是理想的密堆结构，而是发生偏离，呈现三方对称性（空间群为 R3m）。在充电和放电过程中，锂离子可以从所在的平面发生可逆脱嵌/嵌入反应。由于锂离子在键合强的 $CoO_2$ 层间进行二维运动，锂离子电导率高，扩散系数为 $10^{-7}\sim10^{-9}cm^2/s$。另外，共棱的 $CoO_6$ 的八面体分布使 Co 与 Co 之间以 Co—O—Co 形式发生相互作用，电子电导率 $\sigma_e$ 亦比较高。

锂离子从 $LiCoO_2$ 中可逆脱嵌量最多为 0.5 单元；当大于 0.5 时，$Li_{1-x}CoO_2$ 在有机溶剂中不稳定，会发生失去氧的反应。$Li_{1-x}CoO_2$ 在 $x=0.5$ 附近发生可逆相变，从三方对称性转变为单斜对称性。该转变是由于锂离子在离散的晶体位置发生有序化而产生的，并伴随晶体常数的细微变化，但不会导致 $CoO_2$ 次晶格发生明显破坏，因此曾估计在循环过程中不会导致结构发生明显的蜕化，应该能制备 $x$ 近乎 1 的末端组分 $CoO_2$。但是由于没有锂离子，其层状堆积为 ABAB…型，而非母体 $LiCoO_2$ 的 ABCABC…型，$x>0.5$ 时，$CoO_2$ 不稳定，容量发生衰减，并伴随钴的损失。该损失是由于钴从其所在的平台迁移到锂所在的平面，导致结构不稳定而使钴离子通过锂离子所在的平面迁移到电解质中。因此 $x$ 的范围为 $0\leqslant x\leqslant0.5$，理论容量为 156mAh/g。在此范围内电压表现为 4V 左右的平台。X 射线衍射表明 $x<0.5$，Co-Co 原子间距稍微降低，而 $x>0.5$，则反而增加。

层状氧化钴锂的制备方法一般为固相反应，高温下离子和原子通过反应物、中间体发生迁移。尽管迁移需要活化能，对反应不利；但是延长反应时间，制备电极材料的电化学性能均比较理想。为了克服迁移时间长的问题，可以采用超细锂盐和钴的氧化物混合。同时为了防止反应生成的粒子过小而易发生迁移、溶解等，在反应前加入胶黏剂进行造粒。为了克服固相反应的缺点，采用溶胶-凝胶法、喷雾分解法、沉降法、冷冻干燥旋转蒸发法、超临界干燥和喷雾干燥法等方法，这些方法的优点是 $Li^+$、$Co^{3+}$ 离子间的接触充分，基本上实现了原子级水平的反应。低温制备的 $LiCoO_2$ 介于层状结构与尖晶石 $Li_2[Co_2]O_4$ 结构之间，由于阳离子的无序度大，电化学性能差，因此层状 $LiCoO_2$ 的制备还须在较高的温度下进行热处理。为了提高 $LiCoO_2$ 的容量及进一步提高循环性能或降低成本，亦可以进行掺杂，如 LiF、Ni、Cu、Mg、Sn 等。LiF 的加入量为 1%、3%、5%、10t%（质量）时可逆容量均高于没有加入 LiF 的 $LiCoO_2$。用 Al 取代 Co 生成 $LiAl_{0.15}Co_{0.85}O_2$ 初始可逆容量达 160mAh/g，10 次循环后主体结构没有明显变化。在 $LiCoO_2$ 表面涂上一层 $LiMn_2O_4$，开始热分解温度从 185℃提高到 225℃，而且循环性能亦有明显提高。为了保证反应产物均匀和产品质量的稳定，亦可以采用其他加热方式，如微波、红外、射频磁旋喷射法等加热方式。如采用射频磁旋喷射法可得到有一定取向的多晶 $LiCoO_2$ 薄膜，大大减小充放电过程中形变产生的应变能。

层状 $LiCoO_2$ 的循环性能比较理想，但是仍会发生衰减。$LiCoO_2$ 在 2.5～4.35V 之间循环时受到不同程度的破坏，导致严重的应变、缺陷密度增加和粒子发生偶然破坏；产生的应变导致两种类型的阳离子无序：八面体位置层的缺陷和部分八面体结构转变为尖晶石四面体结构。因此对于长寿命需求的空间探索而言还有待于进一步提高循环性能。

当反应温度为中等温度 400℃时，而非高温 850℃，氧化钴锂的电化学性能与前述高温层状氧化钴锂明显不同。高分辨中子衍射表明该材料中的阳离子分布介于理想的层状结构和理想的尖晶石结构之间。可逆锂容量及循环性能均不理想，加入部分镍取代钴形成 $LiCo_{1-x}Ni_xO_2$（$0<x\leqslant0.2$）后，容量及稳定性均有提高。另外，将尖晶石氧化钴锂及掺有镍的 $LiCo_{1-x}Ni_xO_2$ 用甲酸等进行处理，发生反应：

$$LiCoO_2 \longrightarrow Li[Co_2]O_4 + CoO + Li_2O$$

能得到理想的尖晶石结构，结果电化学性能有了明显提高。在锂化过程中，尖晶石型的四方对称性能够得到维持，且在锂嵌入和脱嵌时，晶胞单元只膨胀、缩小 0.2%。从该角度而言，应用前景不可小觑，有待进一步的研究。温室时通过进一步反应可合成结晶性较好的尖晶石 $LiCoO_2$。

其他的正极材料有很多，有代表性的如下。

① 氧化镍锂和氧化钴锂一样，为层状结构。尽管 $LiNiO_2$ 比 $LiCoO_2$ 便宜，容量可达 130mAh/g 以上，但是一般情况下，镍较难氧化为+4 价，易生成缺锂的氧化镍锂；另外热处理温度不能过高，否则生成的氧化镍锂会发生分解，因此实际上很难批量制备理想的 $LiNiO_2$ 层状结构。为了提高性能，要对 $LiNiO_2$ 进行改性，改性主要方向是：提高脱嵌相的稳定性，从而提高安全性；抑制容量衰减；降低不可逆容量，与负极材料达到一个较好的平衡；提高可逆容量。采用的方法有：掺杂元素提高性能，采用溶胶-凝胶法制备材料。

② 从锂-锰-氧三元体系的相图我们得知锰的氧化物比较多，主要有 3 种结构：隧道结构、层状结构和尖晶石结构。隧道结构的氧化物主是 $MnO_2$ 及其衍生物，它包括：$\alpha$-$MnO_2$、$\beta$-$MnO_2$、$\gamma$-$MnO_2$ 和斜方-$MnO_2$，它们主要用于 3V 一次锂电池（锂原电池）。

③ Li-V-O 化合物与 Li-Co-O 化合物一样，存在着两种结构：层状结构和尖晶石结构。层状 Li-V-O 化合物包括 $LiVO_2$、$\alpha$-$V_2O_5$ 及其锂化衍生物以及 $Li_{1.2}V_3O_8$、$Li_{0.6}V_{2-\delta}O_{4-\delta}\cdot H_2O$ 和 $Li_{0.6}V_{2-\delta}O_{4-\delta}$ 等。$LiVO_2$ 的结构与层状 $LiCoO_2$ 相同，c/a 比为 5.20，空间群为 R3m。但是与 $LiCoO_2$ 和 $LiNiO_2$ 不一样，脱锂时 $LiVO_2$ 不稳定。此外，$Li_{1.2}V_3O_8$ 在锂嵌入和脱嵌时结构比较稳定，同时存在锂离子发生迁移的二维隙间，因此成为锂二次电池中很有吸引力的一种正极材料。

④ 5V 正极材料是区别以上说的放电平台为 3V 及 4V 附近的电极材料而说的，放电平台在 5V 附近左右。目前发现的主要有两种：尖晶石结构 $LiMn_{2-x}M_xO_4$ 和反尖晶石 V[LiM]$O_4$ [M=Ni，Co]。大部分 5V 正极材料从能量密度而言很有吸引力，但是它们会带来严重的稳定性问题。

⑤ 硫化物正极材料。尖晶石中硫代尖晶石 Cu[$Ti_2$]$S_4$ 结构在 $Cu^+$ 的可逆嵌入、脱嵌过程中比较稳定，亚稳定尖晶石框架基本完整。

⑥ 多阴离子正极材料主要有如下两种结构：橄榄石结构和 NASION 结构。如橄榄石结构的材料方面，将 $VO_4$ 用 $PO_4$ 取代，得到有序的 $LiMPO_4$（M=Mn、Co、Ni 或 Fe ）结构，M 离子位于八面体的 Z 字链上，锂离子位于交替平面八面体位置的直线链上。所有的锂均可发生脱嵌，得到层状 $FePO_4$-型结构，为 Pbnm 正交空间群。在 NASICON 结构方面，$Fe_2(SO_4)_3$ 有两种结构：菱形 NASICON 结构和单斜结构。NASICON 结构源于 $NaZr_2(PO_4)_3$。

⑦ 其他正极材料比较多，如铁的化合物物、铬的氧化物、钼的氧化物等，目前研究的也比较多。此外，还有层状岩盐型氧化物 $Li_2PtO_3$ 的体积容量可与 $LiCoO_2$ 相比，同时体积变化比 $LiCoO_2$ 少，因此耐过充电。100 次循环后都没有明显变化。$Li_2IrO_3$ 菱形结构亦可以发生锂的可逆嵌入和脱嵌。

### 7.3.3 锂离子电池的负极材料

作为锂二次电池的负极材料，首先是金属锂，随后才是合金。自锂二次电池的商品化即锂离子电池的诞生以来，研究的有关负极材料主要有以下几种：石墨化碳材料、无定形碳材料、氮化物、硅基材料、锡基材料、新型合金和其他材料，其中石墨化碳材料依然是当今商品化锂二次电池中的主流。

首先报道将石墨化碳作为锂离子电池是 1989 年，当时索尼公司以呋喃树酯为原料，进行热处理，作为商品化锂离子电池的负极。对于天然石墨而言，锂的可逆插入容量理论水平达 372mAh/g。电位基本上与金属锂接近。但是，它的主要缺点在于墨片面易发生剥离，因此循环性能不是很理想，通过改性，可以有效防止。天然石墨粒子的形状如板状、鳞片状或圆形对循环性能并没有明显的影响。3R 的含量与不可逆容量存在着一定的关系，可以作为选择石墨的一个标准。其他石墨化碳的负极材料有：中间相微珠碳（mesocarbon microbead，MCMB）、沥青基碳纤维等。石墨化碳材料在锂插入时，首先存在着一个比较重要的过程：形成钝化膜或电解质-电极界面膜，界面膜的好坏对于其电化学性能影响非常明显。其形成一般分为以下三个步骤：①0.5V 以上膜的开始形成；②0.55～0.2V 主要成膜过程；③0.2～0.0V 才开始锂的插入。如果膜不稳定，或致密性不够，一方面电解液会继续发生分解，另一方面溶剂会发生插入，导致碳结构的破坏。表面膜的好坏与碳材料的种类、电解液的组成有很大的关系。对于碳材料的改性，目前的研究非常多。碳材料的改性主要有以下几个方面：非金属的引入、金属的引入、表面处理和其他方法。

对于锂在碳材料中的储存机理，除了公认的石墨与锂形成石墨插入化合物外，在别的碳材料如无定形碳中的储存则有多种说法，主要有锂分子 $Li_2$ 机理、多层锂机理、晶格点阵机理、弹性球-弹性网模型、层-边端-表面机理、纳米级石墨储锂机理、碳-锂-氢机理、单层墨片分子机理和微孔储锂机理。新型的负极碳材料还包括富勒烯、碳纳米管。它们均能发生锂的插入和脱插。特别是后者，可逆容量可超过石墨的理论值。结果表明碳纳米管的可逆容量与石墨化程度亦存在着明显的关系。石墨化程度低，容量高，可达 700mAh/g；石墨化程度高，容量低，但是循环性能好。表面再涂上一层铜，能提高第一次充放电效率，通过热处理方法可提高纳米管的石墨化程度，从而降低不可逆容量。

其他负极材料包括：①氮化物，主要源于 $Li_3N$ 具有高的离子导电性，即锂离子容易发生迁移，将它与过渡金属元素如 Co、Ni、Cu 等发生作用后得到氮化物 $Li_{3-x}M_xN$，该氮化物具有 P6 对称性，密度与石墨相当；②硅及硅化物，硅有晶体和无定形两种形式，作为锂离子电池负极材料，以无定形硅的性能较佳；③锡基负极材料，包括锡的氧化物、复合氧化物和锡盐；④新型合金，锂二次电池最先所用的负极材料为金属锂，后来用锂的合金如 Li-Al、Li-Mg、Li-Al-Mg 等以期克服枝晶的产生，但是它们并未产生预期的效果，随后陷入低谷，在锂离子电池诞生后，人们发现锡基负极材料可以进行锂的可逆插入和脱出，从此又掀起了合金负极的一个小高潮，合金的主要优点是加工性能好、导电性好、对环境的敏感性没有碳材料明显、具有快速充放电能力、防止溶剂的共插入等，从目前研究的材料来看，多种多样，我们按基体材料来分，主要分为以下几类，即锡基合金、硅基合金、锗基合金、镁基合金和其他合金；⑤其他负极材料包括钛的氧化物、铁的氧化物、钼的氧化物等。

## 7.4　燃料电池材料应用基础

### 7.4.1　氢气利用

由于氢在世界上的储量极其丰富，又不具有环境污染，多年来一直被认为是未来的能源主体，人们普遍认为氢和电在将来会成为互补的能源载体，氢有一些与电有关的独特的性能，这些独特的性能使得它成为理想的能源载体或燃料：①氢像电一样可以从任何能源中得到，包括可再生的能源；②氢可以由电获得并以相对高的效率转换成电，一些由太阳能直接得到氢的技术已经成功；③获取氢的原材料是水，资源丰富，由于氢使用后的产物是纯水或水蒸气，因此氢是完全可再生的燃料；④氢可以以气态（便于大规模储存）、液态（便于航空航天应用）或以金属氢化物（便于机动车和别的相对小的规模储量需求）形式储存；⑤氢能够借助于管道和钢瓶进行长距离运输（大多数情况下比电更经济和有效）；⑥氢可通过催化燃烧、电化学转换和氢化物，比任何其他燃料有更多的方法和更高的效率转换成为其他形式的能源；⑦氢是对环境无害的能源。

氢和电将形成独立于其他能源的能源系统，这种能源系统的技术关键是氢的制造、储存、运输和利用技术。这些有效技术在未来将使氢像热、机械和电能一样获得广泛的应用。氢能系统对全球能源-经济-环境问题提供了一个清晰、全面和永久的解决方案，因此得到了许多政府和工业组织的支持。利用氢作为能源，重点要解决的是其储存和运输问题。根据储氢机制，储氢方式主要分为物理方式（压缩、冷冻、吸附）和化学方式（氢化物等）。表7-1中列出了一些不同的储氢方法及其应用特性，其中PO表示便携领域，TR表示运输，CHP表示能量生产。由于没有实际操作条件或储氢容量太低，活性炭、沸石、玻璃微球还没有实际的应用领域。碳纳米管作为新的超级吸附剂是一种很有前途的储氢材料，它的出现将推动氢-氧燃料电池汽车及其他用氢设备的发展，但作为商业应用还有一段距离。

**表 7-1　不同储氢方法特性**

| 储氢方法 | 储氢容量/%（质量） | 比能量/（kW/kg） | 可能的应用领域 |
|---|---|---|---|
| 气态 $H_2$ | 11.3 | 5.0 | TR,CHP |
| 液态 $H_2$ | 25.9 | 13.8 | TR |
| 金属氢化物 | 2～5.5 | 0.8～2.3 | PO,TR |
| 活性炭 | 5.2 | 2.2 | — |
| 沸石 | 0.8 | 0.3 | — |
| 玻璃微球 | 6 | 2.5 | — |
| 碳纳米管 | 4.2～7 | 1.7～3.0 | PO,TR |
| 有机液体 | 8.9～15.1 | 3.8～7.0 | TR,CHP,PO |

氢是一种极活泼的元素，可与上千种金属和合金形成氢化物和固溶体。20世纪60年代末到70年代初，人们相继发现了TiFe、Mg2Ni、LaNi5等储氢合金，从此拉开了储氢材料研究的序幕。由于它们具有优异的吸放氢性能并能兼顾其他功能性质，因此发展迅速。凡具有未充满的壳层或亚壳层的元素或金属是合适的吸氢物质，通过金属原子未充满的亚壳层与氢原子K壳层的电子共享，金属和氢原子形成了化合物。有效利用金属与氢的可逆反应，就可实现机械能、电能、热能和化学能之间的相互转换，储氢合金就可以成为极有应用前景的能量变换功能材料，广泛地应用到氢的储存、运输和纯化、镍氢电池、氢燃料汽车、氢同位素分离、温度和压力传感器、有机化合物氢化反应的催化剂等领域。

### 7.4.2　燃料电池技术的发展、材料技术基础与应用

燃料电池实用化的进程起始于1940年。自从作为阿波罗宇宙飞船的电源到现在产业用和民用电源，燃料电池实用化应用技术的开发正在迅速发展，如今已发展成为固定式的燃料电池和专用的汽车用燃料电池。燃料电池的特点是能量变换效率高，对环境的负面影响几乎为零；由于体积较小，因此可以在任何时候任何地方方便地使用；同时，由于能使用多种燃料发电，还可以代替火力发电。在21世纪中期有望适用于汽车、公共汽车用的燃料电池车、

家庭住宅、办公楼等应用的燃料电池供应系统，代替二次电池用于手机的电源等。

1839 年英国格罗夫发表了世界上第一篇有关燃料电池的研究报告，他研制的单电池是在稀硫酸溶液中放入两个铂箔作电极，一边供给氧气，另一边供给氢气。直流电通过水进行电解水，产生氢气和氧气（图 7-4）。这个燃料电池是电解水的逆反应，消耗掉的是氢气和氧气，产生水的同时得到电能。如今燃料电池材料已经成为了材料学、化学工程等领域研究的重要热点之一。

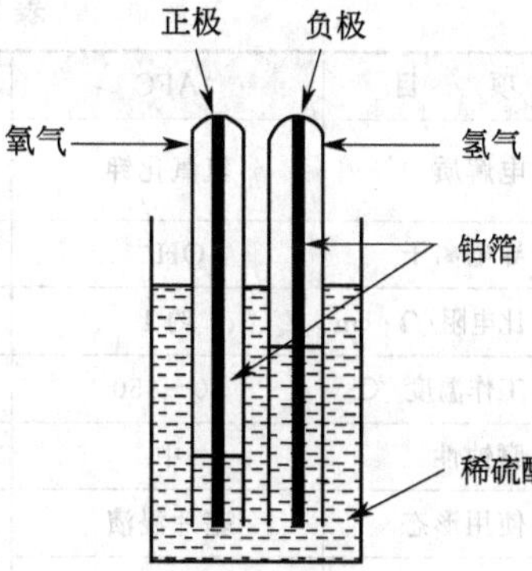

图 7-4　格罗夫燃料电池

像格罗夫的燃料电池那样，让氢气和氧气反应得到电的燃料电池称之为氢-氧燃料电池。燃料电池是氢能利用的最理想方式，它是电解水制氢的逆反应。

氢气进入的电极称为燃料极（氢极，阳极），氧气进入的电极称为空气极（氧极，阴极）。

氢-氧燃料电池中的电化学反应如下。

燃料极：

$$H_2 \longrightarrow 2H^+ + 2e^-$$

空气极：

$$\frac{1}{2}O_2 + 2H^+ + 2e^- \longrightarrow H_2O$$

对于整个电池的反应如下：

$$H_2 + \frac{1}{2}O_2 \longrightarrow H_2O$$

因此，氧气进入的电极一侧为正极，氢气进入的电极一侧为负极，将两侧外部联结起来可以得到电流。

燃料电池必须同时要满足以下功能。

（1）物质、能量平衡　从电池外部提供的燃料和氧化剂（空气），在发电的同时连续地排出生成水和二氧化碳等气体，即所谓的物质移动-供给功能。

（2）燃料电池的基本结构　为了防止易燃、易爆有危险的燃料和氧化剂混合、泄漏，应有分离、密封功能。为了分离燃料和氧化剂两种物料，需要有隔离机能。平板型、圆筒形电池和电堆的结构具有这种功能。

（3）电联结　各电池在低损失时应有联结已发生电力的输出功能和燃料电池的直流电转变成交流电的功能。

（4）热平衡　为了保持燃料电池一定温度，需要具有温度控制和冷却功能以及利用联合发电的排热功能。

（5）适用的燃料　在燃料电池的电极反应上，供给的燃料能变换成富氢气燃料的改质功能。

（6）最优化　为使气态燃料和氧化剂发生很好的电极反应，电极应有一定功能。保持良好电池特性的三相界面的多孔质电极结构和催化剂、温度、压力影响以及电池内浓度变化和电池特性的最佳化。

燃料电池的分类可从用途、使用燃料和工作温度等来区分，但一般从电解质的种类来分类，燃料电池的分类与特征见表 7-2 所列。它们的部分结构材料区别见表 7-3 所列。

**表 7-2 各种燃料电池的种类与特征比较**

| 项目 | | AFC | PAFC | MCFC | SOFC | PEMFC |
|---|---|---|---|---|---|---|
| 电解质 | 电解质 | 氢氧化钾 | 磷酸 | 碳酸锂($Li_2CO_3$)<br>碳酸钠($Na_2CO_3$) | 稳定的氧化锆<br>($ZrO_2+Y_2O_3$) | 离子交换膜 |
| | 导电离子 | $OH^-$ | $H^+$ | $CO_3^{2-}$ | $O^{2-}$ | $H^+$ |
| | 比电阻/Ω·cm | 约 1 | 约 1 | 约 1 | 约 1 | 约 20 |
| | 工作温度/℃ | 50～150 | 190～200 | 600～700 | 约 1000 | 80～100 |
| | 腐蚀性 | 中 | 强 | 强 | — | 中 |
| | 使用形态 | 基片浸渍 | 基片浸渍 | 基片浸渍或糊状 | 薄膜状 | 膜 |
| 电极 | 催化剂 | 镍、银类 | 铂类 | 不需要 | 不需要 | 铂类 |
| | 燃料极 | $H_2+2OH^- \longrightarrow 2H_2O+2e^-$ | $H_2 \longrightarrow 2H^++2e^-$ | $H_2+CO_3^{2-} \longrightarrow H_2O+CO_2+2e^-$ | $H_2+O^{2-} \longrightarrow H_2O+2e^-$ | $H_2 \longrightarrow 2H^++2e^-$ |
| | 空气极 | $1/2O_2+H_2O+2e^- \longrightarrow 2OH^-$ | $1/2O_2+2H^++2e^- \longrightarrow H_2O$ | $1/2O_2+CO_2+2e^- \longrightarrow CO_3^{2-}$ | $1/2O_2+2e^- \longrightarrow O^{2-}$ | $1/2O_2+2H^++2e^- \longrightarrow H_2O$ |
| 燃料(反应物) | | 纯氢(不能含 $CO_2$) | 氢(可含 $CO_2$) | 氢、一氧化碳 | 氢、一氧化碳 | 氢(可含 $CO_2$) |

**表 7-3 各种燃料电池的结构材料**

| | 部件 | PAFC | MCFC | SOFC | PEFC |
|---|---|---|---|---|---|
| 电解质 | 电解质 | 磷酸($H_3PO_4$) | 碳酸锂($Li_2CO_3$)<br>碳酸钠($Na_2CO_3$) | 稳定的氧化锆(YSZ)<br>($ZrO_2+Y_2O_3$) | 离子交换膜(特别是阳离子交换膜)<br>全氟磺酸膜 |
| | 基片 | SiC | $\gamma$-$LiCO_3$ 粉末<br>增强纤维($Al_2O_3$) | — | — |
| 电极 | 燃料极 | 多孔碳板<br>碳载铂+PTFE | Ni-AlCr | Ni-YsZ<br>金属陶瓷 | 多孔碳板<br>碳载铂+PTFE |
| | 空气极 | 多孔碳板<br>碳载铂+PTFE | NiO+碱基稀土族元素 | $La_{1-x}Sr_xMnO_3$<br>($x=0.1$～$0.15$) | 多孔碳板<br>Pt 催化剂+PTFE |
| 构成材料等 | | 隔膜板<br>碳板 | 隔膜板<br>SUS310S/Ni 覆盖层<br>SUS310+Al 涂层<br>SUS316L | 双极联结板：<br>$LaCr_{1-x}Mg_xO_3$<br>载体：<br>氧化钙<br>稳定的氧化锆 | 隔膜板<br>碳板 |

## 7.5 太阳能电池材料基础与应用

### 7.5.1 概述

太阳能是地球上所有可再生能源和非可再生能源的根本来源，并且太阳能取之不尽用之不竭。每年，到达地球大气外层的太阳能总能量约为 $1.5\times10^{15}$MWh，其中，30%以短波形式被地球大气反射回太空，47%被大气、地球表面和海洋吸收，另外有 23%参与了地球上的水温循环。太阳辐射主要的能量集中从紫外到红外（对应波长为 0.2～100$\mu$m）的范围，特别是其中波长在 0.3～2.6$\mu$m 范围内的太阳辐射，占据了太阳能 95%以上的能量。另外，由于大气的存在，对太阳的原始辐射起着一定的滤波作用，这使得到达地球表面的太阳光线在强度和频率分布上都比与原始光线有着一定的差异。而这个差异对太阳能的利用特别是光伏效应的利用有着很重要的决定作用。

近年来，由于受化石能源枯竭危机、环境问题日益严峻的影响，各个国家太阳能电池的利用率大大增加。根据 Maycock 的报告，从进入 21 世纪以来，光伏电池在世界范围的装机量大幅度增加。

### 7.5.2　光伏效应与太阳能电池

在太阳能电池中，光伏能量转换的过程，一般都需要经历两个基本的步骤。首先，是通过对光的吸收，在光伏材料内部产生电子-空穴对（electron-hole pair）。然后，在第一个步骤中产生的电子-空穴对在光伏器件特殊结构的影响下分离，其中电子向负电极一端移动，同时，空穴向正电极方向移动，于是，在器件内部，便产生了电势能。而太阳能电池主要的典型结构，基本分为了 p-n 结太阳能电池（p-n junction solar cell），异质结太阳能电池（heterojunction cell），p-i-n 结构电池（p-i-n structure cell）。其中，p-n 结电池是最常见的太阳能电池。由于电池内部存在的非线性机制，所以现在对该类电池的建模研究还仅仅停留在数值计算的水平上。

### 7.5.3　太阳能电池材料基础

对太阳能电池材料的研究，也就是对可以进行光伏转换的半导体材料的研究。常用的太阳能电池用半导体材料的光伏性能列于表 7-4 和表 7-5 中。从不同半导体的价带结构进行分析将有助于人们选择合适的半导体材料，并且初步确定针对不同材料的太阳能电池制备工艺。同时，半导体材料中的能量带隙以及能带结构，又是对半导体的表征及太阳能电池研究的基础。

**表 7-4　常用太阳能材料的性能参数**

| 项　目 | $E_g$/eV | 晶体结构 | 吸光系数 | 折射率 | 电子亲和力/eV | 晶格常数/Å | 密度/(g/cm³) | 热膨胀系数/×10⁻⁶K | 熔点/K |
|---|---|---|---|---|---|---|---|---|---|
| c-Si | 1.12i | dia | 11.9 | 3.97 | 4.05 | 5.431 | 2.328 | 2.6 | 1687 |
| GaAs | 1.424d | zb | 13.18 | 3.90 | 4.07 | 5.653 | 5.32 | 6.03 | 1510 |
| InP | 1.35d | zb | 12.56 | 3.60 | 4.38 | 5.869 | 4.787 | 4.55 | 1340 |
| a-Si | 约 1.8d | — | ～11 | 3.32 | — | — | — | — | — |
| CdTe | 1.45～1.5d | zb | 10.2 | 2.89 | 4.28 | 6.477 | 6.2 | 4.9 | 1365 |
| $CuInSe_2$ | 0.96～1.04d | ch | — | — | 4.58 | — | — | 6.6 | ～1600 |
| $Al_xGa_{1-x}$ $0\leqslant x\leqslant 0.45$ | $(1.274x+1.424)$d | zb | $13.18-3.12x$ | — | $4.17-1.1x$ | $5.653+0.0078x$ | $5.36-1.6x$ | $6.4-1.2x$ | — |
| $Al_xGa_{1-x}$ $0.45\leqslant x\leqslant 1$ | $(1.9+0.125x+1.143x^2)$i | zb | — | — | $3.64-0.14x$ | — | — | — | — |

注：d 表示直接转变，i 表示间接转变；dia 表示金刚石结构，zb 表示闪锌矿结构，ch 表示黄铜矿结构。

**表 7-5　常用薄膜电池材料的性能参数**

| 材　料 | $E_g$/eV | 折　射　率 | 电子亲和力 |
|---|---|---|---|
| CdS | 2.43 | 2.5 | 4.5 |
| ZnS | 3.58 | 2.4 | 3.9 |
| $Zn_{0.3}Cd_{0.7}S$ | 2.8 | — | 4.3 |
| ZnO | 3.3 | 2.02 | 4.35 |
| $In_2O_3$ : Sn | 3.7～4.4 | — | 4.5 |
| $SnO_2$ : F | 3.9～4.6 | — | 4.8 |

太阳能电池也有了非常多的种类。第一个太阳能电池是由贝尔实验室（Bell Lab）的Chapin于1954年制造的硅材料电池。当时，这个电池的效率就已经有6%之多，而在很短的时间内，其效率就提升到了10%。但是由于昂贵的造价，当时的太阳能电池还只能应用在航天领域。在20世纪70年代时，出现的熔融硅制备大颗粒多晶硅技术，有效地降低了之前的卓克拉尔斯基（Czochralski）单晶硅生长法的成本，从而为硅电池的广泛应用提供了条件。但是硅单质本身并不是非常理想的光伏转化材料。这是由于硅对太阳辐射的吸收效率比较低下的缘故。现在，更多的研究转向了有着直接能带结构的薄膜电池（thin-film cells）的研究上。第一个在此领域中出现的材料依然是硅单质，不过已由过去的晶体硅转变为了非晶硅（amorphous silicon）。该类电池的稳定效率可达13%，而模块电池的效率也在6%～8%。经过多年的发展，非晶硅太阳能电池在商业应用，特别是室内应用中有着非常稳固的市场份额。

除非晶硅外，还有很多种具有潜力的光伏材料，这些材料都有着很高的光吸收能力，并且适合制备薄膜电池。这些电池的一个特点就是，都属于半导体元素的化合物，比如GaAs和InP都是在元素周期表中第Ⅲ和Ⅴ主族中的元素组成的化合物。在所有这些化合物材料中，研究最多的为$CuInSe_2$(CIS）和CdTe。对于CIS，又衍生了很多其他的三元半导体化合物，比如$CuGaSe_2$、$CuInS_2$以及这些三元化合物的固溶物$Cu(In, Ga)(S, Se)_2$，即CIGS。目前，该类电池的实验室最高效率可达18.9%。而CdTe电池则有着比较长的发展历史，现在其实验室效率有16%，大面积模块电池也有10%。

近年来，一些使用非半导体材料的太阳能电池也得到了不小的发展，这些电池中比较有代表性的有掺杂/掺和有机半导体（doped and blended organic semiconductors）及染料敏化太阳能电池（dye sensitized solar cell)。其中染料敏化太阳能电池在日本和澳大利亚都实现了大面积化，效率在6%左右，但是寿命和造价都是影响其发展的重要因素。

从1958年，108块太阳能电池为先锋1号（Vanguard 1）卫星提供了能源以来，太阳能电池的应用领域变得越来越广泛。在欧洲、美国、日本等国家和地区，政府为了促进太阳能电池的发展，先后都启用了很多支持项目，下面是几个比较大型的国家项目及其成果。

① 德国10万屋顶计划（100000 Roof program)，如图7-5所示。

② 美国百万屋顶计划（1Million Roof program)，该计划同时还包括了热能系统。

③ 意大利屋顶计划（Roof top program)。

④ 瑞士及澳大利亚的太阳能项目。

### 7.5.4 太阳能电池材料范例

（1）晶体硅太阳能电池　晶体硅太阳能电池可以分为单晶硅太阳能电池和多晶硅太阳能电池。最初，制备太阳能电池所用的单晶硅，都是由卓克拉尔斯基单晶拉制法制备的。图7-6是卓克拉尔斯基法工艺示意。多晶结构的材料则是将多晶硅置于石英坩埚中，再把石英坩埚置于石墨坩埚，然后在稀有气体的保护下使用感应加热器进行加热熔化。然后，再向熔融液体中假如晶种，边旋转边缓慢提拉。不论是否晶种本身存在位错，在晶种置于熔融液中后，位错都会在晶种上产生。由于没有位错的晶体要远比存在位错的稳定，为了得到没有位错的结构，直径大约只有3mm的晶颈需要以每分钟几个毫米速度生长。现在，30cm左右的半导体行业用晶体硅已经是司空见惯。而对于太阳能电池用晶体硅，则要小一些，这是由于一般使用的太阳能电池，其尺寸一般为 10cm×10cm 或者 15cm×15cm。所以圆形的晶体一般被加工成圆角的正方形，以便于组装成为大型的太阳能电池模块。使用石英坩埚的原因，是由于熔融状态的硅几乎可以和任何材料发生反应，所以，坩埚的最好材料为二氧化硅，这样，二氧化硅与硅的反应产物一氧化硅，可以很轻易地从系统中挥发出去。尽管如此，使用卓克拉尔斯基法后，在硅晶体中，依然存在有每立方厘米 $10^{17}$～$10^{18}$ 个填隙氧原子。为解决这个问题，产生了一种改进了的晶体生长技术，这种方法为浮置区熔法（float zone method）。

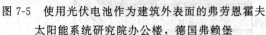

图 7-5　使用光伏电池作为建筑外表面的弗劳恩霍夫太阳能系统研究院办公楼，德国弗赖堡

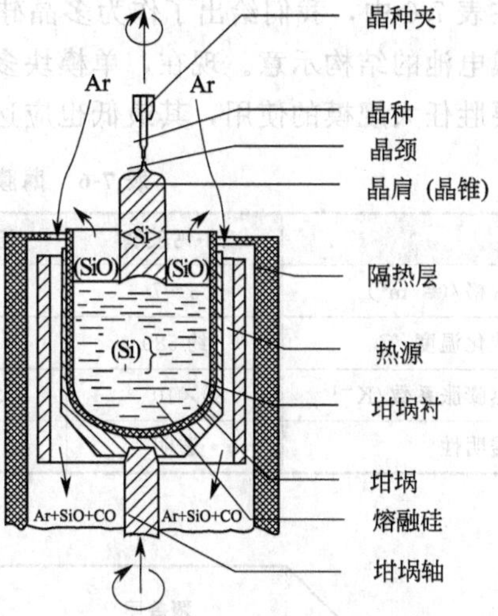


图 7-6　卓克拉尔斯基法工艺示意

值得注意的是，现在绝大多数保持着最高光电转换效率的晶体硅（或其他晶体材料，如 TeCd）太阳能电池，都是那些使用了浮区法制备的材料的电池。此外，在 20 世纪 70 年代，出现了一种非常重要的技术，那就是铸硅法，这个方法比提拉硅法节约了大量的成本。铸造多晶硅只能用于太阳能电池应用，而无法应用于电子等其他行业领域的半导体器件中。该晶体硅的造价比单晶硅要低，但是同时，所生产出的太阳能电池也比单晶硅太阳能电池的效率低。不过在电池的制备工艺上，铸造多晶硅由于是方形的，所以容易制备成为方块状的太阳能电池，这比提拉晶体硅要方便得多。但是，由于在制备过程中，硅会与坩埚壁保持接触，所以不可避免地会有一层杂质的渗透层，从而降低载流子的寿命，影响多晶硅制备成为的太阳能电池的效率。同时，由于杂质的存在，多晶硅会在一定方向上存在大量点缺陷和晶界。为了避免这样的情况，一般地，使用磷的化合物来除去可移动的杂质，而使用氢来除去惰性的不可移动的点缺陷。常规的做法是使用空穴型硅（p-type silicon）制备工业级的光伏系统。

现在，对晶态硅太阳能电池的研究，一般是集中在薄膜多晶硅太阳电池，微晶硅太阳电池还有高效率聚光硅太阳能电池上。

多晶硅被定义为内部晶粒尺寸分布在 1μm～1mm 区间的硅单质。并且整个材料内部的结晶率接近 100%，这意味着无序区域非常的薄，并且几乎没有晶界。而薄膜则被认为是厚度小于 30μm，特别是在 3～10μm 的材料。出于技术和经济的双重考虑，最佳的晶体硅薄膜的厚度应该在 10μm 甚至更低一点。而这样的多晶硅膜的生长，多是在一定的基体上完成的。生长的方法有很多种，比如化学气相沉积（chemical vapor deposition），等离子加速化学气相沉积（plasma enhanced CVD），离子辅助沉积（ion assisted deposition），液相附生（liquid phase epitaxy）及非晶硅液相结晶（liquid phase crystallization of amorphous silicon）。

可以用做多晶硅薄膜基体的材料，最首要的特性，就是要成本低廉，这也是符合薄膜电池制备目标的；第二，基体对高温的耐受程度，要至少高于整个电池生产流程中的最高温度；第三，基体与多晶硅的热膨胀系数要匹配，晶态硅的热膨胀系数在 $4\times10^{-6}K^{-1}$左右。在表 7-6 中，我们给出了作为多晶硅基体的材料的特性。图 7-7 是典型的有衬底的多晶硅薄膜电池的结构示意。现在，单模块多晶硅薄膜电池的最高效率已经达到了 9%，然而，若是要胜任大规模的使用，其最低也应达到单结 12%的模块效率。

**表 7-6　薄膜多晶硅太阳能电池基体材料的性能**

| | 钠-钙玻璃 | 硅酸硼玻璃 | 高温玻璃 | 不锈钢 | 莫来石陶瓷 |
|---|---|---|---|---|---|
| 价格/(€/m²) | 3～7 | 20～40 | — | 4～10 | 30～40 |
| 软化温度/℃ | 约 580 | 约 820 | 约 1000 | 大于 1000 | 大于 1460 |
| 热膨胀系数/$K^{-1}$ | $80\times10^{-6}$ | $3\times10^{-6}$ | $3.8\times10^{-6}$ | $12\times10^{-6}$ | $3.5\times10^{-6}$ |
| 透明性 | 透明 | 透明 | 透明 | 不透明 | 不透明 |

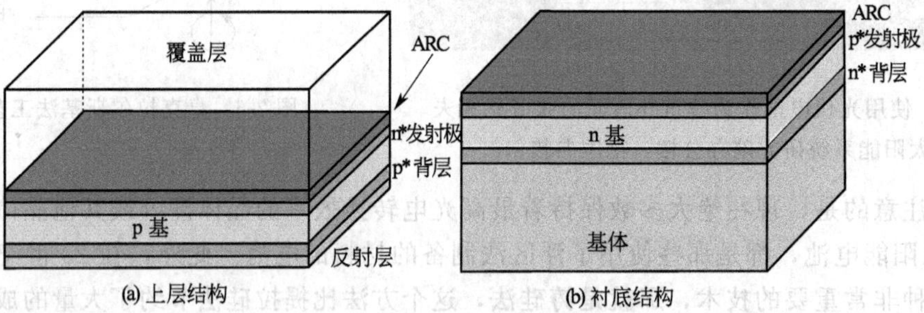


图 7-7　多晶硅薄膜电池的结构

而微晶硅太阳能电池则是起源于 20 世纪 70～90 年代的氢化非晶硅电池（a-Si∶H）及其锗合金（a-Si，Ge∶H）或碳合金电池（a-Si，C∶H）。后来，在 20 世纪 90 年代，新型的氢化微晶硅电池（μc-Si∶H）开始出现在研究领域。这种电池有着和非晶硅电池相同的制备工艺甚至相同的制备设备，但是性能上却有很大的不同。

值得一提的是，最佳的微晶硅电池的应用方法，是微晶堆叠法（Micromorph tandem），实验室级的最高纪录已达到了 14.7%。同时，由日本カネカ公司（旧名鐘淵化学工業株式会社）生产的商业级模块电池已经有 8%左右的稳定效率。

作为所有太阳能电池中最早出现、最基础也是应用最广的晶体硅电池，不仅仅是有着多种实验室级的高性能电池，也有着工业化了的低成本电池。工业级太阳能电池一般有着 5in(1in＝25.4mm) 或者更大的表面，使用卓克拉尔斯基法单晶或者多晶硅作为衬底材料。制备工业级晶体硅太阳能电池，一般遵循如下的步骤：制备衬底、腐蚀、织构化和光学限制、清洗、结形成、前表面钝化和减反射涂层、前触点形成、背部结构、基体材料质量改进。

（2）非晶硅太阳能电池　第一个关于非晶硅层的报道见于 1965 年，当时使用将硅烷沉积用于射频辉光放电（radio frequency glow discharge）。之后十年左右，苏格兰邓迪大学的研究人员发现了非晶硅同样具有半导体性能。事实上，适合使用在电气领域的非晶硅是经过掺杂的硅-氢（a-Si：H）“合金”，即氢化非晶硅。

第一个非晶硅太阳能电池是由 Carlson 和 Wronski 于 1976 年制备的，当时该电池的效率只有 2.4%。而如今，非晶硅电池的初始效率已经达到了 15%。为了进一步提高非晶硅模块电池的市场竞争力，亟待解决的技术问题有：

① 提高 a-Si：H 太阳能电池的转换效率；

② 降低 Staebler-Wronski 效应（由于光照作用，电池的光电转换效率会减少 25%）的影响；

③ 将吸收层的沉积速率提高到 10～20Å/s 以降低 a-Si：H 沉积设备的成本；

④ 大批量生产技术；

⑤ 降低原材料成本。

在制备 a-Si：H 太阳能电池的过程中，最为重要的是对非晶硅的氢化。通过氢化作用，硅的内部会变成为连续无序网络（Continuous random network）结构。晶体硅和非晶硅在原子结构上的差别如图 7-8 所示。

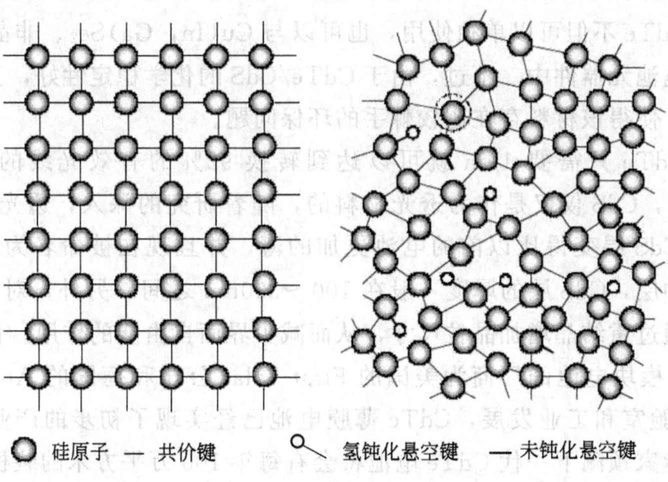


图 7-8 硅材料原子结构

由于氢化非晶硅的结构是短程有序的，所以一般的关于能量状态及能带的半导体概念对于 a-Si：H 也是适用的。通过对半导体基础知识的学习，人们知道，若是材料内部有过多的缺陷的话，这个材料是无法应用于半导体领域作为元器件的。而纯的非晶硅内部，每平方厘米有着 $10^{21}$ 个缺陷，这个庞大的数目使得非晶硅无法直接应用于光电材料领域。然而，通过将非晶硅与氢组成“合金”，大量硅原子的悬空键被氢原子钝化，从而材料内部缺陷降到每平方厘米 $10^{15}$～$10^{16}$ 个，这个缺陷程度是适合应用在半导体领域的。实现氢化一般是使用化学气相沉积的方法，现在研究和应用较多的，分别是：①射频等离子加速化学气相沉积；②直接等离子加速化学气相沉积；③远程等离子化学气相沉积；④热导线（hot wire）化学气相沉积。

一般来说，非晶硅太阳能电池有两个基本的结构，一种是 p-i-n 前层结构，另一种是

n-i-p背底结构。在前层结构中，太阳能电池器件前的玻璃一般使用TCO镀膜玻璃。而在背底结构中，则可以使用非透明衬底，比如不锈钢。将上述的单结a-Si：H电池模块化，一般采用图7-9所示的结构。

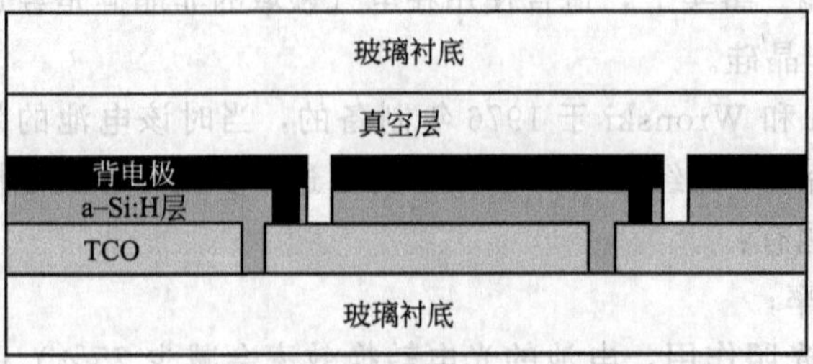


图7-9 a-Si：H太阳能模块电池的结构示意

使用非晶硅可以制备可折叠弯曲的模块化电池，同时，非晶硅模块电池相比晶体硅，有着更低的转换效率-温度系数，这使得非晶硅太阳能电池可以使用在高温领域。

(3) 碲化镉（CdTe）基太阳能薄膜电池　最早的CdTe电池是1972年时，由Bonnet和Rabenhorst研制成功的CdS/CdTe电池，该电池有着6%的光电转换效率。而迄今为止最高光电转换效率的CdTe电池，是由NREL于2002年制备所得的，其效率为16.5%。

CdTe是一种非常适合制备薄膜光伏电池的材料，其直接带隙为$E_g=1.45\text{eV}$，这个值正好处于公认的最佳光伏转换效果区间（1.2～1.5eV）内。另外，由于对光线的吸收能力要远强于非晶硅和晶体硅，所以，只需要非常薄的厚度，就可以使用CdTe吸收掉所有的入射光线。同时，CdTe不但可以单独使用，也可以与$Cu(In,Ga)Se_2$、非晶硅等其他材料同时使用在太阳能电池元器件中。不过，由于CdTe/CdS的化学稳定性好，又同时具有极低的溶解度和蒸气压，使得该材料存在比较棘手的环保问题。

从理论上，CdTe只需要1μm就可以达到转换92%的有效光线的要求。在早期的CdTe/CdS电池中，CdS仅仅是作为透光材料的，随着研究的深入，透光功能逐渐由TCO材料取代，所以CdS层变得比以前的电池更加的薄，并且现在被命名为缓冲材料（buffer material)。在缓冲层，CdS层的厚度一般在100～300nm之间。另外，对CdTe进行$CdCl_2$活化处理，有着通过重结晶增加晶粒尺寸，从而减少界面自由能的作用。目前，世界上最大的两家生产CdTe模块电池的厂商为美国的First Solar公司和德国的Antec Solar Energy。经过了20多年实验室和工业发展，CdTe薄膜电池已经实现了初步的产业化。由于其特有的低成本优势，专家预测下一代CdTe电池将会有每年100万平方米的装机容量。

(4) 其他太阳能电池　如$CuInSe_2$、$CuInS_2$和$CuGaSe_2$等黄铜矿化合物制备而成的黄铜矿基太阳能电池，这三种材料的能带隙分别为1.0eV、1.5eV和1.7eV。使用该类材料制备的薄膜电池，目前在实验室级别上已获得了接近20%的转换效率的成果，准模块、大模块电池的效率也分别达到了17%和12%。众所周知，薄膜太阳能电池就是将一层或者几层不相同或者不同成分的薄膜沉积到一个衬底上，并且具有光伏效应的半导体器件，这个衬底可以是硬质的，也可以是柔软的。在背接触层之上，是黄铜矿类材料层，此电池中即为$Cu(In,Ga)Se_2$。这个部分吸收绝大部分的入射光线并且产生光生电流，所以也被称为吸收层（absorber)，并且属于p型半导体。在吸收层之上，则一般先采用非常薄的n型缓冲层CdS，再是有着好的透明度的前接触面，黄铜矿基太阳能电池能否继续发展并成为市场主流，还是有着不少的问题需要在未来解决的：①轻型化及可折叠化；②无镉工艺；③无铟工艺；④寻找取代钼的新型背接触层；⑤双面电池和前接触电池；⑥工艺过程无需真空；⑦宽禁带和双节电池的研发。

## 7.6 其他新能源材料

### 7.6.1 核能关键材料与应用

核能是人类历史上的一项伟大发明，从 19 世纪末英国物理学家汤姆逊发现了电子，到居里夫人发现新的放射性元素钋、镭，再到 1905 年爱因斯坦提出质能转换公式，1946 年德国科学家奥托哈恩用中子轰击铀原子核，发现了核裂变现象，1942 年 12 月 2 日美国芝加哥大学成功启动了世界上第一座核反应堆，1945 年 8 月 6 日和 9 日美国将两颗原子弹先后投在了日本的广岛和长崎，1957 年苏联建成了世界上第一座核电站-奥布灵斯克核电站。可见，核能开始是应用与军事领域，但现在人类已将核能运用于除军事外的能源、工业、航天等众多领域。

根据当今的能源形势，核能在目前所能预见到的优势主要体现在一下两个方面：①可以取代燃烧煤或者天然气的方式，这样可以节约更多的原料用于化工提取；②可以在交通能源中代替石油，这可以提高热机的效率，并且最重要的是，可以大大提高能源携带能力，从而增加交通工具的续航能力。

事实上，只有几种原子核能够发生核裂变反应，在核应用中最重要的是铀和钚的同位素。核能应用中，需要的巨大能量，需要来自于不间断的核裂变反应，也就是链式反应。由于现在人类能够控制的只有核裂变反应，所以当今世界上建造的所有核电站都是利用核裂变提供能量的。裂变反应堆可以根据裂变方式分为两类，其中一类是通过受控的核裂变来获取核能，该核能是以热量的形势从核燃料中释放出来的；另一类则是利用被动的衰变获取能量的放射性同位素温差发电机。第一类裂变反应是在核电站领域中着重使用的，这类反应又可以再分为热中子反应堆（thermal-neutron reaction）和快速中子反应堆（fast-neutron reaction）。尽管快中子堆可以产生更少的核废料（nuclear waste），提高核燃料的利用效率，并且生成的核废料中的放射性物质半衰期更短，但是限于技术和成本问题，目前绝大多数的商用反应堆还都是使用热堆模式。

但是无论哪个种类，热中子堆基本的几个组成部分都是相同的：一般认为钍、镤和铀三种元素可以作为核燃料。镤的同位素中半衰期最长的只有 3.3 万年，所以无法从自然界直接获得镨。而钍一般则是更多的作为制备铀 233 的原料。所以，现在的热堆中大多数的核燃料中的作用元素都是铀。事实上用作减速剂的，只有轻水、重水、铍和石墨这四种。反应堆相关材料见表 7-7。

**表 7-7 不同种类反应堆使用状况及主要材料**（数据截止 2009 年 3 月 20 日）

| 堆型 | 燃料 | 中子减速剂 | 冷却剂 | 运行数 | 功率/MW(e) |
|---|---|---|---|---|---|
| BWR | 富 $^{235}U$ 的 $UO_2$ | 轻水 | 轻水 | 92 | 83597 |
| FBR | $UO_2+PuO_2$ | 无 | 液态钠 | 2 | 690 |
| GCR | U, $UO_2$ | 石墨 | 二氧化碳 | 18 | 8909 |
| LWGR | 富 $^{235}U$ 的 $UO_2$ | 石墨 | 轻水 | 16 | 11404 |
| PHWR | 普通 $UO_2$ | 重水 | 重水 | 44 | 22441 |
| PWR | 富 $^{235}U$ 的 $UO_2$ | 轻水 | 轻水 | 264 | 243079 |
| 总计 | — | — | — | 436 | 370120 |

金属锆和金属铪，是核电工业不可或缺的消耗性金属材料。我国规划到 2020 年我国将

再建28座核电站，新增核电3000万千瓦，核电比例由目前的2%增加到4%～5%，预测需锆材600t以上，按较高的成材率及较低损耗率推算，核级海绵锆总需求量将达1500t。而我国目前的现实状态是锆材的加工生产能力和装备虽已进入国际先进行列，但作为锆铪产业前端的海绵锆、海绵铪研发和生产则处于相对滞后的状态，海绵锆、海绵铪的冶炼工艺与国外尚有较大差距，不能适应和满足国家军工和民用核电发展对锆铪的需求。作为能源需求日趋旺盛的中国，如果没有自己自主知识产权的、民族的海绵锆、海绵铪研发队伍和产业，锆铪型材加工和核电消耗性锆铪仍须大量依靠进口，那是令人不可想象的。

铀是高能量的核燃料，1kg铀可供利用的能量相当于燃烧2250t优质煤。然而陆地上铀的储藏量并不丰富，且分布极不均匀。只有少数国家拥有有限的铀矿，全世界较适于开采的只有100万吨，加上低品位铀矿及其副产铀化物，总量也不超过500万吨，按目前的消耗量，预计只够开采几十年。而在巨大的海水水体中，却含有丰富的铀矿资源。据估计，海水中溶解的铀的数量可达45亿吨，相当于陆地总储量的几千倍。如果能将海水中的铀全部提取出来，所含的裂变能可保证人类几万年的能源需要。不过，海水中含铀的浓度很低，1000t海水只含有3g铀。从海水中提取铀，从技术上讲是件十分困难的事情，可喜的是目前海水提铀技术的发展已从基础研究转向开发应用研究的阶段。

此外，以海水中的氘、氚的核聚变能解决人类未来的能源需要将展示出美好的前景。有关能源专家认为，如果解决了核聚变技术，那么人类将能从根本上解决能源问题。

从核能的发展趋势来看，核能关键材料的开发应该积极做到系统发展核材料工业。包括铀矿勘探、铀矿开采与铀的提取、燃料元件制造、铀同位素分离、反应堆发电、乏燃料后处理、同位素应用以及与核工业相关的建筑安装、仪器仪表、设备制造与加工、安全防护及环境保护。此外，积极发展钍资源的开发研究等也是有效的战略手段。

### 7.6.2 镍氢电池材料基础与应用

镍氢电池被誉为是最环保的电池，并且镍氢电池的输出电流比碳性或碱性电池大，相对更适合用于高耗电产品。但是，镍氢电池有着比较典型的充点电池记忆效应，而且具有比较强的自放电反应。镍氢电池是用镍镉电池技术为原型修改得到的，镉电极被储氢合金取代。镍氢电池镍氢电池以$Ni(OH)_2$作为正极，以贮氢合金作为负极，氢氧化钾碱性水溶液为电解液。在电化学中，我们知道，镍和氢在电化学反应的时候，氢的电位电动势比镍的电位电动势低，从而形成了电势差。在充电的时候，镍在就从$Ni^{2+}$变成Ni单质，氢则被氧化成$OH^-$，而放电的时候是相反的过程，是可逆的反应，这样就能形成我们所谓的充电放电，其化学反应式如下：

$$MH + NiOOH \rightleftharpoons Ni(OH)_2 + M + H_2$$

镍氢电池起源于20世纪70年代吸氢金属的发明，现在已经开发储了两种体系的合金，镧镍合金（AB5）和钛锆合金（AB2）。每种合金体系中都有添加剂，来增强抗蚀性能、循环性能和降低成本等等。有些材料包含了非常多的添加剂，以至于有了下水道合金的称呼（kitchen sink alloys）。虽然AB2合金储氢容量大，但是AB5合金好的机械稳定性、更佳的低温性能和高倍率放电性能使得它成为商业镍氢电池的选择。镍氢电池在1990年左右市场化，更小的体积，更好的放电性能用于取代便携式电子设备上的镍镉电池。储氢合金电极取代镉电极后，电池能够有更佳的设计和电极活性物质的配比，在相同体积下，镍氢电池容量是镍镉电池的2倍。因此，镍氢电池在容量上比镍镉电池大得多。镍氢电池和镍镉电池除了储氢电极取代镉电极以外的结构基本相同。镍氢电池能够用和镍镉电池同样的设备来生产，采用聚合物粘合储氢合金粉末来作为负极。这极大地降低了生产镍氢电池的投资成本。镍氢电池将是混合动力车辆的首选电源。

镍氢电池作为一种高比能量的二次电池已经得到了广泛的应用，但仍存在一定的不足。电池的容量设计是正极限容，所以镍氢电池的整体性能在很大程度上由正极材料性能的好坏决定。MH-Ni 电池的正极活性物质 $Ni(OH)_2$，由于 $Ni(OH)_2$ 为 p 型半导体，其导电性较差，这就导致了活性物质利用率的下降，从而导致充电效率和放电容量的降低。所以在镍电极活性物质中添加添加剂对 MH-Ni 电池的镍电极进行改性，以提高镍氢电池正极的性能，对于改善镍氢电池的性能是至关重要的。有学者研究了钴类添加剂对镍电极性能的影响，通过物理掺杂、化学包覆等方法在镍电极中添加钴类化合物。实验结果显示无论是化学包覆 CoOOH 还是物理掺杂 CoO，都增加了正极活性材料的导电性，提高了电极的活性物质利用率。有研究表明覆钴球型氢氧化镍是用于镍氢电池的一种新型正极材料，用它制作电池时加入黏结剂后，可直接投入泡沫镍中，简化了电池生产工序，不增加成本，而性能显著改善，可提高性能价格比，是当今世界环境保护和电池材料的发展方向。国内厂家发展的技术“覆钴球型氢氧化镍”在球型氢氧化镍表面通过覆钴或钴的化合物后，与直接添加同量钴粉相比材料利用率提高了 5%～10%，循环寿命大于 500 次，达到国际先进水平。用所生产的覆钴球型氢氧化镍组装的电池，其性能指标达到了国际同类产品的先进水平。负极材料制备方面，有人提供了一种镍氢电池负极材料，将配制好金属稀土与金属镍加入真空高温加热设备中，加热前，先用真空泵将加热设备里的空气抽成真空，然后开始加热，使温度达到足以使金属熔化；之后将通入惰性气体；使惰性气体能在高速向下的喷雾作用下将熔化了的金属进行雾化，这样便能得到金属小颗粒，对其进行冷却，使金属小颗粒温度降低不至氧化所要求的温度以下；再通过筛网，进行筛选，最后得到成品。

### 7.6.3　生物质能材料基础与应用

生物质能一般是指利用生物体本身来产生能量。具体指将植物转化为乙醇、氢气、生物柴油以及其他生物化学材料，比如木糖醇、甘油、异丙醇等。如某些植物和水藻，能够通过光合作用直接产生油质，这些油质可以直接用作燃料，也可以经过化学处理成为生物柴油加以利用。而乙醇、甲烷等生物质能则需要将有机质进行厌氧发酵才可得到。另外，我们还能够直接使用微生物制备燃料电池得到电能。几种常见的能源形式的热量提供参数可参看表 7-8。由于生物体本身的能量的来源都是阳光，而生物在自然界中又是生生不息的，所以一般的，我们也把生物质能看作是可再生的新能源的一类。

**表 7-8　常见生物质能的能量密度**

| 能　源 | 质量能量密度/(kJ/g) | 密度/($kg/m^3$) | 体积能量密度/($GJ/m^3$) |
|---|---|---|---|
| 氢气 | 143.0 | 0.0898 | 0.0128 |
| 甲烷 | 54.0 | 0.7167 | 0.0387 |
| 2 号柴油 | 46.0 | 850 | 39.1 |
| 汽油 | 44.0 | 740 | 32.6 |
| 豆油 | 42.0 | 914 | 38.3 |
| 豆制生物柴油 | 40.2 | 885 | 35.6 |
| 煤炭 | 35.0 | 800 | 28.0 |
| 乙醇 | 29.6 | 794 | 23.5 |
| 甲醇 | 22.3 | 790 | 17.6 |

续表

| 能　源 | 质量能量密度/(kJ/g) | 密度/(kg/m³) | 体积能量密度/(GJ/m³) |
|---|---|---|---|
| 软木 | 20.4 | 270 | 5.5 |
| 硬木 | 18.4 | 380 | 7.0 |
| 菜子油 | 18.0 | 912 | 16.4 |
| 甘蔗渣 | 17.5 | 160 | 2.8 |
| 米麸 | 16.2 | 130 | 2.1 |
| 热解油 | 8.3 | 1280 | 10.6 |

近十几年来，世界上生物质能的生产量以每年10%的速度增长。但是无疑人们对于电能的追求比对其他能量形式更感兴趣。微生物燃料电池（microbial fuel cells）在这方面堪称比较新鲜的话题。

从另外的角度来看，生物质能是蕴藏在生物质中的能量，是绿色植物通过叶绿素将太阳能转化为化学能而贮存在生物质内部的能量。煤、石油和天然气等化石能源也是由生物质能转变而来的。生物质能是可再生能源，依据是否能大规模代替常规化石能源，而将其分为传统生物质能和现代生物质能。

传统生物质能主要包括农村生活用能：薪柴、秸秆、稻草、稻壳及其他农业生产的废弃物和畜禽粪便等；现代生物质能是可以大规模应用的生物质能，包括现代林业生产的废弃物、甘蔗渣和城市固体废弃物等。依据来源的不同，将适合于能源利用的生物质分为林业资源、农业资源、生活污水和工业有机废水、城市固体废物及畜禽粪便等五大类。无论怎么分类，生物质能材料通常包括以下几个方面的材料：一是木材及森林工业废弃物；二是农业废弃物；三是水生植物；四是油料植物；五是城市和工业有机废弃物；六是动物粪便。在世界能耗中，生物质能约占14%，在不发达地区占60%以上。全世界约25亿人的生活能源的90%以上是生物质能。生物质能的优点是燃烧容易，污染少，灰分较低；缺点是热值及热效率低，体积大而不易运输。直接燃烧生物质的热效率仅为10%～30%。

乙醇和生物柴油仍然是现在最主要的生物质能研究方向和实践重点。通过生物资源生产的燃料乙醇和生物柴油，可以替代由石油制取的汽油和柴油，是可再生能源开发利用的重要方向。在替代能源上发挥更大作用在石油能源紧缺的今天，发展生物质能和其他可再生能源是解决我国能源安全的必然选择，但鉴于粮食类燃料乙醇可能给国家带来的安全风险和原料供应对燃料乙醇发展的制约，国家有关部门正有意识地引导企业向非粮原料乙醇生产转变。另外，在生物质能材料方面，我国木小屑球应用比较广泛。小球燃料和煤块是加热煤和石油的可供选择的方式。很多发电厂和加热设备都把他们的煤换成小球燃料，小球燃料是一种由纯锯屑产生的完全可更新的能源。小球燃料主要是由锯屑、刨花和处理木材和其他木头产品的树木之后的材料制成的。

### 7.6.4　风能与其材料基础

风能这个词对人们来说有点新鲜，但它却和世界历史一样古老。风曾推动古希腊的航船穿越爱琴海，播撒古希腊文化。风能是一种取之不尽、用之不竭的更加积极的新能源，它对环境的污染更小，不会加速全球变暖，还能增加就业岗位。

风电技术发展的标志相关核心材料的设计与发展，风能原理决定着风能效率的主要因素有：空气的密度；叶轮机的截面积和风速。风能的叶轮机一般有两种形式，分别是水平式（horizontal axis wind turbines，HAWT）和立式（vertical axis wind turbine，VAWT），两者的示意可以参考图 7-10。其中，HAWT 是商业中最常用的类型，一般我们在媒体和实际中见到的，都以 HAWT 为主。

对风能转换系统的设计是个相当复杂的工程，其囊括了空气动力学、结构力学、材料科学以及经济学等学科。篇幅所限，这里仅仅使用最简单的空气动力学方法来估算和设计风车的叶轮系统。在这个过程中，我们要确定以下几个参数：

① 叶轮的外缘半径（$R$）；

② 叶片的数量（$B$）；

③ 转子在设计点的叶尖速比（$\lambda_D$）；

④ 空气动力面的设计升力系数（$C_{LD}$）；

⑤ 叶片的冲角（$\alpha$）。

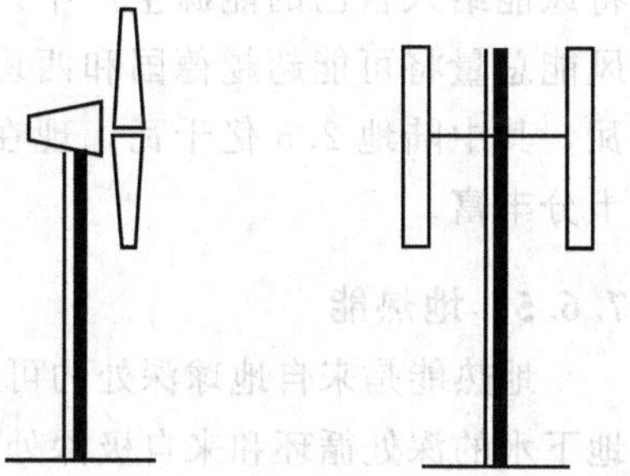

图 7-10　两种不同类型的风能叶轮机

与其他能源相比，风能的一个非常大的特点就是，无论在风力大小，还是在风的方向，都有着极端的不稳定性，所以研究风的地域性及其他相关特性，对于是否在当地使用风能以及使用何种风能形式，都有着举足轻重的参考价值。

在当今的能源使用中，电能无疑是人类日常生活中最重要的一种能源形式。能否有效地将风能转换为电能，是风能是否能够成为主要的可再生新能源一员的决定性因素。现在通常的风能发电系统还都是水平式的风车叶轮机，其基本结构一般有：风车塔、转子、高速及低速轴、变速箱、发电机、传感器、功率控制模组和安全系统。

旋转系统是整个风轮机中最重要的部件，它负责从风中汲取动能并且转化为机械轴承的旋转能。转子又可细分为叶片、毂盘、转轴、轴承及其他一些零部件。其中，叶片部分作为转子中接受风力作用的主要单位，更是重中之重。叶片的制备，从很古老的木材，一直发展到当今的碳化物。使用木材或者金属制备的叶片，只能局限于比较小的尺寸上，所以现在商业化的大型叶片基本是使用多层的玻璃纤维制成。现在，更是在该叶片上采用比如更换基体材料、增韧结构等方法，以达到提高叶片的性能。传统的叶片制备方法是铸造-开模，湿铺法。有些厂商使用真空助树脂传递模成形（vacuum assisted resin transfer molding）法制备叶片。

随着尺寸的增大，碳-玻璃复合材料开始逐渐被一些厂商使用用来制备叶片。该类叶片被寄予了能提高抗疲劳特性的希望。而碳材料的高刚性特征，则避免了叶片在强风中会弯曲变形的可能。于是，叶片可以设计得更接近风车塔架，从而减少了成本，节约了空间。另外，碳还能够提高叶片的边缘抗疲劳性能，这在大尺寸叶片使用中一直是一个令人头疼的问题。同时，由于碳属于低密度物质，所以还可以使叶片的质量减少 20%左右。这样，就可以使用更轻的塔架、毂盘及其他结构支持部件，最终降低整个风力发电设备的制造成本。

作为一种清洁的新型能源，风能有望在部分区域替代常规能源，并且有着可持续再生的优良品质。如今世界各地都在对风能进行研究和应用。各种大型的风能发电机组也逐渐被开发出来投入应用。欧洲很多国家都已逐渐将其能源生产转向风能。在丹麦消耗的电力中，有 20%来自风能；预计到 2020 年英国所有房屋的供电都将依靠风能，因为该国政府计划在英国乡村地区和沿海地区首批兴建7000座风力涡轮机并拟取代丹麦成为世界上最大的风能利用国家；西班牙总发电量中有40%来自风能。美国、古巴、哥斯达黎加、阿根廷、巴西、智利，甚至包括石油供应大国厄瓜多尔等多个国家都已制订计划，将风能纳入自己的能源生产中。根据中国风能协会（CWEA）的统计，到2010年，中国风能总量将可能超越德国和西班牙成为世界第二。我国可开发利用的风能资源有10亿千瓦，其中陆地2.5亿千瓦，现在仅开发了不到0.2%；近海地区有7.5亿千瓦，风能资源十分丰富。

### 7.6.5 地热能

地热能是来自地球深处的可再生热能。它起源于地球的熔融岩浆和放射性物质的衰变。地下水的深处循环和来自极深处的岩浆侵入到地壳后，把热量从地下深处带至近表层。通过钻井，这些热能可以从地下的储层引入水池。房间、温室和发电站。地热能不是一种“可再生的”资源，而是一种像石油一样可开采的能源，最终的可回采量将依赖于所采用的技术。地热能是指贮存在地球内部的热能。其储量比目前人们所利用的总量多很多倍，而且集中分布在构造板块边缘一带、该区域也是火山和地震多发区。如果热量提取的速度不超过补充的速度，那么地热能便是可再生的。高压的过热水或蒸汽的用途最大，但它们主要存在于干热岩层中，可以通过钻井将它们引出。地热能是天生就储存在地下的，不受天气状况的影响，既可作为基本负荷能使用，也可根据需要提供使用。地热能利用在以下四方面起重要作用：地热发电、地热供暖、地热务农、地热行医。地热能一般分为5类：过热蒸汽；热水和蒸汽混合物；热的干岩石；压力热水和热硐浆。我国在西藏羊八井和朗久地区都建成了容量较大的地热电站，羊八井地热电站已与拉萨联网，成为拉萨市主要供电系统。此外，我国台湾省的宜兰县清水地热发电站目前发电量也已有800kW。目前，世界各国都在积极开发利用地热能。地热探查方法也多种多样，如航空探测，电磁、重力及地震探测等。同时地热能的综合利用日趋广泛。

但是，地热能的直接利用也有其局限性，主要是受载热介质-热水输送距离的制约。

全球地热资源的储量相当大。全球地热资源的分布是明显的地温梯度每公里深度大于30℃的地热异常区，主要分布在板块生长、开裂-大洋扩张脊和板块碰撞，衰亡-消减带部位。环球性的地热带主要有下列4个：环太平洋地热带、地中海-喜马拉雅地热带、大西洋中脊地热带、红海-亚丁湾-东非裂谷地热带。

随着全世界对洁净能源需求的增长，将会更多地使用地热。全世界到处都有地热资源，特别是在许多发展中国家尤其丰富，它们的使用可取代带来污染的矿物燃料电站。

人类很早以前就开始利用地热能，例如利用温泉沐浴、医疗，利用地下热水取暖、建造农作物温室、水产养殖及烘干谷物等。但真正认识地热资源并进行较大规模的开发利用却是始于20世纪中叶。地热能的利用可分为地热发电和直接利用两大类，而对于不同温度的地热流体可能利用的范围如下：

① 200～400℃直接发电及综合利用；

② 150～200℃双循环发电，制冷，工业干燥，工业热加工；

③ 100～150℃双循环发电，供暖，制冷，工业干燥，脱水加工，回收盐类，罐头食品；

④ 50～100℃供暖，温室，家庭用热水，工业干燥；

⑤ 20～50℃沐浴，水产养殖，饲养牲畜，土壤加温，脱水加工。

全国目前经正式勘查并经国土资源储量行政主管部门审批的地热田为 103 处，经初步评价的地热田 214 个。据估算目前全国每年可开发利用的地热水总量约 68.45 亿立方米，折合每年 3284.8 万吨标准煤的发热量。从我国地热水利用方式看，供热采暖占 18.0%，医疗洗浴与娱乐健身占 65.2%，种植与养殖占 9.1%，其他占 7.7%。

地热能利用中，地源热泵空调系统由于采用利用地下浅层地热资源作为冷热源，所以有着显著的节能效果，正以其不可替代的优势，成为近年来世界再生能源利用及建筑节能领域中增长最快的产业之一。地源热泵系统分土壤源热泵系统、地下水热泵系统和地表水热泵系统 3 种形式。土壤源热泵系统的核心是土壤耦合地热交换器。地下水热泵系统分为开式、闭式两种：开式是将地下水直接供到热泵机组，再将井水回灌到地下；闭式是将地下水连接到板式换热器，需要二次换热。地表水热泵系统与土壤源热泵系统相似，用潜在水下并联的塑料管组成的地下水热交换器替代土壤热交换器。地源热泵系统中的一个重点材料是热交换器，一般来讲，一旦将换热器埋入地下后，基本不可能进行维修或更换，这就要求保证埋入地下管材的化学性质稳定并且耐腐蚀。常规空调系统中使用的金属管材在这方面存在严重不足，且需要埋入地下的管道的数量较多，应该优先考虑使用价格较低的管材。所以，土壤源热泵系统中一般采用塑料管材。目前最常用的是聚乙烯（PE）和聚丁烯（PB）管材，它们可以弯曲或热熔形成更牢固的形状，可以保证使用 50 年以上；而 PVC 管材由于不易弯曲，接头处耐压能力差，容易导致泄漏，因此，不推荐用于地下埋管系统。

在某些商用或公用建筑物的地源热泵系统中，系统的供冷量远大于供热量，导致地下热交换器十分庞大，价格昂贵，为节约投资或受可用地面积限制，地下埋管可以按照设计供热工况下最大吸热量来设计，同时增加辅助换热装置（如冷却塔＋板式换热器，板式换热器主要是使建筑物内环路可以独立于冷却塔运行）承担供冷工况下超过地下埋管换热能力的那部分散热量。

## ◎ 思考题

1. 新能源材料的概念是什么？
2. 新能源材料的发展重点是什么？
3. 锂离子电池正极、负极材料各有哪些？
4. 以层状 $LiCoO_2$ 结构为例，描述锂离子在晶体结构中的脱嵌行为。
5. 什么是燃料电池？列表说明各类燃料电池的结构材料。
6. 太阳能电池有哪些？试画出多晶硅薄膜电池的结构图。
7. 核能开发关键材料、风能利用关键材料及生物能利用关键材料有哪些？

## 参 考 文 献

[1] 赵昆，艾德生，高喆，邓长生，戴遐明．新能源材料基础与发展简述．2007 年颗粒学会超微颗粒专业委员会第五届年会暨海峡两岸纳米颗粒学术研讨会．2007 年 6 月 18～22 日，武汉．143-148.

[2] 艾德生，高喆．新能源材料-基础与应用．北京：化学工业出版社，2010.

[3] 樊栓狮，梁德青，杨向阳等编著．储能材料与技术．北京：化学工业出版社，2004.

[4] 王革华，艾德生．新能源概论．北京：化学工业出版社，2006.

[5] 高喆，艾德生，赵昆等．球磨法制备氧化锆-硬脂酸系相变储能材料的研究．武汉理工大学学报，2007，29 (175)：83-85.

[6] 林怡辉，张正国，王世平．硬脂酸-二氧化硅复合相变材料的制备．广州化工，2002，30：18-21.

[7] 高喆．氧化锆-硬脂酸系纳米复合相变储能材料的制备研究［硕士学位论文］．2006．北京：清华大学．

[8] Kim JinSuk & Yoon WooYoung. Improvement in lithium cycling efficiency by using lithium powder anode，Electrochimica Acta，2004，50 (2-3)：529-532.

[9] Sarkar Arindam，Banerjee Rangan. Net energy analysis of hydrogen storage options，International Journal of Hydrogen Energy，2005 (30)：867-877.

[10] Ersoz Atilla，Olgun Hayati，Ozdogan Sibel. Reforming options for hydrogen production from fossil fuels for PEM fuel cells. Journal of Power Sources，2006 (154)：67-73.

[11] Ait Hammou Zouhair，Lacroix Marcel. A new PCM storage system for managing simultaneously solar and electric energy，Energy & Buildings，2006 (8)：258-265.

[12] Rene M Rossi，Walter P Bolli. Phase change materials for improvement of heat protection. Advanced Engineering Materials，2005，7，5：368-373.

[13] Latif M Jiji，Salif Gaye. Analysis of solidificatio and melting of PCM with energy generation. Applied Thermal Engineering，2006，26：568-575.

[14] Ritchie Andrew，Howard Wilmont. Recent developments and likely advances in lithium-ion batteries。Journal of Power Sources，2006，162 (2)：809-812.

[15] Ohzuku Tsutomu，Brodd Ralph J. An overview of positive-electrode materials for advanced lithium-ion batteries. Journal of Power Sources，2007，174 (2)：449-456.

[16] Wakihara Masataka. Recent developments in lithium ion batteries. Materials Science and Engineering：R：Reports，2001，33 (4)：109-134.

[17] Park Sehkyu，Popov Branko N. Effect of cathode GDL characteristics on mass transport in PEM fuel cells. 2009，88 (11)：2068-2073.

[18] Qi Aidu，Brant Peppley，Kunal Karan. Integrated fuel processors for fuel cell application：A review. Fuel Processing Technology，2007，88 (1)：3-22.

[19] Andújar J M，Segura F. Fuel cells：History and updating. A walk along two centuries. Renewable and Sustainable Energy Reviews，2009，13 (9)：2309-2322.

[20] Atilla Biyikoğlu. Review of proton exchange membrane fuel cell models. International Journal of Hydrogen Energy，2005，30 (11)：1181-1212.

[21] Kamaruzzaman Sopian，Wan Ramli Wan Daud. Challenges and future developments in proton exchange membrane fuel cells. Renewable Energy，2006，31 (5)：719-727.

[22] Dihrab Salwan S，Sopian K，Alghoul M A，et al. Review of the membrane and bipolar plates materials for conventional and unitized regenerative fuel cells. Renewable and Sustainable Energy Reviews，2009，13 (6-7)：1663-1668.

[23] Green M A. Silicon Solar Cells：Advanced Principles and Practice. Center for Photovoltaic Devices and Systems. University of New South Wales，1995.

[24] The Windicator，Wind Energy Facts and Figures from Wind Power monthly. WIndpower Monthly News Magazine，Denmark，USA：1-2，2005.

[25] Lee TaeJoon，Lee KyungHee，Oh KeunBae. Strategic environments for nuclear energy innovation in the next half century. Progress in Nuclear Energy，2007，49 (5)：397-408.

[26] Masanori Tashimo，Kazuaki Matsui. Role of nuclear energy in environment，economy，and energy issues of the 21st century - Growing energy demand in Asia and role of nuclear. Progress in Nuclear Energy，2008，50 (2-6)：103-108.

[27] Xiang J Y，Tu J P，Yuan Y F，et al. Electrochemical investigation on nanoflower-like CuO/Ni composite film as anode for lithium ion batteries. Electrochimica Acta，2009，54 (4)：1160-1165.

[28] Sakai Tetsuo，Uehara Ituki，Ishikawa Hiroshi. R & D on metal hydride materials and Ni-MH batteries in Japan. Journal of Alloys and Compounds，1999，293-295：762-769.

[29] André PC Faaij. Bio-energy in Europe：changing technology choices. Energy Policy，2006，34 (3)：322-342.

[30] Harro von Blottnitz，Mary Ann Curran. A review of assessments conducted on bio-ethanol as a transportation fuel

from a net energy，greenhouse gas，and environmental life cycle perspective. Journal of Cleaner Production，2007，15 (7)：607-619.

[31] Athena Piterou，Simon Shackley，Paul Upham. Project ARBRE：Lessons for bio-energy developers and policy-makers. Energy Policy，2008，36 (6)：2044-2050.

[32] Crawford RH. Life cycle energy and greenhouse emissions analysis of wind turbines and the effect of size on energy yield. Renewable and Sustainable Energy Reviews，2009，13 (9)：2653-2660.

[33] Makkawi A，Tham Y，Asif M，et al. Analysis and inter-comparison of energy yield of wind turbines in Pakistan using detailed hourly and per minute recorded data sets. Energy Conversion and Management，2009，50 (9)：2340-2350.

[34] Matsukawa Masaki，Saiki Ken'ichi，Ito Makoto，et al. Early Cretaceous terrestrial ecosystems in East Asia based on food-web and energy-flow models. Cretaceous Research，2006，27 (2)：285-307.

# 第 8 章 其他新能源

## 8.1 地热能

地热能已成为继煤炭、石油之后重要的替代型能源之一，也是太阳能、风能、生物质能等新能源家族中的重要成员，是一种无污染或极少污染的清洁绿色能源。地热资源集热、矿、水为一体，除可以用于地热发电以外，还可以直接用于供暖、洗浴、医疗保健、休闲疗养、养殖、农业种养殖、纺织印染、食品加工等方面。此外，地热资源的开发利用可带动地热资源勘查、地热井施工、地面开发利用工程设计施工、地热装备生产、水处理、环境工程及餐饮、旅游度假等产业的发展，是一个新兴的产业，可大量增加社会就业，促进经济发展，提高人民生活质量。因此，世界上有地热资源的国家均将其作为优先开发的新能源，培植各具特色的地热产业，在缓解常规能源供应紧张和改善生态环境等方面发挥了明显作用。我国地热资源丰富，开发地热这种新的清洁能源刻不容缓。

人类很早以前就开始利用地热能，但真正认识地热资源并进行较大规模地开发利用却是始于 20 世纪中叶。现在许多国家为了提高地热利用率，而采用梯级开发和综合利用的办法，如热电联产联供，热、电、冷三联产，先供暖后养殖等。地热能的利用可分为地热发电和直接利用两大类，而对于不同温度的地热流体可利用的范围如下：

① 200～400℃，直接发电及综合利用；

② 150～200℃，可用于双循环发电、制冷、工业干燥、工业热加工等；

③ 100～150℃，可用于双循环发电、供暖、制冷、工业干燥、脱水加工、回收盐类、制作罐头食品等；

④ 50～100℃，可用于供暖、温室、家庭用热水、工业干燥；

⑤ 20～50℃，可用于沐浴、水产养殖、饲养牲畜、土壤加温、脱水加工等。

### 8.1.1 地热资源及其特点

地热资源是指在当前技术经济和地质环境条件下，能够从地壳内科学、合理地开发出来的岩石中的热能量、地热流体中的热能量及其伴生的有用组分。地热资源评价方法主要有热储法、自然放热量推算法、水热均衡法、类比法、水文地质学计算法、模型分析法等。

我国是一个地热资源较丰富的国家，特别是中低温地热资源（热储温度 25～150℃）几乎遍及全国。全球地热能“资源基数”为 $140\times10^6$ EJ/a（1EJ=$10^{18}$J），我国为 $11\times10^6$ EJ/a，占全球 7.9%。据调查，我国地热资源呈现如下特点。

① 以低温地热资源为主。全国近 3000 处温泉和几千眼地热井出口温度绝大部分低于 90℃，平均温度约 54.8℃。

② 集中分布在东部和西南部地区。受环太平洋地热带和地中海-阿尔卑斯-喜马拉雅地热带的影响，我国东部地区和西南部地区形成了两个地热资源富集区。其中，东部地区以中低温地热资源为主，主要分布于松辽平原、黄淮海平原、江汉平原、山东半岛和东南沿海地

区；高温地热资源（热储温度不低于 150℃）主要分布在西南部地区藏南、滇西、川西和台湾省。

③ 地热资源分布与经济区和城市规划区相匹配。以环渤海经济区为例，该区的北京、天津、河北和山东等省市地热储层多、储量大、分布广，是我国最大的地热资源开发区。

④ 综合利用价值高。我国地热资源以水热型为主，可直接进行开发利用，适合于发电、供热、供热水、洗浴、医疗、温室、干燥、养殖等。

### 8.1.2　地热的热利用

中低温地热的直接利用在我国非常广泛，已利用的地热点有 1300 多处，地热采暖面积达 800 多万平方米，地热温室、地热养殖和温泉浴疗也有了很大的发展。地热供暖主要集中在我国的北方城市，其基本形式有两种：直接供暖和间接供暖。直接供暖就是以地热水为工质供热，而间接供暖是利用地热热水加热供热介质再循环供热。地热水供暖方式的选择主要取决于地热水所含元素成分和温度，间接供暖的初投资较大（需要中间换热器），并由于中间热交换增加了热损失，这对中低温地热来说会大大降低供暖的经济性，所以一般间接供暖用在地热水质差而水温高的情况，限制了其应用场合。

地热水从地热井中抽出直接供热，系统设备简单，基建、运行费少，但地热水不断被废弃，当大量开采时会使水位由于补给不足而逐年下降，局部形成水漏斗，深井越打越深，还会造成地面沉降的严重后果，所以直接使用地热水有诸多弊端。研究成果表明，地热水直接利用系统的水量利用率只有 34%，而热量利用率只有 18%，排入水体的地热水会造成热污染和其他污染。

采用有热泵和回灌的新系统，综合利用地热水的热能用于供暖和热水供应，可以有效解决这一问题。近年来地热热泵技术在我国的研究和应用受到重视，有着广阔的市场前景。合理利用地热热泵技术，可实现不同温度水平的地热资源的高效综合利用，提高空调供热的经济性。

地源热泵是一种利用地下浅层地热资源把热从低温端提到高温端的设备。是一种既可供热又可制冷的高效节能空调系统。地源热泵通过输入少量的高品位能源（如电能）。实现低温位热能向高温位转移。地能分别在冬季作为热泵供暖的热源和夏季空调的冷源，通常，地源热泵消耗 1kW 的能量可为用户带来 4kW 以上的热量或冷量。

热泵分为空气源热泵（利用空气作冷热源的热泵）和水源热泵（利用水作冷热源的热泵）。地源热泵即是利用水源热泵的一种形式。它是利用水与地能进行冷热交换来作为水源热泵的冷热源。冬季时，地源热泵把地能中的热量取出来，供给室内采暖，此时地能为热源；夏季时，地源热泵把室内热量取出来，释放到地下水、土壤或地表水中，此时地能为冷源。

地源热泵具有下面一些特点。

(1) 节能效率高　地能或地表浅层地热资源的温度一年四季相对稳定，冬季比环境空气温度高，夏季比环境空气温度低，是很好的热泵热源和空调冷源。这种温度特性使得地源热泵比传统空调系统运行效率高出 40%，因此达到了节能和节省运行费用的目的。

(2) 可再生循环　地源热泵是利用地球表面浅层地热资源（通常小于 400m 深）作为冷热源而进行能量转换的供暖空调系统。地表浅层地热资源可以称之为地能，是指地表土壤、地下水或河流、湖泊中吸收太阳能、地热能而蕴藏的低温位热能。它不受地域、资源等限制，真正是量大面广、无处不在。这种储存于地表浅层近乎无限的可再生能源。使得地能也成为一种清洁的可再生能源。

(3) 应用范围广泛　地源热泵系统可用于采暖、空调；还可供生活热水，一机多用，一套系统可以替换原来的锅炉加空调的两套装置或系统。该系统可应用于宾馆、商场、办公楼、学校等建筑，更适合于别墅住宅的采暖、空调。

### 8.1.3　地热发电

世界上最早利用地热发电的国家是意大利。1812 年意大利就开始利用地热温泉提取硼砂；并于 1904 年建成了世界上第一座 80kW 小型地热试验电站。到目前为止，世界上约有 32 个国家先后建立了地热发电站，总容量已超过 800 万千瓦。其中美国有 281.7 万千瓦；意大利有 151.8 万千瓦；日本有 89.5 万千瓦；新西兰有 75.5 万千瓦；中国有 3.08 万千瓦。单机容量最大的是美国盖伊塞地热站的 11 号机为 10.60 万千瓦。

随着全世界对洁净能源需求的增长，将会更多地使用地热资源，特别是在许多发展中国家地热资源尤为丰富。据预测，今后世界上地热发电将有相当规模的发展，全世界发展中国家理论上从火山系统就可取得 8000 万千瓦的地热发电量，具有相当的发展潜力。

我国进行地热发电研究工作起步较晚，始于 20 世纪 60 年代末期。1970 年 5 月首次在广东丰顺建成第一座设计容量为 86kW 的扩容法地热发电试验装置，地热水温度 91℃，厂用电率为 56%。随后又相继建成江西温汤、山东招远、辽宁营口、北京怀柔等地热试验电站共 11 座，容量大多为几十至一两百千瓦。采用的热力系统有扩容法和中间介质法两种(均属于中低温地热田)。我国地热电站装机容量见表 8-1 所列。

**表 8-1　我国地热电站装机容量**

| 地　　点 | 名　　称 | 机　组　数 | 装机容量/MW | 实际利用量/MW |
|---|---|---|---|---|
| 西藏 | 羊八井 | 9 | 25.18 | 24.18(出力 18.5) |
| | 那曲 | 1 | 1 | 2000 年停产 |
| | 朗久 | 2 | 2 | 1(出力 0.4) |
| 广东 | 丰顺 | 1 | 0.3 | 0.3,2008 年停产 |
| 台湾 | 清水 | 1 | 3 | 1995 年停产 |
| | 土场 | 1 | 0.3 | 停产 |

科学家们根据不同类型的地热资源的特点，经过较长时间的理论和试验研究，确立了 3 类多种地热发电站的热力系统，现分述如下。

(1) 地热蒸汽发电热力系统　地热井中的蒸汽经过分离器除去地热蒸汽中的杂质(10μm 及以上) 后直接引入普通汽轮机做功发电。系统原理如图 8-1 所示。适用于高温(160℃以上) 地热田的发电，系统简单，热效率为 10%～15%，厂用电率 12%左右。

(2) 扩容法地热水发电热力系统　根据水的沸点和压力之间的关系，把地热水送到一个密闭的容器中降压扩容，使温度不太高的地热水因气压降低而沸腾，变成蒸汽。由于地热水降压蒸发的速度很快，是一种闪急蒸发过程，同时地热水蒸发产生蒸汽时它的体积要迅速扩大，所以这个容器叫做“扩容器”或“闪蒸器”。用这种方法产生蒸汽来发电就叫扩容法地热水发电。这是利用地热田热水发电的主要方式之一，该方式分单级扩容法系统和双级（或多级）扩容法系统。系统原理：扩容法是将地热井口来的中温地热汽水混合物，先送到扩容器中进行降压扩容（又称闪蒸）使其产生部分蒸汽，再引到常规汽轮机做功发电。扩容后的地热水回灌地下或作其他方面用途，适用于中温（90～160℃）地热田发电。

① 单级扩容法系统　单级扩容法系统简单，投资低，但热效率较低（一般比双级扩容法系统低 20%左右），厂用电率较高。单级扩容法地热水发电热力系统原理如图 8-2 所示。

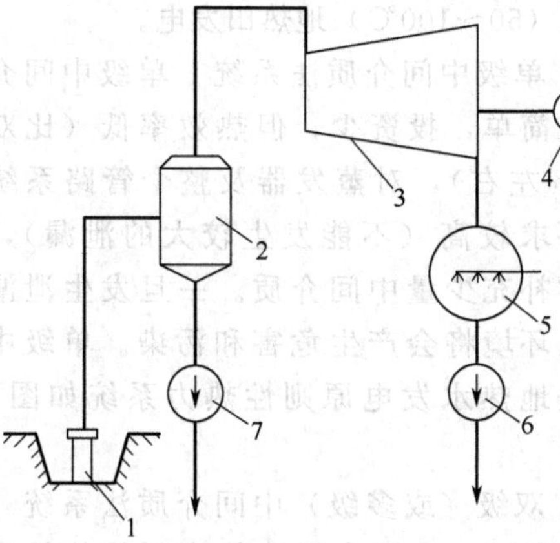

图 8-1　地热蒸汽发电原则性热力系统

1—地热蒸汽井；2—分离器；3—汽轮机；4—发电机；5—混合式凝汽器；6—排水泵；7—排污泵

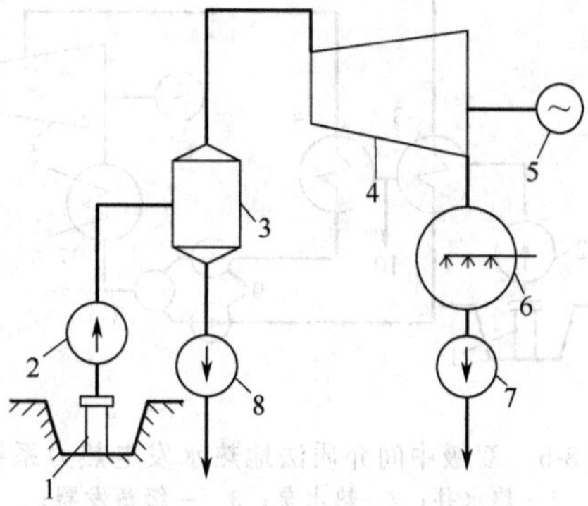

图 8-2　单级扩容法地热水发电热力系统

1—地热井；2—热水泵；3——级扩容器；4—汽轮机；5—发电机；6—混合式凝汽器；7—排水泵；8—排污泵

② 双级扩容法系统　双级扩容法系统热效率较高（一般比单级扩容法系统高 20%），厂用电率较低。但系统复杂，投资较高。双级扩容法地热水发电热力系统如图 8-3 所示。

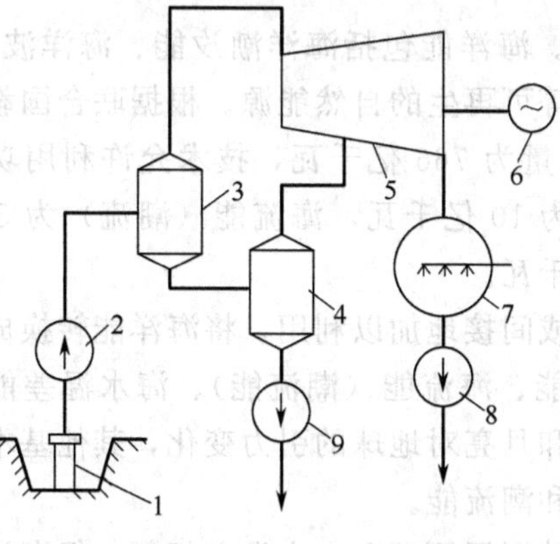

图 8-3　双级扩容法地热水发电热力系统

1—地热井；2—热水泵；3——级扩容器；4—二级扩容器；5—汽轮机；6—发电机；7—混合式凝汽器；8—排水泵；9—排污泵

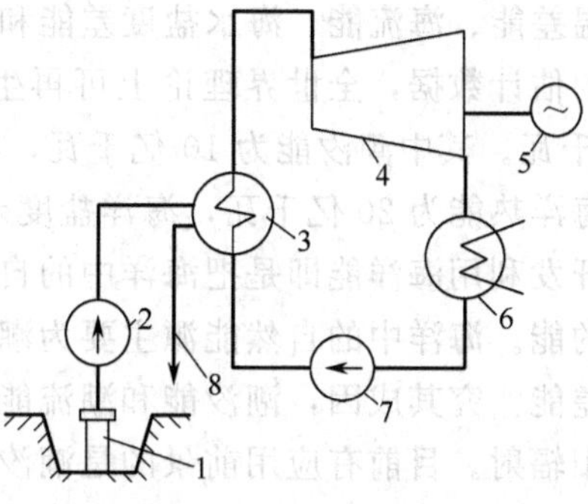

图 8-4　单级中间介质法地热水发电热力系统

1—热井水；2—热水泵；3—蒸发器；4—汽轮机；5—发电机；6—表面式凝汽器；7—循环泵；8—排水管

(3) 中间介质法地热水发电热力系统　中间介质法地热水发电又叫热交换法地热发电，这种发电方式不是直接利用地下热水所产生的蒸汽进入汽轮机做功，而是通过热交换器利用地下热水来加热某种低沸点介质，使之变为气体去推动汽轮机发电，这是利用地热水发电的另一种主要方式。该方式分单级中间介质法系统和双级（或多级）中间介质法系统。

系统原理：在蒸发器中的地热水先将低沸点介质（如氟利昂、异戊烷、异丁烷、正丁烷、氯丁烷）加热使之蒸发为气体，然后引到普通汽轮机做功发电。排气经冷凝后重新送到蒸发器中，反复循环使用。有的教科书又将此系统称为双流体地热发电系统。适用于充分利用低温（50～100℃）地热田发电。

① 单级中间介质法系统　单级中间介质法系统简单，投资少，但热效率低（比双级低20%左右），对蒸发器及整个管路系统严密性要求较高（不能发生较大的泄漏），还要经常补充少量中间介质。一旦发生泄漏对人体及环境将会产生危害和污染。单级中间介质法地热水发电原则性热力系统如图8-4所示。

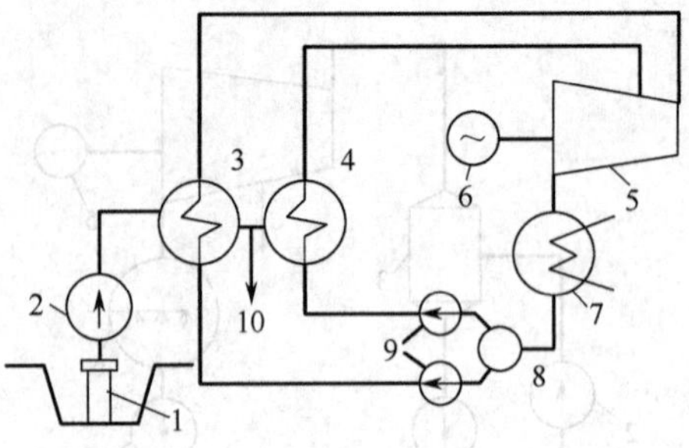


图8-5　双级中间介质法地热水发电热力系统
1—热水井；2—热水泵；3——级蒸发器；4—二级蒸发器；5—汽轮机；6—发电机；7—表面式凝汽器；8—储液罐；9—循环泵；10—地热水排水管

② 双级（或多级）中间介质法系统　双级（或多级）中间介质法热力系统热效率高（比单级高20%左右），但系统复杂，投资高，对蒸发器及整个管路系统严密性要求较高，也存在防泄漏和经常需补充中间介质的问题。双级中间介质法地热水发电热力系统如图8-5所示。

## 8.2　海洋能

海洋能系指海水本身含有的动能、势能和热能。海洋能包括海洋潮汐能、海洋波浪能、海洋温差能、海流能、海水盐度差能和海洋生物能等可再生的自然能源。根据联合国教科文组织的估计数据，全世界理论上可再生的海洋能总量为766亿千瓦，技术允许利用功率为64亿千瓦。其中潮汐能为10亿千瓦，海洋波浪能为10亿千瓦，海流能（潮流）为3亿千瓦，海洋热能为20亿千瓦，海洋盐度差能为30亿千瓦。

开发利用海洋能即是把海洋中的自然能量直接或间接地加以利用，将海洋能转换成其他形式的能。海洋中的自然能源主要为潮汐能、波浪能、海流能（潮流能）、海水温差能和海水盐差能。究其成因，潮汐能和潮流能来源于太阳和月亮对地球的引力变化，其他基本上源于太阳辐射。目前有应用前景的是潮汐能、波浪能和潮流能。

潮汐能是指海水潮涨和潮落形成的水的势能，其利用原理和水力发电相似。但潮汐能的能量密度很低，相当于微水头发电的水平。世界上潮差的较大值约为13～15m，我国的最大值（杭州湾澉浦）为8.9m。一般来说，平均潮差在3m以上就有实际应用价值。我国的潮汐能理论估算值为$10^8$kW量级。只有潮汐能量大且适合于潮汐电站建造的地方，潮汐能才具有开发价值，因此其实际可利用数远小于此数。中国沿海可开发的潮汐电站坝址为424个，总装机容量约为$2.2\times10^7$kW。浙江、福建和广东沿海为潮汐能较丰富地区。

波浪能是指海洋表面波浪所具有的动能和势能，是海洋能源中能量最不稳定的一种能源。波浪能最丰富的地区，其功率密度达100kW/m以上，中国海岸大部分的年平均波浪功率密度为2～7kW/m。中国沿海理论波浪年平均功率约为$1.3\times10^7$kW。但由于不少海洋台站的观测地点处于内湾或风浪较小位置，故实际的沿海波浪功率要大于此值。其中浙江、福建、广东和台湾沿海为波能丰富的地区。

潮流能指海水流动的动能，主要是指海底水道和海峡中较为稳定的流动。一般来说，最大流速在 2m/s 以上的水道，其潮流能均有实际开发的价值。中国沿海潮流能的年平均功率理论值约为 $1.4\times10^7$kW。其中辽宁、山东、浙江、福建和台湾沿海的潮流能较为丰富，不少水道的能量密度为 15～30kW/$m^2$，具有良好的开发价值。值得指出的是，中国的潮流能属于世界上功率密度最大的地区之一，特别是浙江的舟山群岛的金塘、龟山和西堠门水道，平均功率密度在 20kW/$m^2$ 以上，开发环境和条件很好。

### 8.2.1 潮汐能及其开发利用

(1) 潮汐能形成原理　由于受到太阳和月亮的引力作用，而使海水流动并每天上涨 2 次。这种上涨当接近陆地时，可能会因共振而加强。共振的程度视海岸情况而定。月球的引力大约是太阳引力的 2 倍，因为距离较近。伴随着地球的自转，海面的水位大约每天 2 次周期性地上下变动，这就叫做“潮汐”现象。海水水位具有按照类似于正弦的规律随时间反复变化的性质，水位达到最高状态，称为“满潮”；水位落到最低状态，称为“干潮”；满潮与干潮两者水位之差称为“潮差”。海洋潮汐的涨落变化形成了一种可供人们利用的海洋能量。

(2) 潮汐发电特点　作为海洋能发电的一种方式，潮汐发电发展最早、规模最大、技术也最成熟。潮汐发电特点如下。

① 潮汐能是一种蕴藏量极大、取之不尽、用之不竭、不需开采和运输、不影响生态平衡、洁净无污染的可再生能源。潮汐电站的建设还具有附加条件少、施工周期短的优点。

② 潮汐是一种相对稳定的可靠能源，不受气候、水文等自然因素的影响，不存在丰、枯水年和丰、枯水期。但是由于存在半月变化，潮差可相差 2 倍，因此潮汐电站的保证出力及装机利用小时较低。

③ 潮汐每天有两个高潮和两个低潮，变化周期较稳定，潮位预报精度较高，可按潮汐预报制定运行计划，安排日出力曲线，与大电网并网运行，克服其出力间歇性问题。随着现代计算机控制技术的进步，要做到这一点并不困难。

④ 潮汐发电是一次能源开发和二次能源转换相结合，不受一次能源价格的影响，发电成本低。随着技术的进步，其运行费用还将进一步降低。

⑤ 潮汐电站的建设，其综合利用效益极高，不存在淹没农田、迁移人口等复杂问题，而且可以促淤围海造田，发展水产养殖、海洋化工，拓展旅游，大搞综合利用。

(3) 潮汐发电技术原理和类型　潮汐发电的工作原理与常规水力发电的原理相同，它是利用潮水的涨、落产生的水位差所具有的势能来发电，也就是把海水涨、落潮的能量变为机械能，再把机械能转变为电能的过程。具体地说，就是在有条件的海湾或感潮河口建筑堤坝、闸门和厂房，将海湾（或河口）与外海隔开，围成水库，并在坝中或坝旁安装水轮发电机组，对水闸适当地进行启闭调节，使水库内水位的变化滞后于海面的变化，水库水位与外海潮位就会形成一定的潮差（即工作水头），从而可驱动水轮发电机组发电。从能量的角度来看，就是利用海水的势能和动能，通过水轮发电机组转化为电能的过程。潮汐能的能量与潮量及潮差成正比，或者说与潮差的平方及水库的面积成正比。潮汐能的能量密度较低，相当于微水头发电的水平。

由于潮水的流向与河水的流向不同，它是不断变换方向的，因此潮汐电站按照运行方式及设备要求的不同，而出现了不同的型式，大体上可以分为 3 类。

① 单库单向式电站　只修建一座堤坝和一个水库，涨潮时开启闸门，使海水充满水库，平潮时关闭闸门，待落潮后库水位与外海潮位形成一定的潮差时发电；或者利用涨潮时水流由外海流向水库时发电，落潮后再开闸泄水。这种发电方式的优点是设备结构简单，缺点是不能连续发电，仅在落潮或涨潮时发电。

② 单库双向式电站　也仅修建一个水库，但是由于采用了一定的水工布置形式，利用两套单向阀门控制两条引水管，在涨潮或落潮时，海水分别从不同的引水管道进入水轮机；或者采用双向水轮发电机组，因此电站既可在涨潮时发电，也能在落潮时发电，只是在水库内外水位基本相同的平潮时才不能发电。我国于 1980 年建成投产的浙江江厦潮汐试验电站就属于这种型式。

③ 多库联程式电站　在有条件的海湾或河口，修建两个或多个水力相连的水库，其中一个作为高水库，仅在高潮位时与外海相通；其余为低水库，仅在低潮位时与外海相通。水库之间始终保持一定的水头，水轮发电机组位于两个水库之间的隔坝内，可保证其能连续不断地发电。这种发电方式，其优点是能够连续不断地发电，缺点是投资大，工作水头低。我国初步议论中的长江口北支流潮汐电站就属于这种型式。

(4) 潮汐发电面临的技术挑战　潮汐发电面临的技术挑战包括以下几种。

① 潮汐电站建在海湾河口，水深坝长，海工建筑物结构复杂，施工、地基处理难度大，土建投资高，一般占总造价的 45%。传统的建设方法，大多采用重力结构的当地材料坝或钢筋混凝土坝，工程量大，造价高。采用现代化浮运沉箱技术进行施工，可节省大量投资。

② 潮汐电站中，水轮发电机组约占电站总造价的 50%，同时机组的制造安装也是电站建设工期的主要控制因素。由于潮汐落差不大，可利用的水头小，因此潮汐电站采用低水头、大流量的水轮发电机组。由于发电时贮水库的水位及海洋的水位都是变化的（海水由贮水库流出，水位下降；因潮汐变化，海洋水位也变化），在潮涨潮落过程中水流方向相反，水流速度也有变化，因此潮汐电站是在变工况下工作的，水轮发电机组的设计要考虑变工况、低水头、大流量及防海水腐蚀等因素，远比常规水电站复杂，效率也低于常规水电站。大、中型电站由于机组台数较多，控制技术要求高。目前，全贯流式水轮发电机组由于其外形小、重量轻、效率高，在世界各国已得到广泛应用。

③ 由于海水、海生物对金属结构物和海工建筑物有腐蚀、沾污作用，因此电站需作特殊的防腐、防污处理。

④ 潮汐电站的选址较为复杂，既要考虑潮差、海湾地形及海底地质，又要考虑当地的海港建设、海洋生态环境保护。电站的海洋环境问题主要包括两个方面，一是电站对海洋环境的影响，如对水温、水流、盐度分层、海滨产生的影响，这些变化会影响到附近地区浮游生物的生长及鱼类生活等；二是海洋环境对电站的影响，主要是泥沙冲淤问题，既与当地海水中的含沙量有关，还与当地的地形、波流等有关，关系较为复杂。

### 8.2.2　波浪能及其开发利用

(1) 波浪能形成原理　波浪，泛指海浪，是海面水质点在风或重力的作用下高低起伏、有规律运动的表现。在海洋中存在着各种不同形式的波动，从风产生的表面波，到由月亮和太阳的万有引力产生的潮波，此外，还有表面看不见的且下降急剧的密度梯度层造成的内波。以及我们在实验室十分难得一见的海啸、风暴潮等长波。波力输送由近及远，永不停息，机械传播。其能量与波高的平方成正比。在波高 2m、周期 6s 的海浪里，每米长度中波浪可产生 24kW 的能量。

(2) 波浪能研发现状　波浪能发电是继潮汐发电之后，发展最快的一种海洋能源利用手段。到目前为止，据不完全统计，目前已有 28 个国家（地区）研究波浪能的开发，建设大小波力电站（装置、机组或船体）上千座（台），总装机容量超过 80 万千瓦，其建站数和发电功率分别以每年 2.5%和 10%的速度上升。

根据发电装置的工作位置，波浪发电装置可分为漂浮式和固定式两种。

漂浮式装置以日本的“海明”号和“巨鲸”号、英国的“海蛇”号为代表。日本 1974 年开始进行船型波力发电装置“海明”号的研究，随后基于相似的发电原理，开发了“巨鲸”号波浪发电船。该船长 50m，宽 30m，型深 12m，吃水 8m，排水量 4380t，空船排水量 1290t，安装了一台 50kW 和两台 30kW 的发电机组，锚泊于 Gokasho 海湾之外 1.5km 处。1998 年 9 月开始持续两年的实海况试验，最大总发电效率为 12%。英国海蛇号（Pelamis）波力发电装置，由英国海洋动力传递公司（Ocean Power Delivery Ltd）研制。海蛇号是漂浮式的、由若干个圆柱形钢壳结构单元铰接而成，将波浪能转换成液压能进而转换成电能的波能装置。海蛇号具有蓄能环节，因而可以提供与火力发电相当稳定度的电力。

固定式波浪发电装置以固定振荡水柱式为最多，其中日本 4 个、中国 3 个、挪威 2 个、英国 3 个、印度 1 个、葡萄牙 1 个，这些都是示范性的，有的完成在实海况下发电实验后成为遗址了，有的还在进行海上实验。此外，日本和中国各有一个摆板式的，挪威有一个收缩水道库式的波浪发电站。日本酒田港防波堤波浪发电站建成于 1989 年，由日本港湾技术研究所研建，在防波堤中间一段 20m 长的堤上做实验，一台功率为 60kW 的发电机组，发出的电通过海底电缆输到岸上，供游客参观。中国的振荡水柱岸式波浪发电站，从 1986 年开始在珠江口大万山岛研建 3kW 波浪电站，随后几年又在该电站上改造成 20kW 的电站。出于抗台风方面的考虑，该电站设计了一个带有破浪锥的过渡气室及气道，将机组提高到海面上约 16m 高之处，大大减小了海浪对机组直接打击的可能性。

(3) 波浪能发电原理　波浪的运动轨迹呈圆周或椭圆。经矢量分解，波浪能由波的动能和波的位能两大部分叠加而成。现代发电装置的发电机理无外乎 3 种基本转换环节，通过 2 次能量转化最终实现终端利用。目前，波力转换电效率最高可达 70%。

① 首轮转换　首轮转换是一次能量转化的发源环节，以便将波浪能转换成装置机械能。其利用形式有活动型（款式有鸭式、筏式、蚌式、浮子式），振荡水柱（款式有鲸式、海叽号、浮标式、岸坡式）、水流型（款式有收缩水遭、推扳式、环礁式），压力型（款式有柔性袋）四种，均采取装置中浮置式波能转换器（受能体）或固定式波能转换器（固定体）与海浪水体相接触，引发波力直接输送。其中鸭式活动型采用油压传动绕轴摇摆，转换效率（波力-机械量）达 90%。而使用最广的是振荡水柱型，采用空气做介质，利用吸气和排气进行空气压缩运动，使发电机旋转做功。水流型和压力型可将海水作为直接载体，经设置室或流道将波水以位能形式蓄能。活动型和水性振荡型大多靠柔性材料制成空腔，经波浪振荡运动传动。

世界波浪发电趋势是：前期收集波能浮置式起始，深入发展后，仍以岸坡固定式集束波能获得更大发电功率，并设法用收缩水道的办法，提高集波能力。现代大型波力发电站首轮转换多靠坚固的水工建筑物，如集波堤、集波岩洞来实现。为了最大限度地利用波浪能。首轮转换装置的结构必须综合考虑波面、波频、波长、波速和波高。其设计以利于与海浪频率共振，达到高效采能，使小装置赢得大能量。

必须提及，由于海上波高浪涌，首轮转换构件必须牢固和耐腐，特别是浮体锚泊，还要求有波面自动对中系统。

② 中间转换　中间转换是将首轮转换与最终转换连接沟通，促使渡力机械能经特殊装置处理达到稳向、稳速和加速、能量传输，推动发电机组。

中间转换的种类有机械式、水动式、气动式3种，分别经机械部件、液压装置和空气单体加强能量输送。目前较先进的是气压式，它借用波水做活塞，构筑空腔产生限流高密气流，使涡轮高速旋转，功率可控性很强。

③ 最终转换　最终转换多为机械能转化为电能，全面实现波浪发电。这种转换基本上采用常规发电技术，但用作波浪发电的发电机，必须适应变化幅度较大的工况。一般，小功率的波浪发电采用整流输入蓄电池的方式，较大功率的波力发电与陆地电网并联调负。

(4) 波浪发电的机型　早在20世纪70年代，就诞生了世界上第一台波浪发电装置。截至目前，已经出现了各种各样的波浪发电装置，大致列举如下。

① 航标波力发电装置　航标波力发电装置在全球发展迅速，产品有波力发电浮标灯和波力发电岸标灯塔两种。波力发电浮标灯是利用灯标的浮桶作为首轮转换的吸能装置，固定体就是中心管内的水柱，当灯标浮捅随波飘动、上下升降时，中心管内的空气受压.时松时紧。气流推动汽轮机旋转，再带动发电机生电，并通过蓄电池聚能与浮桶上部航标灯相连，光电开关全自动控制。波力发电岸标灯塔结构比波力发电浮标灯简单，发电功率更大。

② 波力发电船　波力发电船是一种利用海上波浪发电的大型装备船，并通过海底电缆将发出的电力送上岸堤。船体底部设有22个空气室，作为吸能固定体的“空腔”，每个气室占水面积$25m^2$。室内的水柱受船外波浪作用而升降，压缩或抽吸室内空气，带动汽轮机发电。

③ 岸式波力发电站　岸式波力发电站可避免海底电缆和减轻锚泊设施的弊端，种类很多。在天然岸基选用钢筋混凝土构筑气室，采用空腔气动方式带动汽轮机及发电机(装于气室顶部)，波涛起伏促使空气室储气变流不断生电。另外利用岛上水库溢流堰开设收敛道，使波浪聚集道口，升高水位差而发电。也可采用振荡水柱岸式气动器，带动气动机来生电。

### 8.2.3 海流能及其开发利用

海流能是海水流动所具有的动能。海流是海水朝着一个方向经常不断地流动的现象。海流有表层流，表层流以下有上层流、中层流、深层流和底层流。海流流径长短不一，可达数百千米，或乃至上万千米。流量也不一，海流的一般流速是0.5～1海里/h，流速高的可达3～4海里/h。著名的黑潮宽度达80～100km，厚度达300～400m，流量可超过世界所有河流总量的20倍。

海流发电与常规能源发电相比较有以下特点。

① 能量密度低，但总蕴藏量大，可以再生。潮流的流速最大值在我国约为40m/s，相当水力发电的水头仅0.5m，故能量转换装置的尺度要大。

② 能量随时间、空间变化，但有规律可循，可以提前预报。潮流能是因地而异的，有的地方流速大，有的地方流速小，同一地点表、中、底层的流速也不相同。由于潮流流速流向变化使潮流发电输出功率存在不稳性、不连续。但潮流的地理分布变化可以通过海洋调查

研究掌握其规律，目前国内外海洋科学研究已能对潮流流速做出准确的预报。

③ 开发环境严酷、投资大、单位装机造价高，但不污染环境、不用农田、不需迁移人口。由于在海洋环境中建造布设的潮流发电装置要抵御狂风、巨浪、暴潮的袭击，装置设备要经受海水腐蚀、海生物附着破坏，加之潮流能量密度低，所以要求潮流发电装置设备尺度庞大、材料强度高、防腐性能好，由于设计施工技术复杂，故一次性投资大，单位装机造价高。潮流发电装置建在海底或系泊于海水中或海面，即不占农田又不需建坝，故不需迁移人口，也不会影响交通航道。

国际上对海流发电研究较多的是美国和日本，它们分别于 20 世纪 70 年代初和 70 年代末开始研究佛罗利达海流和黑潮海流的开发利用。美国 UEK 公司研制的水流发电装置在 1986 年进行过海上试验。日本自 1981 年着手潮流发电研究，于 1983 年在爱媛县今治市来岛海峡设置 1 台小型流发电装置进行研究。

中国舟山 70kW 潮流实验电站采用直叶片摆线式双转子潮流水轮机。研究工作从 1982 年开始，经过 60W、100W、1kW 三个样机研制以及 10kW 潮流能实验电站方案设计之后，终于在 2000 年建成 70kW 潮流实验电站，并在舟山群岛的岱山港水道进行海上发电试验。随后由于受台风袭击、锚泊系统及机构发生故障，试验一度被迫中断，直到 2002 年恢复发电试验。

加拿大在 1980 年就提出用垂直叶片的水轮机来获取潮流能，并在河流中进行过试验，随后英国 IT 公司和意大利那不勒斯大学及阿基米德公司设想的潮流发电机都采用类似的垂直叶片的水轮机，适应潮流正反向流的变化。

目前，世界海流潮流能的发展趋势是逐步向实用化发展，目的是向海岛或海面上的设施如浮标等供电。各国海潮流发电的研究提出的开发方式主要有：与河川水力发电类似的管道型海底固定式螺旋桨水轮机；与传统水平轴风力机类似的锚系式螺旋桨水轮机；与垂直轴风力机类似的立轴螺旋桨水轮机；与风速计类似的萨涡纽斯转子；漂流伞式；与磁流体发电类似的海流电磁发电。

潮流能资源开发利用要解决一系列复杂的技术问题，除了能量转换装置本身的特殊性技术外，还有海洋能资源开发共同面临的技术问题，包括以下几点。

① 要调查研究拟开发站点海域的潮流状况及潮汐、风况、波浪、地形、地质等自然环境条件。通过计算分析确定装置的形式、规模、结构、强度等设计参数。

② 大力发展装置在海底或漂浮、潜浮在海水中的系泊锚锭技术，以及各种部件的防海水腐蚀，防海生物附着的技术。

③ 还包括电力向岸边输送，蓄电、转换、其他形式储能的技术。

### 8.2.4　海洋温差能及其开发利用

海洋温差能是海水吸收和储存的太阳辐射能，亦称为海洋热能。太阳辐射热随纬度的不同而变化，纬度越低，水温越高；纬度越高，水温越低。海水温度随深度不同也发生变化，表层因吸收大量的太阳辐射热，温度较高，随着海水深度加大，水温逐渐降低。南纬 20°至北纬 20°之间，海水表层（130m 左右深）的温度通常是 25～29℃。红海的表层水温高达 35℃。而深达 500m 层的水温则保持在 5～7℃之间。

海水温差发电系指利用海水表层与深层之间的温差能发电，海水表层和底层之间形成的 20℃温度差可使低沸点的工质通过蒸发及冷凝的热力过程（如用氨作工质），从而推动汽轮机发电。按循环方式温差发电可分为开式循环系统、闭式循环系统、混合循环系统和外压循环系统。按发电站的位置，温差发电可分为海岸式海水温差发电站、海洋式海水温差发电站、冰洋发电站。

由于该类能源随时可取，并且还具有海水淡化、水产养殖等综合效益，被国际社会公认为是最具有开发潜力的海水资源，已受到有关国家的高度重视，部分技术已达到了商业化程度，美国和日本已建成了几座该类能源的发电厂，而荷兰、瑞典、英国、法国、加拿大和我国台湾省已都具有开发该类发电厂的计划。

(1) 海洋温差能发电的研发历史和现状　早在 1881 年，法国物理学家德尔松瓦 (Jacques d Arsonval) 提出利用海洋表层温水和深层冷水的温差使热机做功，过程如同利用一种工作介质（二氧化硫液体）在温泉中汽化而在冷河水中凝结。1926 年，德尔松瓦的学生法国科学家克劳德在法国科学院进行一次公开海洋温差发电实验：在两只烧杯分别装入 28℃的温水和冰屑，抽去系统内的空气，使温水沸腾，水蒸气吹动透平发电机而为冰屑凝结。发的电点亮 3 个小灯泡。当时克劳德向记者发表他的计算结果称：如果 1s 用 1000$m^3$ 的温水，能够发 10 万千瓦的电力。

1930 年，在古巴曼坦萨斯湾海岸建成一座开式循环发电装置，出力 22kW，但是，该装置发出的电力还小于为维持其运转所消耗的功率。

1964 年，美国安德森重提类似当年德尔松瓦闭式循环的概念。闭式循环，使用在高压下比水沸点低、密度大的工质，并且提出蒸发器和冷凝器沉入工质压力相同的水压的海中，发电站是半潜式的。这样可以使整个装置体积变小，而且避免风暴破坏。安德森的专利在技术上为海洋温差发电开辟新途径。

20 世纪 70 年代以来，美国、日本和西欧、北欧诸国，对海洋热能利用进行了大量工作，由基础研究、可行性研究、各式电站的设计直到部件和整机的试验室试验和海上试验。研制几乎集中在闭式循环发电系统上。

1979 年，美国在夏威夷建成了世界上第一个闭式循环的“微型海洋温差能”发电船是当今开发利用海水温差发电技术的典型代表。该装置由驳船改装，锚泊在夏威夷附近海面，采用氨为工作介质，额定功率为 50kW，除装置自耗电外，净输出功率达 18.5kW。系统采用的冷水管长 663m，冷水管外径约 60cm，利用深层海水与表面海水约 21～23℃的温差发电。于当年 8 月进行了连续 3 个 500h 发电试验。

1981 年，日本在瑙鲁共和国把海水提取到陆上建成了世界上第一座 100kW 的岸式海洋温差能发电站，净输出功率为 14.9kW。1990 年日本又在康儿岛建成了 1000kW 的海洋温差能发电站，并计划在隅群岛和富士湾建设 10 万千瓦级大型实用海洋温差能发电装置。目前，人们已经实现了大型电站建设的技术可行性，阻碍其发展的关键在于，低温差 20～27℃时系统的转换效率仅有 6.8%～9%，加上发出电的大部分用于抽水，冷水管的直径又大又长，工程难度大，研究工作处于停顿状态，每千瓦投资成本约 1 万美元，近期不会有人投资建实用的电站。若能利用沿海电厂的高温废水，提高温差，或者将来与开发深海矿藏或天然气水合物结合，并在海上建化工厂等综合考虑还是可能的。

(2) 海洋温差能发电原理和系统　海洋温差发电根据所用工质及流程的不同，一般可分为开式循环系统、闭式循环系统和混合循环系统。图 8-6～图 8-8 为这 3 种循环系统图，图中可以看出，除发电外还能将排出的海水进行综合利用，图 8-6、图 8-8 中可以产生淡水。

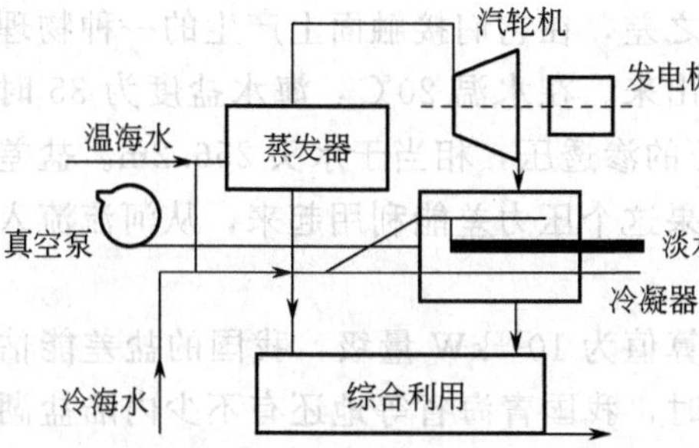


图 8-6　开式循环系统

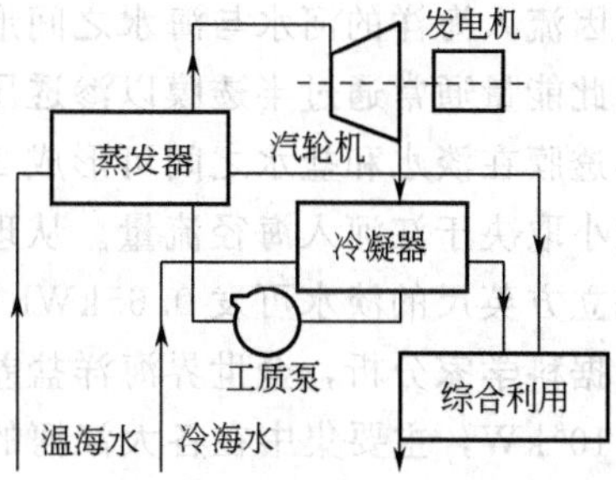


图 8-7　闭式循环系统

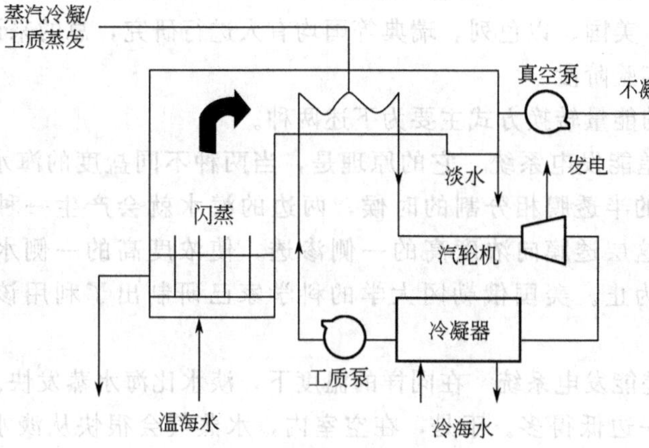


图 8-8　混合循环系统

① 开式循环系统　开式循环系统以表层的温海水作为工作介质。真空泵将系统内抽到一定真空，温水泵把温海水抽入蒸发器，由于系统内已保持有一定的真空度，所以温海水就在蒸发器内沸腾蒸发，变为蒸汽，蒸汽经管道喷出推动蒸汽轮机运转，带动发电机发电。蒸汽通过汽轮机后，又被冷水泵抽上来的深海冷水所冷却而凝结成淡化水。由于只有不到0.5%的温海水变为蒸汽，因此必须泵送大量的温海水，以便产生出足够的蒸汽来推动巨大的低压汽轮机，这就使得开式循环系统的净发电能力受到了限制。

② 闭式循环系统　闭式循环系统以一些低沸点的物质（如丙烷、异丁烷、氟利昂、氨等）作为工作介质。系统工作时，表层温海水通过热交换器把热量传递给低沸点的工作介质，例如氨水，氨水从温海水吸收足够的热量后开始沸腾，变为氮气，氨气经过管道推动汽轮发电机，深层冷海水在冷凝器中使氨气冷凝、液化，用氨泵把液态氨重新压进蒸发器，以供循环使用。闭式循环系统能使发电量达到工业规模，但其缺点是蒸发器和冷凝器采用表面式换热器，导致这一部分不仅体积庞大，而且耗资昂贵。此外，闭式循环系统不能产生淡水。

③ 混合循环系统　混合循环系统也是以低沸点的物质作为工作介质。用温海水闪蒸出来的低压蒸汽来加热低沸点工质，这样做的好处在于既能产生新鲜的淡水，又可减少蒸发器的体积，节省材料，便于维护，成为温差发电的新方向。

### 8.2.5 海洋盐度差能及其开发利用

因流入海洋的河水与海水之间形成含盐浓度之差，在它们接触面上产生的一种物理化学能。此能量通常通过半透膜以渗透压的形式表现出来。在水温 20℃，海水盐度为 35 时，通过半透膜在淡水和盐水之间可形成 24.8 个大气压的渗透压，相当于水头 256.2m。盐差能量的大小取决于江河入海径流量。从理论上讲，如果这个压力差能利用起来，从河流流入海中的每立方英尺的淡水可发 0.65kWh 的电。

据科学家分析，全世界海洋盐差能的理论估算值为 $10^{10}$kW 量级，我国的盐差能估计为 $10\times10^{8}$kW，主要集中在各大江河的出海处。同时，我国青海省等地还有不少内陆盐湖可以利用。

美国人于 1939 年最早提出利用海水和河水靠渗透压或电位差发电的设想。1954 年建造并试验了一套根据电位差原理运行的装置，最大输出功率为 15mW。1973 年发表了第一份利用渗透压差发电的报告。1975 年以色列建造并试验了一套渗透压法的装置，表明其利用可行性。目前，日本、美国、以色列、瑞典等国均有人进行研究，总的来说，盐度差能发电目前处于初期原理和实验阶段。

海洋盐差能发电的能量转换方式主要为下述两种。

(1) 渗透压式盐差能发电系统　它的原理是，当两种不同盐度的海水被一层只能通过水分而不能通过盐分的半透膜相分割的时候，两边的海水就会产生一种渗透压，促使水从浓度低的一侧通过这层透膜向浓度高的一侧渗透，使浓度高的一侧水位升高，直到膜两侧的含盐浓度相等为止。美国俄勒冈大学的科学家已研制出了利用该类落差进行发电的系统。

(2) 蒸汽压式盐差能发电系统　在同样的温度下，淡水比海水蒸发快。因此，海水一边的蒸汽压力要比淡水一边低得多。于是，在空室内，水蒸气会很快从淡水上方流向海水上方。只要装上涡轮。就可以利用该盐差能进行发电，美国、日本等国的科学家为开发这种发电系统已投入了大量的精力。

## 8.3 可燃冰

### 8.3.1 可燃冰资源及其特点

可燃冰的全称为天然气水合物，又称天然气干冰、气体水合物、固体瓦斯等，作为一种新型烃类资源，它是由天然气和水分子在高压与低温条件下合成的一种固态结晶物质，透明无色，成分以甲烷为主，占 99%，主要来源于生物成气、热成气和非生物成气 3 种。生物成气主要来源于由微生物在缺氧环境中分解有机物产生的；热成气的方式与石油的形成相似，深层有机质发生热解作用，其长链有机化合物断裂，分解形成天然气；非生物成气系指地球内部迄今仍保存的地球原始烃类气体或地壳内部经无机化学过程产生的烃类气体。从化学结构来看，可燃冰是由水分子搭成像笼子一样的多面体格架，以甲烷为主的气体被包含在笼子格架中。从物理性质来看，可燃冰的密度接近并稍低于冰的密度，剪切系数、电介常数和热导率都低于冰。在标准温压条件下，$1m^3$ 可燃冰可以释放出大约 160～180 标准立方米的天然气，其能源密度是煤和黑色页岩的 10 倍、天然气的 2～5 倍。

可燃冰的主要成分是甲烷和水分子（$CH_4\cdot H_2O$），其形成原因与海底石油、天然气的形成过程相仿，而且密切相关。埋藏于海底地层深处的大量有机质在缺氧环境中，厌氧性细菌把有机质分解，最后形成石油和天然气（石油气）。其中许多天然气又被包进水分子中，在海底的低温（一般要求温度低于0～10℃）与压力（大于10MPa）下，形成了可燃冰。这是因为天然气有个特殊性能，它和水可以在2～5℃内结晶，这个结晶就是可燃冰。

根据资料记载，1810年人类就在实验室里首次发现可燃冰，到了20世纪60年代，人们在自然界中发现了可燃冰资源，但它多存在于高纬度地区的冻土地带，如俄罗斯的西伯利亚地区。据权威专家估计，全球可燃冰中的总能量大约相当于地球上所有化石燃料（包括煤、石油和天然气）总能量的2～3倍。科学家们的调查发现，可燃冰赋存在低温高压的沉积岩层中，主要出现于水深大于300m的海底沉积物中和寒冷的高山及高纬度地区的永冻层内。据科学家们估计，20.7%的陆地和90%的海底具有生成可燃冰的条件。现有调查表明，世界可燃冰的矿藏面积可以达到海洋面积的30%以上。科学家们保守估算，世界上可燃冰所含天然气的总资源量，其热当量相当于全球已知煤、石油和天然气总热当量的2倍。目前，全球至少已经在116个地区发现了可燃冰，其中海洋中已发现的有78处。科学家们估计，地球海底天然可燃冰的储藏量约为$5\times10^{18}m^3$，相当于目前世界年能源消费量的200倍。全球的天然气水合物储量可供人类使用1000年。

### 8.3.2　国际上可燃冰的勘探和开发动态

20世纪70年代以来，可燃冰作为石油天然气的替代能源，受到了世界一些发达国家和部分发展中国家的重视，陆续开展了专门的调查与研究。有的国家制定了10年或15年的长期勘察开发规划。

美国于20世纪60年代末70年代初首次在墨西哥湾和布莱克海台实施可燃冰调查。1981年，美国制订了可燃冰10年研究计划。1998年，美国又把可燃冰作为国家发展的战略能源列入长远计划。现在，美国能源部已经被授权组织有关政府部门、国家实验室、国家自然科学基金、石油天然气公司和大学对可燃冰进行攻关。美国能源部已公开表示，要在2015年前，实现甲烷水合物开发的商业化。

日本于1992年开始重视海洋可燃冰，1995年投入150亿日元制订了5年期甲烷水合物研究及开发推进初步计划。日本经济产业省从2001年度开始着手开发海底可燃冰，开发计划分两阶段进行，前五年对开采海域的蕴藏量和分布情况进行调查，从第三年开始就打井以备调查用，之后五年进行试验性采掘工作，2010年以后实现商业化生产。目前，已基本完成周边海域的可燃冰调查与评价，圈定了12块矿集区，并计划在2010年进行试生产。

印度是不发达国家，但近几年也十分重视可燃冰的潜在价值。1995年印度制订了5年期"全国气体水合物研究计"，由国家投资5600万美元对其周边域的可燃冰进行前期调查研究。

可燃冰基础研究的积累和理论上的突破，以及开发实践中气水合物藏的发现，犹如雪崩效应一样立即在全球引发起大规模研究、探测和勘探气水合物藏的热潮。1968年开始实施的以美国为首、多国参与的深测探钻计划（DSDP）于70年代初即将天然气水化物的普查探测纳入计划的重要目标。作为本计划的延续，一个更大规模的多国合作的大洋钻探计划（OSDP）于1985年正式实施。

20世纪90年代中期，以深海钻探计划和大洋钻探计划为标志，美国、俄罗斯、荷兰、德国、加拿大、日本等诸多国家探测可燃冰的目标和范围已覆盖了世界上几乎所有大洋陆缘的重要潜在远景地区以及高纬度极地永冻土地带和南极大陆陆及缘区；在墨西哥海湾、Orco海盆、白令海、北海、地中海、黑海、里海、阿拉伯海等海域也布有测线并进行了海底钻采样品工作。在俄罗斯北部极地区含油气省、北美普拉得霍湾油田和阿拉斯加以及加拿大三角洲大陆冻土带地区开展了富有成效的地震勘探和钻井取芯工作。

上述大规模的国际合作项目的实施以及各国业已开展的可燃冰基础和普查勘探工作，使人们有可能大视角、多方位地从全球范围审视可燃冰在自然界的存在，并有望在可燃冰的形成条件、组成、结构类型、赋存状态、展布规律和地质特征等基础研究领域，以及评估资源远景和确定首要勘查目标等诸多方面取得令世人瞩目的进展。

### 8.3.3 我国的相关活动和资源量估计

中国对可燃冰的调查与研究起步较晚，开始于20世纪90年代。1997年，中国在完成“西太平洋气体水合物找矿前景与方法”课题中，认定西太平洋边缘海域，包括我国南海和东海海域，具有蕴藏这种矿藏的地质条件。1999年10月，广州地质调查中心在南海西沙海槽开展了可燃冰的前期调查，并取得可喜的成果。主要采集到高分辨率多道地震测线5343km，至少在130km地震剖面上识别出可燃冰矿藏的显示标志BSR，矿层厚度为80～300m。这一发现拉开了我国海洋可燃冰调查研究的序幕，填补了这一领域调查研究的空白。

经过多年对可燃冰的调查和研究，2008年专家预测，可燃冰远景资源量2000亿吨油当量以上。其中南海海域储南海北部坡陆（水深550～600m）可燃冰储量约185亿吨油当量，相当于南海深水勘探已探明的油气地质储备的6倍。其中东沙群岛以东，海底坡陆430万平方公里的天然气水合物“冷泉”巨型碳酸盐岩喷溢区——九龙甲烷礁，目前为世界最大“冷泉”喷溢区。西沙海槽圈定的可燃冰区域分布面积为5242km²，储量约4.1亿立方米。东海冲绳海槽附近、东海盆地、南沙海槽已发现可燃冰存在的证据。从我国冻土区总面积215万平方公里来看，天然气水合物形成及储存前景广阔。2009年专家估计，青藏高原可燃冰远景储量350亿吨油当量。其中青藏高原五道梁多年冻土区（海拔4700m）远景储量可供应90年。青海省祁连山南缘天俊县木里地区（海拔4062m）储量占陆域总储量的1/4。

从理论上，我国科学家也已积极开始研究。我国冻土专家通过对青藏高原多年研究后认为，青藏高原羌塘盆地多年冻土区具备形成可燃冰的温度和压力条件，可能蕴藏着大量可燃冰。青藏高原是地球中纬度最年轻、最高大的高原冻土区，石炭、二叠和第三第四系沉积深厚，河湖海相沉积中有机质含量高。第四系伴随高原强烈隆升，遭受广泛的冰川-冰缘的作用，冰盖压力使下伏沉积物中可燃冰稳定性增强，尤其是羌塘盆地和甜水海盆地，完全有可能具备可燃冰稳定存在的条件。海洋地质学家们根据可燃冰存在的必备条件，在东海找出了可燃冰存在的温度和压力范围，并根据地温梯度，结合东海的地质条件，勾画出了可燃冰的分布区域，计算出它的稳定带厚度，对资源量作了初步评估。

### 8.3.4 可燃冰的开采技术现状

目前，全世界开发和利用可燃冰资源的技术还不成熟，仅处于试验阶段，大量开采还需要一段时间。

目前有3种开采可燃冰的方案，均处于研发和验证阶段：第一是热解法。利用“可燃冰”在加温时分解的特性，使其由固态分解出甲烷蒸气。这个方法的难点是不好收集，因为海底的多孔介质不是集中在一片，也不是一大块岩石，如何布设管道进行高效地收集是急于解决的问题。第二是降解法。有的科学家提出将核废料埋入地底，利用核辐射效应使其分解。但是，这种方法也面临着与热解法同样的布置管道并高效收集的问题。第三是置换法。研究证实，将二氧化碳液化，注入 1500m 以下的海洋中（不一定非要到海底），就会生成二氧化碳水合物，它的密度比海水大，会沉到海底。如果将二氧化碳注射到海底的甲烷水合物储层，就会将甲烷水合物中的甲烷分子“挤出”，从而将其置换出来。这三种开采方案都有其技术合理性，也都面临巨大的挑战和困难。

可燃冰以固体状态存在于海底，往往混杂于泥沙中，其开发技术十分复杂，如果钻采技术措施不当，水合物大量分解，势必影响沉积物的强度，有可能诱发海底滑坡等地质灾害的发生，开发它会带来比开采海底石油更大的危险。海底天然气大量泄露，极大地影响全球的温室效应，引起全球变暖，则将对人类生存环境造成永久的影响。天然气水合物一般埋藏在 500 多米深的海底沉积物中和寒冷的高纬度地区（特别是永冻层地区），在低温高压下呈固态。但一接近地表，甲烷就会气化并扩散。因此，必须研制有效的采掘技术和装备，在商业生产中，将从采掘的天然气水合物中提取甲烷，通过管道输送到陆地，供发电、工业及生活用。

可喜的是，我国在这方面的研究已经取得一定进展。2005 年，中科院广州能源所成功研制出了具有国际领先水平的可燃冰（天然气水合物）开采实验模拟系统。该系统的研制成功，将为我国可燃冰开采技术的研究提供先进手段。可燃冰开采实验模拟系统主要由供液模块、稳压供气模块、生成及流动模拟模块、环境模拟模块、计量模块、图像记录模块以及数据采集与处理模块组成。经对该实验模拟系统的测试结果表明，该系统能有效模拟海底可燃冰的生成及分解过程，可对现有的开采技术进行系统的模拟评价。

随着全国能源特别是石油日趋紧缺及需求的快速增长，这将不可避免地引起国际竞争的加剧，对我国的能源储备和能源结构在政治、经济、安全等层面产生重大战略影响，因此，我国必须加快对天然气水合物物开发利用研究的步伐，以适应社会经济的可持续发展。

## ◎ 思考题

1. 地热发电站的热力系统大致有哪几种？请对其各自的工作范围和系统特性进行描述。
2. 多级中间介质法低热发电系统，相比于单级系统，具有哪些优点和缺点？
3. 潮汐电站可分为哪几类？试分别简述之。
4. 波浪能发电系统中，水流的能量通过哪几个步骤转化为电力？
5. 闭式海洋温差能发电系统可否同时产生淡水？简述理由。
6. 针对多种海洋能发电技术，分析其各自的发展前景。

## 参　考　文　献

[1]　张杰．低热能的利用．农村电工，2004，10：43.

[2]　徐军祥．我国地热资源与可持续开发利用．中国人口·资源与环境，2005，15（2）：139-141.

[3]　马荣生，孙志高．低热资源及其在热泵供热中的应用．节能与环保，2003，：25-27.

[4] 陈兴华，叶学锋，高 宁．使用热泵的地热水供热系统．能源研究与利用，2003，3：25-27.

[5] 周大吉．地热发电简述．电力勘测设计，2003，3：1-6.

[6] 陈建国．海洋潮汐电站发电机组设计原则．上海大中型电机，2005，3：15-18.

[7] 廖泽前．世界潮汐发电水平动向．广西电力建设科技信息，2003，2：17-21.

[8] 武全萍，王桂娟．世界海洋发电状况分析．浙江电力，2002，5：65-67.

[9] 高祥帆，游亚戈．海洋能源利用进展．辽宁科技参考，2004，2：25-28.

[10] 王传崑．潮流发电．华东水电技术，1998，2：59-60.

[11] 余志．海洋能源的种类．太阳能，1999，4：25.

[12] 黄顺礼．安徽电力科技信息，2004，5：39-40.

[13] 刘洪涛．能源巨子——可燃冰．地球，2005，5：13-14.

[14] 唐黎标．“可燃冰”及其开采方案．可再生能源，2005，1：19.

[15] 关锌．我国地热资源开发利用现状及对策与建议．中国矿业，2010，5：7-11.

# 第9章 新能源发展政策

## 9.1 新能源的发展障碍

在能源环境问题日益严重的当今社会，新能源以其清洁、可再生等优点而被世界各国公认为实现未来能源系统低碳与可持续性的主要支撑，但现阶段由于新能源技术仍处于发展初期，其规模化应用尚存在许多障碍。尤其是在我国，尽管新能源和可再生能源具有巨大的资源潜力，部分技术实现了商业化，产业化也初具规模，比如，我国是全球太阳能热水器生产量和使用量最大的国家，重要的光伏电池生产国，风电累计装机容量截至2009年底已达2500万千瓦左右，跃居世界第二，但与国外发达国家相比，无论在技术、规模、水平还是在发展速度上仍存在较大差距，我们的新能源和可再生能源产业发展还面临许多问题。为此，我们应该充分认识新能源和可再生能源发展中存在的障碍，及时进行发展政策和发展机制方面的创新，以改善我国目前新能源发展中的不利因素，加速规模化和产业化进程。

目前我国发展新能源和可再生能源主要面临以下障碍：成本障碍、技术障碍、产业障碍、融资障碍、政策障碍和体制障碍。

### 9.1.1 成本障碍

我国多数新能源和可再生能源技术过高的发电成本和相对狭小的市场容量，构成了可再生能源发展中难以克服的症结。目前，除小水电外，新能源和可再生能源发电成本远远高于常规能源发电成本已是不争的事实。例如，并网风力发电的初始投资成本为8000元/kW，单位发电成本为0.33元/kWh，上网电价（含VAT）为0.52元/kWh。光伏发电（100Wp）的开发成本更高达40000元/kW，单位发电成本高达2.38元/kWh。而煤电（以30万千瓦为例，无脱硫设备），单位投资成本仅为5000元/kW，单位发电成本仅为0.21元/kWh，上网电价（含VAT）为0.33元/kWh，远远低于风电和光伏发电。新能源和可再生能源发电成本远高于常规发电的主要原因是：常规发电将对人类健康的危害、生活环境的破坏、农业产量的降低等多方面“外部成本”转移给了社会，并不在其电力消费价格中体现。而正是这些因素的影响，使新能源发电不仅在成本上大大高于常规发电，在电力上网方面也造成了一定的障碍。清洁能源竞争力不足使技术的研发和产业的发展受到了抑制。

另外，除了太阳能热水器等少数几种技术已获得一定的消费利用、秸秆气化等技术形成了部分可再生能源市场外，我国大多数可再生能源产业发展缓慢，仍然没有从根本上改变市场需求不足，占有率低，市场对相关技术和产业拉动不够的现象。其后果是：新能源技术迅速发展所能带来的质量改进和成本降低优势没有在市场中得到充分体现；不能形成强大的规模制造业为产业发展提供支撑；国内新技术开发缺乏动力，发展不得不过多地依赖政府直接推动等。

显然，成本过高最终会抑制新能源和可再生能源的市场化。同时，狭小的市场又会给新能源和可再生能源的成本降低造成障碍，形成恶性循环，使新能源和可再生能源产业发展陷入举步维艰的境地，动摇政府、银行及民营企业投资新能源和可再生能源的信心，导致不愿增加投入，观望多于行动。

**专栏 9-1　风电价格分析**

根据美国风能协会的分析，在过去二十年里，风能电价已经下降了 80%。在 20 世纪 80 年代早期，当第一台风机并网时，风电高达 30 美分/kWh。现在最新的风电场风电的价格仅为 4 美分/kWh，这一价格可与许多常规能源技术相竞争。

不同国家风电成本不同，源于各个国家不同的风能资源储量及分布、不同的建设条件、不同的激励政策等，但是总趋势是越来越便宜。成本下降有许多原因，如随着技术的改进，风机越来越便宜并且高效，风机的单机容量越来越大，同样的装机容量需要更少机组的数目，这就减少了基础设施资本成本。随着贷款机构对技术信心的增强，融资成本降低了。随着开发商经验越来越丰富，项目开发的成本也降低了。并且，风机可靠性的改进减少了运行维护的平均成本。

另外，风电场的规模大小直接影响着它的成本，大规模开发可以吸引更多的风机制造商和其他供货商提供折扣，使场址的基础设施费用均摊到更多风机上减少单位成本，同时，能更有效地利用维护人员，从而减少度电成本实现成本效益。根据美国风能协会资料，对于一个极好场址（平均风速为 8.9m/s）的大风场（50MW 及以上），电价可以达到 3 美分/kWh 或以下；而在一个中等场址（平均风速为 7.1m/s）的小风场（3MW），电价可能高达 8 美分/kWh。

目前，我国风电项目的规模相对较小。1995～2000 年间，平均项目规模小于 1 万千瓦，电价范围为 0.6～0.7 元/kWh（不含增值税）。正如前述，开发大规模的风电项目能减少单位容量成本，从而降低电价，这是未来风电发展的趋势，因此，我们的分析将仅考虑大项目。

为了确定如何取得 0.40 元/kWh 的风电目标电价，我们的分析包括如下两部分：

- 分析现有政策框架下的风电电价；
- 确定取得 0.40 元/kWh 的风电电价的一个可行方案。

选择一个风电场作为我们分析的基础。该场址风能资源好，并且有广阔的可用空地。假定 152 台 V47-660 kW 风电机组将安装在该场址，那么

项目容量＝100320kW

基于实地测量的风能数据，首先，能够容易地计算 152 台 V47-660kW 风电机组的理论年发电量，然后折减由尾流、紊流、可用率和电力传输、低空气密度和低温等造成的损失，我们估计

实际年发电量＝285596MWh

按照中国的有关法规，基于我们的经验估计得到总投资：

总投资＝950000000 元人民币

包括风电机组、进口关税、联网和输电工程、通信、必要的土建工程、土地征用、前期费用、管理监理费用、保险、准备费、外汇风险和建设期利息等。

假定资本金占总投资的 20%，其余部分使用国际贷款，15 年还贷期，年利息 8.0%。建设期为 1 年，生产期 20 年，因此，计算期为 21 年。根据中国法规，该项目仅征实际占用土地。通货膨胀率按 0%计算。

目前中国税率如下：增值税率为 17%；进口关税为 6%；所得税率为 33%。按照国际经验，运行维护费用取 0.05 元/kWh，其中包括备品备件、易耗品、工资福利等。

基于上述条件，使用中国财务分析模型进行项目分析，结果如下：

电价＝0.53 元/kWh（不含增值税）

电价＝0.62 元/kWh（含增值税）

资本金的内部收益率（IRR）＝ 18.0%（20 年）

上述电价比目标电价 0.40 元/kWh 高许多。为了减少这一电价，我们进行如下灵敏度分析以了解不同参数，如总投资、发电量和税率等，对电价的影响。请注意，在下面分析中，如无特殊说明，“电价”均指风电场销售电能的上网电价，不含增值税。当计算电价时，IRR 保持恒定为 18.0%，特殊说明除外。在每次分析时，我们仅改变一个参数，其他保持不变。

(1) 关税对电价的影响　当进口关税减少 1%时，电价仅下降 0.003 元/kWh，然而，取消进口关税时，与进口关税为 6%相比，电价显著减少至 0.464 元/kWh (12.3%)，因为当进口关税为 0%时，进口增值税也为 0%，同时，总投资减少至 821762000 元人民币。因此，免征进口关税是使电价显著减少的必要条件。

| 进口关税 | 6% | 4% | 2% | 0% |
|---|---|---|---|---|
| 电价/(元/kWh) | 0.529 | 0.523 | 0.516 | 0.464 |

(2) 所得税对电价的影响　如果所得税率由 33%减少至 0%，电价仅减少 0.034 元/kWh。按照中国的目前政策，经济开发区的企业可享受所得税的优惠政策，如免二减三、免五减五，然而根据我们的分析，见下表，风电项目从这些优惠政策中收益不大。

| 所得税 | 电价/(元/kWh) |
|---|---|
| 免二减三 | 0.528 |
| 免五减五 | 0.518 |
| 0% | 0.495 |
| 15% | 0.508 |
| 33% | 0.529 |

(3) 贷款利息对电价的影响　贷款利息增加 1%，电价平均增加 0.02 元/千瓦时，即 3.8%，因此，贷款利息对电价的影响很大。

| 贷款利息/% | 0 | 2 | 4 | 6 | 8 | 10 |
|---|---|---|---|---|---|---|
| 电价/(元/kWh) | 0.37 | 0.408 | 0.447 | 0.487 | 0.529 | 0.572 |

(4) 贷款还贷期对电价的影响　当还贷期由 10 年增至 15 年，电价减少 0.055 元/千瓦时，然而当由 15 年增至 20 年，电价则减少 0.03 元/kWh，因此获得长期贷款是非常重要的。

| 贷款还贷期/年 | 8 | 10 | 12 | 15 | 20 |
|---|---|---|---|---|---|
| 电价/(元/kWh) | 0.616 | 0.584 | 0.558 | 0.529 | 0.499 |

(5) 总投资变化对电价的影响　如果总投资减少 5%，电价相应减少 4.5%。按照丹麦做法，当地电力部门和政府应支付风电场外的上网和设备运输所需的输电线路和道路的费用。如果中国也采用类似的规定，那么总投资将减少 6.5%，即电价减少 0.031 元/kWh。

| 总投资/% | −15 | −10 | −5 | 0 | +5 | +10 | +15 |
|---|---|---|---|---|---|---|---|
| 电价/(元/kWh) | 0.457 | 0.481 | 0.505 | 0.529 | 0.553 | 0.577 | 0.601 |

(6) 风机价格对电价的影响　如果风机价格减少 5%，电价减少 0.017 元/kWh。如果将来在中国稳定的风电市场的支持下，Vestas 在中国建立完整的风机制造工厂，包括叶片厂，那时 Vestas 风机的价格将显著下降，从而对电价产生一个明显的影响。

| 风机价格/% | −20 | −15 | −10 | −5 | 0 | +5 | +10 |
|---|---|---|---|---|---|---|---|
| 电价/(元/kWh) | 0.462 | 0.479 | 0.495 | 0.512 | 0.529 | 0.546 | 0.562 |

(7) 发电量对电价的影响　如果本项目的发电量增加 5%，电价将平均减少 4.6%，因此风能资源是影响风电电价的关键因素（风电的目标电价—0.4 0 元/kWh)。

| 发电量增加/% | −15 | −10 | −5 | 0 | +5 | +10 | +15 |
|---|---|---|---|---|---|---|---|
| 电价/(元/kWh) | 0.613 | 0.582 | 0.554 | 0.529 | 0.506 | 0.485 | 0.466 |

从上述的分析可以看出，在现有的政策框架下，几乎不可能达到目标电价，因此，我们提出如下建议，但是其他条件与 3.1 部分一致。

假定：

- 对进口风机免征关税；
- 对风电免征增值税；
- 资本金占总投资的 20%，其余部分使用国内无追索贷款，15 年还贷期，年利息 6.21%；
- 当地电力部门支付风场外的输电线路的费用；
- 当地政府支付运输设备所需的风场外的道路建设费用。

基于上述假设，我们重新分析本项目的经济性。

项目容量＝100320kW

实际年发电量＝285596MWh

总投资＝约 750000000 元

所得税率＝33%

运行维护费用＝0.05 元/kWh

销售电价＝0.40 元/kWh

资本金内部收益率＝18.22%（20 年）

风电电价将由 0.53 元/kWh 明显降至 0.40 元/kWh，IRR 保持 18% 不变。因此，如果上述假定条件能够形成中国优惠政策的框架，那么使风电项目的电价降至 0.40 元/kWh 是可行的，并且对投资商具有吸引力。

资料来源：http：//www.xjwind.com.cn/。

### 9.1.2 技术障碍

我国新能源和可再生能源技术的总体水平不高，除水电、太阳能热利用、沼气外，大多数处于初级阶段，设备制造能力弱，缺乏自主技术研发创新，关键技术和设备生产主要依赖进口。与一些发达国家相比，大部分可再生能源产品的生产厂家生产规模小、过于分散，集约化程度低，生产不连续，工艺落后，产品质量不稳定。技术上的障碍使可再生能源发电设备的本地化制造比例较低，往往不能及时提供所需备件，造成了长期以来可再生能源开发的工程造价居高不下，也使得中国可再生能源电价水平远远高于常规能源电价水平。因此，我国新能源和可再生能源产业迫切需要采取有效措施来提高技术发展水平，增强创新能力，完善技术标准，逐步形成支撑可再生能源发展的技术服务体系。

以风电发展为例，在桨叶、控制系统和总装等关键性技术方面与，我国与国外技术相比差距很大。尽管国家连续在几个五年科技攻关计划中都安排了大中型风电机组的研制任务，《可再生能源“十一五”规划》中还明确指出了要促进风电技术进步，提高风电设备国产化制造能力，但由于投入少及科研体制的一些问题，有些研究项目并没有完全达到预期目标。此外，国家还花费大量资金购买国外的风电机组，试图通过国际合作来促进我国风电机组的研制能力，但外国公司往往只提供塔架、基础件等一般性的制造技术，而不肯转让关键技术，致使我国整体风机制造技术水平仍远远落后于国际先进水平。

### 9.1.3 产业障碍

相对薄弱的制造业使可再生能源设备制造的本地化和商业化进程严重受阻，这也是中国可再生能源成本过高和市场发育滞后的重要因素之一。另外，薄弱的制造业还会使技术产业化存在障碍，造成“有技术无产业”的现象。

国外经验表明，强大的制造业是可再生能源产业发展的重要基础。无论是德国、荷兰、丹麦还是美国，其国内的可再生能源产业的迅速发展，除了有相关的政策和法律以外，一个重要因素就是这些国家拥有雄厚的技术实力和强大的制造业作为支撑。衡量制造业增长的一个重要指标是投资的持续增长。美国国内风机制造业 1990～2000 年生产性投资年递增均在 15%以上，保证了 2000 年美国风力发电能力达到 2500MW。在欧洲，过去几年，风机市场规模年均增长率为 8.8%，也同样与其重视制造业发展密不可分。在未来几年，欧洲风能领域将增加投资 30 亿美元，使风机市场规模达到 80 亿～100 亿美元。而我国大部分新能源与可再生能源设备制造商组织结构小而散，集中程度低，经济效益差，产业布局混乱，核心技术缺失，投资力度有限。可以说，我国如果不增大对相关制造业的投资，迅速建立强大的制造业来作为整个可再生能源产业发展的基础，则目前关键技术与主要设备依靠进口的局面短期内不可能得到根本扭转，从而导致产业基础很难提高，大规模开发利用受到严重制约，产业体系得不到完善。

### 9.1.4 融资障碍

新能源和可再生能源发展面临融资障碍的主要原因如下。

① 我国各级政府对新能源与可再生能源的投入太少。迄今为止，我国新能源与可再生能源建设项目还没有规范地纳入各级财政预算和计划，没有为可再生能源建设项目建立如常规能源建设项目同等待遇的固定资金渠道。

② 业主单位缺少融资能力。从国内情况来看，由于可再生能源市场前景不明朗，因此国内银行不愿贷款，更不愿提供超过 15 年的长期贷款。从国际资本市场上来看，尽管国际

贷款期限较长（一般可长达20年），但目前国际金融组织（世界银行，亚洲开发银行等）已经取消了原来对中国的软贷款，而且由于利用国际金融组织贷款谈判过程长，管理程序烦琐等造成了贷款的隐性成本较高。更值得重视的是，世行的管理政策越来越趋于政治化，如对腐败、民间参与、政府管理、移民、环境等问题的关注，使项目工作复杂化，一般业主难以接受。

由融资障碍造成的资金来源不足限制了新能源与可再生能源的发展，使中国新能源与可再生能源行业一直达不到经济规模，应有的规模效益得不到体现，影响了各方面对新能源与可再生能源行业的信心，降低了发展速度。

### 9.1.5 政策障碍

我国现阶段在新能源与可再生能源领域的状况是，缺少具体的办法或者说缺少相应的运行机制来达到政策目标，这严重影响了政策预期效果的实现，产生了所谓“有政策无效果”问题。

我国曾出台了一些鼓励可再生能源发展的政策，如税收优惠政策、财政贴息政策、研究开发政策等，但政策执行效果并不理想。由此，有人曾认为国家对可再生能源政策支持力度不够，仍在呼吁出台更多的优惠政策。但我们认为，可再生能源政策的执行效果不好，主要应归因于所制定的政策缺少相应的机制，特别是缺乏以市场为导向的运行机制，没能形成连续稳定的市场需求来拉动发展，这才是问题之所在。例如，由于缺少目标机制，政府机构难以制订长期稳定的发展计划，从而制约了项目开发商的投资信心。由于缺乏竞争机制，目前可再生能源成本控制缺少压力，开发商与电网之间难以就电力供应达成协议。由于缺少融资机制，导致行业投资渠道单一，政府成了投资主体，财政投入难以满足行业发展对投资的渴望。

相反，在进入20世纪90年代以后，一些欧美国家先后制定了包括配额制（RPS）、强制购买（Feed-in law）、绿色证书系统（GCS）和特许经营（Concession）等在内的一系列新的政策机制，使这些国家的可再生能源产业在较短的时间内得到了迅猛发展。到2006年底，丹麦风电装机容量达全国发电装机总容量的25%，同时还提供全球60%左右的风电机组，德国风电装机容量达到20622MW，一直稳居世界前列。瑞典在2009年生物质能已经超越石油，成为头号产能来源，占全国能源消费总量的32%。

因此，我国必须建立包括目标机制、竞争机制、融资机制、补偿机制、交易机制、管理服务机制等在内的一系列运行机制，以促进政府政策的深入执行，达到预期效果，激励新能源和可再生能源的发展，有序地推进产业化和市场化。

### 9.1.6 体制障碍

长期以来，我国新能源与可再生能源的工作分散在多个部门。农业部、水利部、原电力部、原林业部等都设有专门的司（局）或处室负责一部分工作。特别是原国家经贸委与原国家计委职能交叉，多头管理，资金分散，重复建设，严重削弱了国家的宏观调控力度。政出多门，各级管理部门协调性差，造成管理混乱。另外，在发展可再生能源发展中所采取的一系列方法非常复杂，许多不同的机构都被包含在内。这些程序为项目的开发设置了过多的障碍，限制了开发商和投资人进入市场。

## 9.2 国外促进新能源发展的政策措施

### 9.2.1 国外新能源技术发展的政策经验

20世纪70年代以来，出于石油价格暴涨及资源的有限性，同时大量能源消费对环境的压力，一些发达国家重新加强了对新能源和可再生能源技术发展的重视和支持。到目前为止，全球已有五种可再生能源技术达到商业化或接近商品化水平，它们是：水电、光伏电池、风力发电、生物质转换技术和地热发电。截至 2005 年底，世界可再生能源发电装机达到 180GW，其中风力发电 59GW，小水电 80GW，生物质发电 40GW，地热发电 10GW，光伏发电 5GW，生物液体燃料如乙醇则达到 330 亿升，柴油达到 220 万吨。到 2009 年，可再生能源发电装机容量已占世界总装机容量的 25%，发电量占到了世界发电总量的 18%。同时，在世界能源供应中，传统生物质能大约占 9.0%，大水电占 5.7%，新的可再生能源达到 2.0%以上。预计 2020 年新能源和可再生能源供应量将达到 4000（基础方案）～4857Mtce（重视环境方案），约占世界一次能源总供应量的 21.1%～30.3%。

这些发达国家的基本经验如下所述。

(1) 明确的目标　政府通过制定规划和计划，明确新能源和可再生能源的发展目标和要求，达到促进和推动新能源和可再生能源的发展。日本政府制定的《新日光计划》（1994～2030），要求到 2010 年可再生能源供应量和常规能源的节能量要占能源供应总量的 10%，2030 年分别达到 34%。1997 年欧盟颁布了可再生能源发展白皮书，制定了 2010 年可再生能源要占欧盟总能源消耗的 12%，2050 年可再生能源在整个欧盟国家的能源构成中要达 50%的雄伟目标。在此基础上，欧盟成员国相继制定了本国的最新发展目标。2007 年初，丹麦政府公布了《丹麦能源政策展望》，重点目标和措施包括到 2025 年可再生能源比重翻番，达到 30%；到 2020 年，交通运输业所使用燃料的 10%将是生物燃料形态的可再生能源。英国政府于 2008 年推出了一项利用可再生能源的宏大计划，提出到 2020 年可再生能源要占到能源供应的 15%，1/3 的电力要来自可再生能源发电的目标。法国环境部在 2008 年底颁布了一项旨在发展可再生能源的计划，涵盖了生物质能、风能、地热能、太阳能及水电等多个领域，计划到 2020 年可再生能源在能源消费总量中比重提高到至少 23%。

(2) 巨大的投入　1973 年以前，OECD 只有少数国家政府资助光伏电池等可再生能源技术的基础研究。此后，各国政府对可再生能源研究开发的拨款急剧增加。特别是近些年来，随着气候变化问题日益严重，发展低碳的新能源和可再生能源已成为大趋势，全球掀起了发展新能源的产业浪潮。2008 年，美国奥巴马总统提出了绿色能源计划，指出在未来 3 年内将可再生能源产量增加 1 倍，到 2012 年可再生能源发电量占总发电量的比例提升至 10%，2025 年增至 25%，未来 10 年将投资 1500 亿美元建立清洁能源研发基金，用于太阳能、风能、生物燃料和其他清洁可替代能源的研发和推广。德国政府从长远出发，制定了促进可再生能源开发的《未来投资计划》，在 2010 年新能源领域的投资达到 135 亿欧元，未来 10 年德国在这一领域总投资将达 1359 亿欧元。英国政府于 2010 年初宣布了一项投资额达 1000 亿英镑的可再生能源利用发展计划，进一步为未来新能源发展提供支持，涉及加大风力发电、扩大生物质能利用及太阳能发电等。

(3) 优惠的政策　政府从财政和金融方面采取刺激措施，是促进可再生能源技术商业化，提高市场渗透率和经济竞争力重要政策手段。特别是在商业化初级阶段，由于新技术的价格承受力与政府推广目标之间存在差距，政府的支持往往是市场发育的关键因素。主要采取的措施有以下几点。

① 税收优惠，对可再生能源设备投资和用户购买产品给予税额减免或税额扣减优惠，例如，希腊对所有可再生能源项目和产品免税；丹麦对个人投资风电，葡萄牙、比利时、爱尔兰等国家对个人投资可再生能源项目均免征所得税。

② 政府补助，政府对新能源技术研发、宣传及示范，或者利用新能源的用户给予直接补贴，如瑞典对所有可再生能源项目提供投资额10%～25%的补贴，英国政府2010年出台的“清洁能源现金回馈方案”规定，凡是安装太阳能板和微型风车的家庭均可领取相应补贴。

③ 低息贷款和信贷担保，德国政府推出的“10万个太阳能屋顶计划”，对居民安装使用太阳能设施提供长达10年的低息贷款。

④ 建立风险投资基金，大多数可再生能源属于资本密集技术，投资风险较大，需要政府支持。对此，一个有效的解决办法是对高风险的可再生能源项目按创新技术项目对待。各国据其税制采取不同的做法。在美国，风险投资基金促使风电场迅速发展；一些公司还建立了为期10年的住宅太阳能专用基金。

⑤ 加速折旧。加拿大允许大多数可再生能源设备投资在3年内折旧完毕。美国规定风力发电设备可在5年完全折旧。德国允许私人购置的可再生能源设备的折旧期为10年。

（4）重视科研和创新　发达国家高度重视新能源和可再生能源领域的科技研发，通过建立国家实验室和研究中心等为机构和企业提供技术指导和支持。美国、丹麦、德国、西班牙、英国等国都有专门的国家可再生能源机构，统一组织和协调国家的可再生能源技术研发和产业化推进。丹麦为了占领风力发电制造技术的制高点，累计投入约20多亿欧元的研发经费，支持研究机构和企业开展风力发电设备与零部件的研发和产业化。德国政府为鼓励科技创新与进步，2006～2009年间投入了20亿欧元，奖励和支持企业的创新计划。

（5）其他措施　包括开展资源调查和评价，制定严格的设备和技术的规范和标准，提供信息服务，明确主管部门职责等。

### 9.2.2 国外的主要政策工具

政策工具大体可分为直接和间接政策工具。直接工具作用于新能源领域，间接工具主要是为新能源发展去除障碍，并促进形成新能源发展框架。直接政策工具主要是通过直接影响新能源部门和市场来促进新能源的发展，大体可以分为经济激励政策和非经济激励政策。经济激励政策向市场参与者提供经济激励来加强他们在新能源市场的作用。非经济激励政策则是通过和主要利益相关者签订协议或通过行为规范来影响市场。协议或行为规范中会应用惩罚来保证政策实施效果。

另一种分类方法是按照工具在价值链中作用的阶段来划分。从政府对新能源发展的政策上来看，价值链可以被简单地分为研发、投资、电力生产和电力消费四个阶段。表9-1提供了政策工具的一种理论上的划分。

**表9-1　按照政策类型和在发展链上所处的位置对新能源政策的分类**

| | 经济激励政策（补贴、贷款、专用拨款、财政措施） | 非经济激励政策 |
|---|---|---|
| 研发 | 固定政府研发补贴<br>示范项目、发展、测试设备的专用拨款<br>零（或低）利率贷款 | 政府、高校、机构的合作研发 |
| 投资 | 固定政府投资补贴<br>投资补贴的投标体系<br>使用新能源的转化补贴<br>生产或替代旧的可再生能源设备<br>零（或低）利率贷款<br>投资的税收优惠<br>投资贷款的税收或利息优惠 | 生产商和政府谈判协议 |

续表

| | 经济激励政策（补贴、贷款、专用拨款、财政措施） | 非经济激励政策 |
|---|---|---|
| 生产 | 长期保护性电价<br>生产补贴<br>以盈利运行为基础的保护性电价投标系统<br>生产收入的税收优惠 | 生产配额制 |
| 消费 | 消费税收优惠<br>消费补贴 | 消费配额制<br>强制上网<br>政府购买计划 |

注：张正敏．可再生能源发展战略与政策研究．《中国国家综合能源战略和政策研究》项目报告之八．http://www.gvbchina.org.cn/xiangmu/xiazaiwenzhang/guojianengyuan.doc。

美国、德国和日本这三个国家的政府尤为重视新能源发展，以风能、太阳能和生物质能为代表的新能源和可再生能源无论是在总体规模还是增长速度方面一直以来都处于世界前列，这里对美国、德国和日本三国推动新能源发展所采用的政策工具进行比较和总结，见表 9-2 所列。

**表 9-2　美国、德国和日本促进新能源发展政策工具总结**

| 项目 | 政策工具 | 美国 | 德国 | 日本 |
|---|---|---|---|---|
| 研发 | 固定政府研发补贴 | √ | √ | √ |
| | 示范项目、发展、测试设备的专用拨款 | √ | √ | |
| | 政府、高校、机构的合作研发 | | √ | √ |
| 投资 | 固定政府投资补贴 | √ | √ | √ |
| | 零（或低）利率贷款 | | √ | |
| | 投资的税收优惠 | √ | | |
| | 投资贷款的税收或利息优惠 | | √ | |
| 生产 | 长期保护性电价 | √ | √ | |
| | 生产补贴 | √ | √ | √ |
| | 生产配额制 | | | |
| 消费 | 消费补贴 | √ | √ | √ |
| | 消费配额制 | √ | | |
| | 强制上网 | √ | √ | |
| | 政府购买计划 | √ | | √ |

注：徐波，张丹铃．德国、美国、日本推进新能源发展政策与作用机制．中国经济评论，2007，7（10）：17-24。

下面介绍几种国外最主要的政策措施。

（1）长期保护性电价　长期保护性电价（feed-in-tariff）政策是以价格为基础的政策，该政策为新能源和可再生能源开发商提供了担保的上网电价以及电力公司的购电合同，以保障他们在项目周期内的收入。上网电价由政府部门或电力监管机构确定。价格水平和购电合同期限都应具有足够的吸引力，以保证将社会资金吸引到可再生能源部门。

利用长期保护性电价鼓励新能源发电的发展一般应注意体现公平和效率两个原则。不同地区的可再生能源资源很可能会有所不同，为了体现公平竞争，政府确定的不同地区的保护性电价水平也应有所不同。另外，考虑到发电成本一般会随产业规模的增大而降低（技术的学习效应），因此上网电价也应定期调整，以提高产业的效率。

保护性电价政策的吸引力在于它消除了新能源发电通常所面临的不确定性和风险。政策设计简明，管理成本低。政策适合多种可再生能源发电技术共同参与，因此容易与国家规划目标结合。

保护性电价的一个缺陷是，因上网电价是固定的，也就很难保证开发成本最低，通常不能灵活并迅速地对可再生能源成本降低作出反应，在实施固定价格的市场中成本降低是不透明的。如果对上网电价进行经常性修订来反映可再生能源供应中预测到的成本下降，则会增加管理成本，同时这种不确定性会危及项目融资。另外，上网电价一旦确定之后，从政治角度考虑将很难再降低电价水平。

从应用实践看，保护性电价政策是一种有效地刺激新能源发展的措施。目前欧洲有14个国家采用了这一政策。20世纪90年代以来，德国、丹麦、西班牙等国风电迅速增长，主要都归功于保护性电价政策措施的实施。

**专栏 9-2　德国的保护性电价政策**

购电法作为一种刺激可再生能源发展的有效措施，在欧洲一些国家得到了普遍采用，并且取得了很好的效果。因此，实施购电法（保护性电价）的国家，可再生能源的平均增长率高出其他国家。购电法能保证可再生能源电力以较高的价格出售，发电商的收益稳定，降低了投资者的风险。

1991年德国实行了《电力供应法》，1990～2000年，德国风电保护价为居民电力零售价的90%。1993年用电户平均支付的电价为10欧分/kWh，风电厂经营商1995年上网电价是9欧分/kWh。2000年4月，德国通过的《可再生能源法》，制定了一张差别价格表，其价格依照指定风力发电地点的实际生产量而定，定价更加复杂。《可再生能源法》也改进了过去法令中因电力自由化而产生的问题（将发电与输电分开等）。目前《可再生能源法》强制要求电厂经营者负担将风电输送到电网之间的线路所需的成本。尽管最近电力公司经常指责购电法，并由此在过去几年已做了多次修订，但德国仍成功地开发了世界上规模最大的风电市场。德国也是世界上最大的光伏发电国家，截至2009年底，其装机容量达978万千瓦，占全球的43%。

德国还开发了规模可观的风电和太阳能制造基地，截至2009年6月，德国共有陆地风机20674台，装机容量接近2.5万兆瓦，风电已占德国总发电量的6.55%。

上述经验告诉我们，成功的并网政策能够消除可再生能源投资风险。这些政策包括：①长期合同和保证顾客及生产商的合理的收益价格；②允许多种类型的可再生能源发电商参与，降低管理成本，促进市场的灵活性；③与其他政策进行整合，列入长期规划中（如税收优惠等），为可再生能源产业的繁荣发展，创造稳定的外部和内部环境。

购电法消除了发展可再生能源电力通常所面临的不确定性和风险，但是本身也存在缺陷：不能保证可再生能源以最小的成本生产和销售，也不能保证市场有序的竞争和鼓励高效与创新。为了能够既准确地反应可再生能源的发电成本，调动发电厂商及投资商的生产和投资积极性，又能减少运营商和最终用电户的负担，德国的保护性上网电价每年都有变化，见下表。

**1991～2000年德国可再生能源电力上网电价**

| 可再生能源电力种类 | 上网电价/(欧分/kWh) | | | |
|---|---|---|---|---|
| | 1991 | 1994 | 1997 | 2000 |
| 风能、太阳能 | 8.49 | 8.66 | 8.77 | 8.23 |
| 生物质能(＜5MW)、水电和垃圾填埋气发电(＜500kW) | 7.08 | 7.21 | 7.80 | 7.32 |
| 垃圾填埋气发电(＞500kW) | 6.13 | 6.25 | 6.33 | 6.95 |

**2002 年德国《可再生能源法》规定的上网电价**

| 种类 | 装机容量/MW | | | | 年降低率(2002 年执行)/% |
|---|---|---|---|---|---|
| | 0～0.5 | 0.5～5 | 5～20 | >20 | |
| 风能 | 6.2～9.1 | 6.2～9.1 | 6.2 | 9.1 | 1.5 |
| 生物质能 | 10.2 | 9.2 | 8.7 | — | 1.0 |
| 光伏 | 50.6 | | | | 5.0 |
| 地热 | 8.9 | | | | |
| 水电 | 7.7 | | | | |
| 填埋气 | 7.7 | | | | |
| 煤层气 | 7.7 | 6.6 | 6.6 | 6.6 | |
| 废水气 | 7.7 | 6.6 | | | |

资料来源：孙振清，张希良等，对可再生能源发电实行长期保护性电价制度的问题，可再生能源，2005.1.

(2) 配额制政策　不同于长期保护性电价政策，可再生能源配额制（renewable portiolio system，RPS）是以数量为基础的政策。该政策规定，在指定日期之前，总电力供应量中可再生能源应达到一个目标数量。配额制的特点在于能够使可再生能源发电量达到一个有保障的最低水平，从而取得与其相关的社会和环境效益。可再生能源配额制还规定了达标的责任人，通常是电力零售供应商，即要求所有电力零售供应商购买一定数量的可再生能源电力，并明确制定了未达标的惩罚措施。就目前实施的情形看，可再生能源配额制倾向于对价格不做设定而由市场来决定。它是一个基于市场，在管理上简单易行的政策。通常引入可交易的绿色证书机制来审计和监督 RPS 政策的实施。可再生能源配额制可以有许多设计差别，也可以与其他政策，例如招标拍卖或系统效益收费等结合实施。

可再生能源配额制越来越成为扶持可再生能源发展的流行模式，美国、澳大利亚、意大利、英国、西班牙等国都在考虑实施配额制。尽管在这些国家的可再生能源配额制还处于刚起步阶段，但是早期证据已表明，可再生能源配额制的设计是至关重要的。成功的可再生能源配额制包含一些主要因素，比如持久且随时间推移逐步提高的可再生能源目标，强劲有效且能保证执行的处罚措施等。

配额制政策的优势在于它是一种框架性政策，容易融合其他政策措施，并有多种设计方案，利于保持政策的持续性。配额制目标保证可再生能源市场逐步扩大；绿色证书交易机制中的竞争和交易则促进发电成本不断降低，交易市场提供了更宽广的配额完成方式，也提供了资源和资金协调分配的途径。

配额制的弱势在于它属于新型政策，缺少经验积累，也缺乏绿色证书交易市场的运行经验。绿色证书交易的市场竞争使低成本可再生能源技术受益，却限制了高成本技术的发展。配额制的实施必须有市场基础，要建立监督机构，对绿色证书市场进行全面的监督和管理。目前美国已有 15 个州实施了配额制，是美国风能和其他可再生能源得以发展的主要原因。欧洲也有 5 个国家实施了配额制政策。尽管在欧洲实施配额制的效果不如保护性电价（表 9-3），但世界主流能源经济与政策学者认为配额制是有发展和应用前景的可再生能源政策。

表 9-3 保护性电价与配额制在部分欧洲实施效果比较

| 项目 | 国家 | 电价水平/(欧分/kWh) | 2003年底装机容量/MW | 2003年就业人数 |
|---|---|---|---|---|
| 施行保护性电价国家 | 德国 | 6.8～8.8 | 14 609 | 46 000 |
| | 西班牙 | 6.8 | 6 202 | 20 000 |
| 施行配额制的国家 | 英国 | 9.8 | 649 | 3 000 |
| | 意大利 | 13 | 904 | 2 500 |

**专栏 9-3 美国的可再生能源配额制**

RPS的正式概念最初是由美国风能协会在加利福尼亚公共设施委员会的电力结构重组项目中提出来的。RPS以各种形式被引进到了8个进行市场电力结构重组的州。美国至今仍没有通过一个国家级的RPS，但大量的联邦议案与强制性的RPS有关，包括克林顿政府提出的综合电力竞争条例。每一个RPS或RPS提议的目标都不尽要同，但RPS普遍得到了可再生能源工业和公众的支持。电力管理专员国家协会在修改立法时发布了一个支持可再生能源供给的提案，其中就包括RPS。

1998年由克林顿政府提出的综合电力竞争条例制定了一个国家通用的RPS，要求到2010年7.5%的电力由可再生能源资源供应。为提高RPS政策的灵性性和效益，条例设立了可进行交易和存入银行的可再生能源信用证，以备将来使用，信用证的价值将被定为1.5美分/kWh。

美国能源信息管理委员会（EIA）完成了克林顿政府提议对国家$CO_2$排放的潜在影响的分析。根据EIA的分析，到2010年实施了RPS可使碳的排放量减少1900万吨左右，比没有实施RPS政策的基础方案减少排放$CO_2$ 1.1%。

美国已有9个州经通过了包括RPS条款的电力结构重组立法。内容各异的方案设计体现了各州特有的可再生能源资源等条件。

资料来源：陈和平，李京京，周篁. 可再生能源发电配额制政策的国际实施经验. http://www.crein.org.cn/.

(3) 公共效益基金　公共效益基金（Public Benefit Fund，PBF）是新能源发展的一种融资机制。通常，设立PBF的动机是为了帮助那些不能完全通过市场竞争方式达到其目的的特定公共政策提供启动资金，具体的实施领域可能包括环境保护、贫困家庭救助等，这里仅指用于支持风能和其他可再生能源发展的专项基金。

公共效益基金的资金通常并不由国家财政支持，而是采用效益收费，即电费加价的方式或其他方式来筹集。它的存在理由可以简述如下：在许多领域（如能源领域），某些产品或服务A（如可再生能源）具有正的外部性和较高的价格，而另外一些产品或服务B（如传统化石能源）却具有负的外部性和较低的价格。那么在该领域内则可以向B（或所有A的受益者）征收系统效益收费来建立相应基金，从而补贴A的生产。合理运用这种手段可以有效地弥补市场在处理这些外部性上的缺陷，使得产品或服务的价格能够比较真实地反映其经济成本和社会成本，从而实现公平性的原则，同时也促进整个行业朝着真实成本更低的方向改进。

设立公共效益基金支持风能和其他可再生能源的发展，已成为一种非常通行的政策。目前，已经有美国、澳大利亚、奥地利、巴西、丹麦、法国、德国、意大利、印度、日本、新西兰、韩国、瑞典、西班牙、荷兰、英国、爱尔兰、挪威等国家先后建立了公共效益基金。

公共效益基金有多种形式，如英国在能源效率和可再生能源方面采用的公共效益收费（PBC），美国 14 个州在可再生能源方面采用的系统效益收费（SBC）等。我国的《可再生能源法》中也明确提出了国家财政设立可再生能源发展专项基金。

（4）特许权招标　招投标政策是指政府采用招投标程序选择可再生能源发电项目的开发商。能提供最低上网电价的开发商中标，中标开发商负责项目的投资、建设、运营和维护，政府与中标开发商签订电力购买协议，保证在规定期间内以竞标电价收购全部电量。

该政策的优势因素表现在招投标政策采用竞争方式选择项目开发商，对降低新能源发电成本有很好的刺激作用。招投标政策利用了具有法律效益的合同约束，保障可再生能源电力上网，这种保障有助于降低投资者风险并有助于项目获得融资。该政策与可再生能源发展规划结合，能加强政策的作用。

政策的弱势因素表现在招标的前期工作准备时间长，而且政府每年都要制定发展规模、组织招标、签订电力购买协议等，管理负担重，管理成本较高。另外，因招投标产生的价格大战，容易引起企业过分降低投标报价，导致企业因项目经济性差而放弃项目建设，出现恶性竞标现象。而且，招投标政策鼓励那些在技术上有优势的开发商和设备供应商首先占领市场，如果招投标也对国外企业开放，则不利于促进本地化生产。

该政策能顺利实施的条件是有多家成熟的开发商和供应商形成良性竞争的局面，并有招标主管部门的管理和监督。

招标政策中最广泛引用的是英国非化石燃料公约（NFFO）。在英国的非化石燃料公约中也采用公共效益基金（矿物燃料税）作为融资机制来支付可再生能源发电的增量成本。通过非化石燃料公约，英国政府在 1990～1999 年期间接连五次以竞标的方式定购可再生能源电力。这些购电订单的目的是实现 1500MW 的新增可再生能源电力装机容量，大致相当于英国总电力供应的 3%。非化石燃料公约要求 12 家重组后的地区电力公司，从所选择的非化石燃料公约项目处购买所有的电力。在第一轮采购定单执行完毕之后，英国把政策修改为在特定技术类型内根据竞争原则签订合同。这样一来，风电项目只能与其他风电项目进行竞争，但不能与生物质能项目竞争。然后把合同给予每度电价最低的项目。区分不同类型的可再生能源就可以在政策允许的范围内实现资源多样化。贸易和工业部（DTI）监督招标程序，并决定在每个非化石燃料公约定单中各种技术的构成比例。

（5）绿色电力证书及交易制度　绿色电力证书是国家根据绿色电力生产商实际入网电力的多少向其颁发的证明书。绿色电力证书交易制度是建立在配额制基础上的可再生能源交易制度，是一种对目前相对较弱的新能源和可再生能源市场做出保护性规定的政策机制。在绿色电力证书交易制度下，一个绿色证书被指定用于代表一定数量的可再生能源发电量，当不能完成配额制任务时，可以向绿色证书持有者购买绿色证书来满足自己的法定义务。因此，可再生能源电力生产商不仅可以出售电力，还可以出售绿色证书，以此来弥补可再生能源发电较高的成本，提高行业竞争力。

绿色电力的价格是由基本价和能源证书价格两部分决定的。基本价是指普通电价格。换句话说，供电商在供电时，及消费者在消费电时是分不清哪个是绿色电，哪个是普通电的。绿色电力的特殊价值只是体现在绿色证书上，只有绿色证书在市场上被售出，发电商回收了成本，绿色能源的真正价值才体现出来。荷兰是最早尝试绿色电力证书及交易制度的国家之一，绿色电力生产商向电网每输送 10MW 绿色电力即可获得一个绿色证书，有效期为 1 年，这种方式实现了可再生能源发电的成本在竞争环境中逐步下降。

**专栏 9-4　美国的绿色电力公众参与项目**

美国各州的电力公司开展了许多绿色电力公众参与的项目，这些项目可分为三类。第一类可称之为绿色电价，即供电公司为绿色电力单独制定一个绿色电价，消费者根据各自的用电量自由选择购买一个合适的绿色电力比例。第二类为固定费用制，即参与绿色电力项目的用户每月向提供绿色电力的公司缴纳一固定费用。第三类是对绿色电力的捐赠，用户可自由选择其捐献份额。

1. 绿色电价

绿色电价是密歇根的一个拥有 8000 用户的电力公司计划开发的一个 65 万美元的风电项目，并为风电制定一个绿色价格，以避免提高整体的电价。他们常规电力的价格是 6.8 美分/kWh，绿色电力的价格则要高出 1.58 美分/kWh。因为这个绿色电力公众参与项目是个特例，不同于其他公众参与项目用户可以自由选择购买绿色电力的比例，它要求每位参加绿色电力项目的用户选择 100%的绿色电力，所以根据每月用户的平均用电量推算，一个参与此项目的电力消费者每月需多支付 7.58 美元。

此项目得到了密歇根公共服务委员会 5 万美元的资助，也申请了 1.5 美分/kWh 的联邦公用风电项目的补贴。因此也降低了绿色电力与常规电力的价格差。

在开始实施这个项目时，这个电力公司首先安装了 500kW 的风机。预计要实现绿色电力用户购买总量达到风机所发电的总量，大概需要 200 名绿色电力的用户才可覆盖风电的增加成本。市场开发的第一步是发布新闻、广告以及直接给当地环保团体发信。3 个月后，他们收到了 100 个回执，大约是原定目标的一半。第二步，他们开始给所有的商业用户和居民用户发信，其中也包含一份申请信。这一次，他们收到了 263 个回执，超出计划 3.4%。因这个项目提供的绿色电力有限，计划外的这部分用户被列在等候名单中。

当签约用户足够时，就开始进行选址、购买风机等事项。风机的购买是通过招标的方式进行，最后 Vestas 的 600kW 风机中标，而且成本比预期的要低。1995 年秋天，场址建设，1996 年 4 月完成风机安装。直到风机开始发电，绿色电力用户才开始支付绿色电力的价格，前期成本由电力公司承担。

为了保证这种支付的稳定性，居民用户的签约期是 3 年，即在 3 年合同期内，用户承诺购买绿色电力。商业用户是 4 年。如果一个用户在合同期满时，不再续约购买绿色电力，则电力公司必须另外发展一个用户。商业用户的合同期之所以定得较长，是因为失去一个商业用户对电力公司的影响比失去一个小的居民用户要大得多。尽管如此，仍有 18 家商业用户签订了此协议。

协议遵循了简洁明了的原则，用户只需在申请信中写道：我愿意签订此协议。

绿色价格项目能成功，有以下几个原因。其一，它很容易理解。用户知道他们买的不只风电，还有清洁空气。其二，他们的价格不受电力公司燃料成本上浮的调整的影响。其三，一个非生产性因素也对项目起到了一定的促进作用。一个小的地方电力公司离用户较近，增加了项目的可信度；而且这个项目就是当地的，也是可见的，增加了产品的确切性；而且也使得基于社区的市场开发比较容易开展；地区的自豪感也可鼓励用户签约。

2. 实行固定费制的绿色电力公众参与项目

1993 年，Sacramento Municipal 电力公司与愿意支持光电技术的客户之间达成协议。参与光电项目的居民用户同意每月为其电费账单多支付 6 美元以支持光电发展，并且保持 10 年。参加项目的用户还同意提供其屋顶用以安装光伏发电系统。

第一批光电用户的选择涉及如下的步骤：

第一步是客户提交一份申请表，或者通过电话调查的方式确定一批志愿者；

第二步是申请表通过电话筛选；

第三步是参观并评估符合条件的志愿者的家；

第四步是从合适的申请者中选择最终的参与者。

该公司开展了两项市场调查。最初是电话调查了大约 1000 名用户，他们都曾表示过兴趣，最终确定 300 名用户，占 29%，既符合条件也表示同意参加项目。25%的用户虽然符合条件但不愿意参加项目，46%的用户不符合条件。

第二种方式，通过媒体向公众进行宣传。约有几千名用户主动与该公司取得联系表示很有兴趣参与项目。600 多名用户通过了电话筛选并同意每月支付 6 美元的费用。

很明显，它的成功在于建立了可再生能源与客户之间的紧密联系，而且其费率相对稳定。

3. 捐赠型项目

科罗拉多公共服务公司是美国最早的向客户提供机会自由选择支持可再生能源的电力公司之一，1993 年 10 月该公司就开始了这一项目。项目是以如下的方式进行的。

电力公司的用户可向一可再生能源基金捐款，所捐款项可获得免税，并且款项只能用于一专门的可再生能源项目。

(1) 客户可以一次性捐赠较大数额；

(2) 客户也可以随其电费账单每月捐赠一定数额；

(3) 客户也可以选择混合方式。

当基金达到一定量，就可以选择可开发的可再生能源项目。基金是用于开展示范项目，而非研究与开发，大多的项目都会同时配套一定的资金。

资料来源：http：//www.chinarein.com/ndlk/ndgl/web/2004/docs/2004-05/2004-05-25.htm。

## 9.3 我国《可再生能源法》及新能源政策

国内外的实践证明，制定相应政策是促进新能源发展的有效途径。过去 10 多年，中国相关的主管部门曾制定并出台了一些促进可再生能源发展的法规和政策，如《节约能源法》、《电力法》、《农业法》以及国家发改委（计委）等部门制定的政策措施。但是随着体制改革的发展，管理机构的变化和有些政策规定的不完善，致使一些政策随之消失，一些政策名存亡，一些政策因难以执行而未执行。

为了推进新能源和可再生能源的开发利用，克服目前可再生能源开发利用所面临的法律和政策障碍，2003 年十届全国人大常委会把制定《中华人民共和国可再生能源法》列入了 2003 年立法计划。在国务院有关部门的和有关科研院所以及社会团体的共同参与下，全国人大环境与资源保护委员会于2004年12月完成了《中华人民共和国可再生能源法（草案）》起草工作，并提请全国人大常委会审议。经十届全国人大常委会第十三次会议和第十四次会议审议，《中华人民共和国可再生能源法》于2005年2月28日通过，2006年1月1日起施行。在2009年12月26日，第十一届全国人大常委会第十一二次会议通过了对《全国人民代表大会常务委员会关于修改〈中华人民共和国可再生能源法〉的决定》，修正案已于2010年4月1日起正式施行。毫无疑问，《可再生能源法》为制定新能源和可再生能源发展政策提供了法律依据。

### 9.3.1 《可再生能源法》的主要原则和内容

《可再生能源法》法共有总则、资源调查与发展规划、产业指导与技术支持、推广与应用、价格管理与费用分摊、经济激励与监督措施、法律责任和附则八章三十三条。总体来看，《可再生能源法》体现了以下三方面的立法原则：国家责任和全社会支持相结合，政府引导和市场运作相结合，当前需求和长远发展相结合，力求通过行政规制和市场激励措施，为可再生能源同常规能源竞争创造公平的市场环境，引导和激励各类经济主体积极参与到可再生能源的开发利用中来，以此来有效地加快我国可再生能源的开发利用进程。

该法明确规定了政府有关部门和社会有关主体在可再生能源开发利用方面的责任与义务，确立了一系列重要制度和措施，包括制定可再生能源中长期总量目标与发展规划，鼓励可再生能源产业发展和技术开发，支持可再生能源并网发电，实行可再生能源优惠上网电价和全社会分摊费用，设立可再生能源财政专项资金等。在我国目前能源和环境形势均相当严峻的情况下，该法的通过和实施，将引导和激励各类经济主体积极参与到可再生能源的开发利用中来，大大加快我国可再生能源的开发利用进程，长期来看，将使可再生能源在能源结构逐步占有重要的地位，有效改善中国不合理的能源结构，增强国家的能源安全。同时，通过可再生能源这种清洁能源的开发利用，也将有效减缓矿物燃料特别是煤炭开发利用所带来的各种环境问题，有效促进经济社会的可持续发展。

《可再生能源法》确立了以下一些重要法律制度（王凤春，《可再生能源法》确立四项重要法律制度，http：//www.chinacourt.org/public/detail.php？id=189608）。

一是可再生能源总量目标制度。该法第七条规定，“国务院能源主管部门根据全国能源需求与可再生能源资源实际状况，制定全国可再生能源开发利用中长期总量目标，报国务院批准后执行，并予公布。”“国务院能源主管部门根据前款规定的总量目标和省、自治区、直辖市经济发展与可再生能源资源实际状况，会同省、自治区、直辖市人民政府确定各行政区域可再生能源开发利用中长期目标，并予公布。”

规定能源生产和消费中可再生能源的总量目标，包括强制性的和指导性的，是促进可再生能源开发利用，引导可再生能源市场发展的有效措施。世界上有许多国家已经在相关法律中明确规定了可再生能源发展目标，为在一定时期内形成可再生能源有效市场需求提供了重要法律保障。

二是可再生能源并网发电审批和全额收购制度。该法第十三条规定：“国家鼓励和支持可再生能源并网发电。”“建设可再生能源并网发电法律和国务院的规定取得行政许可或者报送备案。”第十四条规定：“电网企业应当与按照可再生能源开发利用规划建设，依法取得行政许可或者报送备案的可再生能源发电企业签订并网协议，全额收购其电网覆盖范围内符合并网技术标准的可再生能源并网发电项目的上网电量。发电企业有义务配合电网企业保障电网安全。”“电网企业应当加强电网建设，扩大可再生能源电力配置范围，发展和应用智能电网、储能等技术，完善电网运行管理，提高吸纳可再生能源电力的能力，为可再生能源发电提供上网服务。”可再生能源并网发电是可再生能源大规模商业化应用的主要领域，明确规定电网企业要全额收购依法取得行政许可或者报送备案的再生能源并网发电项目的上网电量，并提供上网服务，是世界各国的一个通行规定，是使可再生能源电力企业得以生存，并逐步提高能源市场竞争力的重要措施。对具有垄断地位的电网企业所规定的这一法律义务，将有效解决我国现行可再生能源发电上网难的问题，为可再生能源电力企业更大规模的发展创造必要的前提条件。

三是可再生能源上网电价与费用补偿制度。该法第十九条规定：“可再生能源发电项目的上网电价，由国务院价格主管部门根据不同类型可再生能源发电的特点和不同地区的情况，按照有利于促进可再生能源开发利用和经济合理的原则确定，并根据可再生能源开发利用技术的发展适时调整。上网电价应当公布。”

根据我国电价改革的实际情况和促进可再生能源开发利用的要求，并借鉴一些发达国家的成功经验，法律规定按照风力发电、太阳能发电、小水电、生物质能发电等不同的技术类型和各地不同的条件，分别规定不同的上网电价。按照定价原则，上网电价水平实际上应当根据各地区平均发电成本加上合理的利润来确定。这一价格机制将使可再生能源发电投资者获得相对稳定和合理的回报，引导他们向可再生能源发电领域投资，从而加快可再生能源开发利用的规模化和商业化。随着可再生能源发电领域科技进步、规模扩大和管理水平的提高，可再生能源发电成本会逐步下降，需要适时调整上网电价，以降低价格优惠，这也是有关国家的通行做法。

总体来看，可再生能源上网电价要高出常规能源上网平均电价。由全体电力消费者分担可再生能源发电的额外费用是国际上通行的做法。据有关部门专家测算，按照我国可再生能源规划目标，单位销售电价附加的成本是很低的，社会完全可以承受。同时，随着科技进步和生产规模扩大，可再生能源发电成本会不断降低，在单位销售电价中附加的费用将逐步缩小。

四是可再生能源专项资金和税收、信贷鼓励措施。该法第二十四至二十六条分别就设立可再生能源发展专项资金，为可再生能源开发利用项目提供财政贴息贷款，对列入可再生能源产业发展指导目录的项目提供税收优惠等财政扶持措施作了规定。据分析，这是考虑到现阶段可再生能源开发利用的投资成本较高，为加快技术开发和市场形成，尚需要国家给予必要的扶持。同时也是国际上通行的做法。

**专栏 9-5　中华人民共和国可再生能源法**

**第一章　总　　则**

第一条　为了促进可再生能源的开发利用，增加能源供应，改善能源结构，保障能源安全，保护环境，实现经济社会的可持续发展，制定本法。

第二条　本法所称可再生能源，是指风能、太阳能、水能、生物质能、地热能、海洋能等非化石能源。

水力发电对本法的适用，由国务院能源主管部门规定，报国务院批准。

通过低效率炉灶直接燃烧方式利用秸秆、薪柴、粪便等，不适用本法。

第三条　本法适用于中华人民共和国领域和管辖的其他海域。

第四条　国家将可再生能源的开发利用列为能源发展的优先领域，通过制定可再生能源开发利用总量目标和采取相应措施，推动可再生能源市场的建立和发展。

国家鼓励各种所有制经济主体参与可再生能源的开发利用，依法保护可再生能源开发利用者的合法权益。

第五条　国务院能源主管部门对全国可再生能源的开发利用实施统一管理。国务院有关部门在各自的职责范围内负责有关的可再生能源开发利用管理工作。

县级以上地方人民政府管理能源工作的部门负责本行政区域内可再生能源开发利用的管理工作。县级以上地方人民政府有关部门在各自的职责范围内负责有关的可再生能源开发利用管理工作。

## 第二章　资源调查与发展规划

第六条　国务院能源主管部门负责组织和协调全国可再生能源资源的调查，并会同国务院有关部门组织制定资源调查的技术规范。

国务院有关部门在各自的职责范围内负责相关可再生能源资源的调查，调查结果报国务院能源主管部门汇总。

可再生能源资源的调查结果应当公布；但是，国家规定需要保密的内容除外。

第七条　国务院能源主管部门根据全国能源需求与可再生能源资源实际状况，制定全国可再生能源开发利用中长期总量目标，报国务院批准后执行，并予公布。

国务院能源主管部门根据前款规定的总量目标和省、自治区、直辖市经济发展与可再生能源资源实际状况，会同省、自治区、直辖市人民政府确定各行政区域可再生能源开发利用中长期目标，并予公布。

第八条　国务院能源主管部门会同国务院有关部门，根据全国可再生能源开发利用中长期总量目标和可再生能源技术发展状况，编制全国可再生能源开发利用规划，报国务院批准后实施。

国务院有关部门应当制定有利于促进全国可再生能源开发利用中长期总量目标实现的相关规划。

省、自治区、直辖市人民政府管理能源工作的部门会同本级人民政府有关部门，依据全国可再生能源开发利用规划和本行政区域可再生能源开发利用中长期目标，编制本行政区域可再生能源开发利用规划，经本级人民政府批准后，报国务院能源主管部门和国家电力监管机构备案，并组织实施。

经批准的规划应当公布；但是，国家规定需要保密的内容除外。

经批准的规划需要修改的，须经原批准机关批准。

第九条　编制可再生能源开发利用规划，应当遵循因地制宜、统筹兼顾、合理布局、有序发展的原则，对风能、太阳能、水能、生物质能、地热能、海洋能等可再生能源的开发利用作出统筹安排。规划内容应当包括发展目标、主要任务、区域布局、重点项目、实施进度、配套电网建设、服务体系和保障措施等。

组织编制机关应当征求有关单位、专家和公众的意见，进行科学论证。

## 第三章　产业指导与技术支持

第十条　国务院能源主管部门根据全国可再生能源开发利用规划，制定、公布可再生能源产业发展指导目录。

第十一条　国务院标准化行政主管部门应当制定、公布国家可再生能源电力的并网技术标准和其他需要在全国范围内统一技术要求的有关可再生能源技术和产品的国家标准。

对前款规定的国家标准中未作规定的技术要求，国务院有关部门可以制定相关的行业标准，并报国务院标准化行政主管部门备案。

第十二条　国家将可再生能源开发利用的科学技术研究和产业化发展列为科技发展与高技术产业发展的优先领域，纳入国家科技发展规划和高技术产业发展规划，并安排资金支持可再生能源开发利用的科学技术研究、应用示范和产业化发展，促进可再生能源开发利用的技术进步，降低可再生能源产品的生产成本，提高产品质量。

国务院教育行政部门应当将可再生能源知识和技术纳入普通教育、职业教育课程。

## 第四章　推广与应用

第十三条　国家鼓励和支持可再生能源并网发电。

建设可再生能源并网发电项目，应当依照法律和国务院的规定取得行政许可或者报送备案。

建设应当取得行政许可的可再生能源并网发电项目，有多人申请同一项目许可的，应当依法通过招标确定被许可人。

第十四条　国家实行可再生能源发电全额保障性收购制度。

国务院能源主管部门会同国家电力监管机构和国务院财政部门，按照全国可再生能源开发利用规划，确定在规划期内应当达到的可再生能源发电量占全部发电量 的比重，制定电网企业优先调度和全额收购可再生能源发电的具体办法，并由国务院能源主管部门会同国家电力监管机构在年度中督促落实。

电网企业应当与按照可再生能源开发利用规划建设，依法取得行政许可或者报送备案的可再生能源发电企业签订并网协议，全额收购其电网覆盖范围内符合并网技术标准的可再生能源并网发电项目的上网电量。发电企业有义务配合电网企业保障电网安全。

电网企业应当加强电网建设，扩大可再生能源电力配置范围，发展和应用智能电网、储能等技术，完善电网运行管理，提高吸纳可再生能源电力的能力，为可再生能源发电提供上网服务。

第十五条　国家扶持在电网未覆盖的地区建设可再生能源独立电力系统，为当地生产和生活提供电力服务。

第十六条　国家鼓励清洁、高效地开发利用生物质燃料，鼓励发展能源作物。

利用生物质资源生产的燃气和热力，符合城市燃气管网、热力管网的入网技术标准的，经营燃气管网、热力管网的企业应当接收其入网。

国家鼓励生产和利用生物液体燃料。石油销售企业应当按照国务院能源主管部门或者省级人民政府的规定，将符合国家标准的生物液体燃料纳入其燃料销售体系。

第十七条　国家鼓励单位和个人安装和使用太阳能热水系统、太阳能供热采暖和制冷系统、太阳能光伏发电系统等太阳能利用系统。

国务院建设行政主管部门会同国务院有关部门制定太阳能利用系统与建筑结合的技术经济政策和技术规范。

房地产开发企业应当根据前款规定的技术规范，在建筑物的设计和施工中，为太阳能利用提供必备条件。

对已建成的建筑物，住户可以在不影响其质量与安全的前提下安装符合技术规范和产品标准的太阳能利用系统；但是，当事人另有约定的除外。

第十八条　国家鼓励和支持农村地区的可再生能源开发利用。

县级以上地方人民政府管理能源工作的部门会同有关部门，根据当地经济社会发展、生态保护和卫生综合治理需要等实际情况，制定农村地区可再生能源发展规划，因地制宜地推广应用沼气等生物质资源转化、户用太阳能、小型风能、小型水能等技术。

县级以上人民政府应当对农村地区的可再生能源利用项目提供财政支持。

## 第五章　价格管理与费用补偿

第十九条　可再生能源发电项目的上网电价，由国务院价格主管部门根据不同类型可再生能源发电的特点和不同地区的情况，按照有利于促进可再生能源开发利用和经济合理的原则确定，并根据可再生能源开发利用技术的发展适时调整。上网电价应当公布。依照本法第十三条第三款规定实行招标的可再生能源发电项目的上网电价，按照中标确定的价格执行；但是，不得高于依照前款规定确定的同类可再生能源发电项目的上网电价水平。

第二十条　电网企业依照本法第十九条规定确定的上网电价收购可再生能源电量所发生的费用，高于按照常规能源发电平均上网电价计算所发生费用之间的差额，由在全国范围对销售电量征收可再生能源电价附加补偿。

第二十一条　电网企业为收购可再生能源电量而支付的合理的接网费用以及其他合理的相关费用，可以计入电网企业输电成本，并从销售电价中回收。

第二十二条　国家投资或者补贴建设的公共可再生能源独立电力系统的销售电价，执行同一地区分类销售电价，其合理的运行和管理费用超出销售电价的部分，依照本法第二十条的规定补偿。

第二十三条　进入城市管网的可再生能源热力和燃气的价格，按照有利于促进可再生能源开发利用和经济合理的原则，根据价格管理权限确定。

## 第六章　经济激励与监督措施

第二十四条　国家财政设立可再生能源发展基金，资金来源包括国家财政年度安排的专项资金和依法征收的可再生能源电价附加收入等。

可再生能源发展基金用于补偿本法第二十条、第二十二条规定的差额费用，并用于支持以下事项：

（一）可再生能源开发利用的科学技术研究、标准制定和示范工程；

（二）农村、牧区的可再生能源利用项目；

（三）偏远地区和海岛可再生能源独立电力系统建设；

（四）可再生能源的资源勘查、评价和相关信息系统建设；

（五）促进可再生能源开发利用设备的本地化生产。

本法第二十一条规定的接网费用以及其他相关费用，电网企业不能通过销售电价回收的，可以申请可再生能源发展基金补助。

可再生能源发展基金征收使用管理的具体办法，由国务院财政部门会同国务院能源、价格主管部门制定。

第二十五条　对列入国家可再生能源产业发展指导目录、符合信贷条件的可再生能源开发利用项目，金融机构可以提供有财政贴息的优惠贷款。

第二十六条　国家对列入可再生能源产业发展指导目录的项目给予税收优惠。具体办法由国务院规定。

第二十七条　电力企业应当真实、完整地记载和保存可再生能源发电的有关资料，并接受电力监管机构的检查和监督。

电力监管机构进行检查时，应当依照规定的程序进行，并为被检查单位保守商业秘密和其他秘密。

## 第七章　法律责任

第二十八条　国务院能源主管部门和县级以上地方人民政府管理能源工作的部门和其他有关部门在可再生能源开发利用监督管理工作中，违反本法规定，有下列行为之一的，由本级人民政府或者上级人民政府有关部门责令改正，对负有责任的主管人员和其他直接责任人员依法给予行政处分；构成犯罪的，依法追究刑事责任：

（一）不依法作出行政许可决定的；

（二）发现违法行为不予查处的；

（三）有不依法履行监督管理职责的其他行为的。

第二十九条　违反本法第十四条规定，电网企业未按照规定完成收购可再生能源电量，造成可再生能源发电企业经济损失的，应当承担赔偿责任，并由国家电力监管机构责令限期改正；拒不改正的，处以可再生能源发电企业经济损失额一倍以下的罚款。

第三十条　违反本法第十六条第二款规定，经营燃气管网、热力管网的企业不准许符合入网技术标准的燃气、热力入网，造成燃气、热力生产企业经济损失的，应当承担赔偿责任，并由省级人民政府管理能源工作的部门责令限期改正；拒不改正的，处以燃气、热力生产企业经济损失额一倍以下的罚款。

第三十一条　违反本法第十六条第三款规定，石油销售企业未按照规定将符合国家标准的生物液体燃料纳入其燃料销售体系，造成生物液体燃料生产企业经济损失的，应当承担赔偿责任，并由国务院能源主管部门或者省级人民政府管理能源工作的部门责令限期改正；拒不改正的，处以生物液体燃料生产企业经济损失额一倍以下的罚款。

第八章　附　　则

第三十二条　本法中下列用语的含义。

（一）生物质能，是指利用自然界的植物、粪便以及城乡有机废物转化成的能源。

（二）可再生能源独立电力系统，是指不与电网连接的单独运行的可再生能源电力系统。

（三）能源作物，是指经专门种植，用以提供能源原料的草本和木本植物。

（四）生物液体燃料，是指利用生物质资源生产的甲醇、乙醇和生物柴油等液体燃料。

第三十三条　本法自2006年1月1日起施行。

### 9.3.2　与《可再生能源法》配套的政策措施

《可再生能源法》总体上是政策框架法，其有效实施有赖于国务院及其有关部门适时出台配套的行政法规、行政规章、技术规范和相应的发展规划。目前，我国可再生能源法的配套法规将有12个之多，由发改委、财政部、国家质检总局分别完成。

这12个配套法规是：《水电适用可再生能源法的规定》，《可再生能源资源调查和技术规范》，《可再生能源发展的总量目标》，《可再生能源开发利用规划》，《可再生能源产业发展指导目录》，《可再生能源发电上网电价政策》，《可再生能源发电费用分摊办法》，《可再生能源发展专项资金》，《农村地区可再生能源财政支持政策》，《财政贴息和税收优惠政策》，《太阳能利用系统与建筑结合规范》，《可再生能源电力并网及有关技术标准》。

## ◎ 思考题

1. 新能源发展的主要障碍有哪些？
2. 国外发展新能源有哪些政策措施，其特点是什么？
3. 我国《可再生能源法》的立法原则及其意义如何？
4. 我国《可再生能源法》规定的哪些主要制度，其作用如何体现？

## 参 考 文 献

[1]　万瑞咨询. 2006年中国可再生能源市场分析及投资咨询报告.

[2]　张希良 主编. 风能开发利用. 北京：化学工业出版社，2005.

[3]　中华人民共和国可再生能源法. 北京：法律出版社，2005.

[4]　李俊峰，时璟丽. 国内外可再生能源政策综述与进一步促进我国可再生能源发展的建议. 可再生能源，2006，1：1-6.

[5]　中华人民共和国国家发展和改革委员会. 可再生能源发展"十一五"规划. 2008.